JN300990

WASEDA University Academic Series

早稲田大学学術叢書

6

霞ヶ浦の環境と水辺の暮らし

―パートナーシップ的発展論の可能性―

鳥越皓之［編著］
Hiroyuki Torigoe

早稲田大学出版部

まえがき──パートナーシップと開発・発展

　本書は茨城県の霞ヶ浦の環境に関わる部局から調査の委託を受け，その後，独自に調査したものを加えてまとめたものである。霞ヶ浦に関わる多くの関係者にお世話になったことのお礼を冒頭で申しあげておきたい。

　霞ヶ浦も水質の汚染など環境に関わる深刻な問題を抱えている。そのためには霞ヶ浦周辺の住民の暮らしをも理解する必要があるということで，この調査が始まったのである。霞ヶ浦の環境に関わる研究調査のほとんどがいわゆる自然科学的な調査であったので，社会学者によるこの調査はそれだけでも独自性があったといえる。

　私どもは「水に関わる人びとの暮らし」というたいへん地味なところに研究の焦点をあてた。ここを知らなくては，いかに賢明に見える環境施策でもそれは〝浮いてしまう〟と考えたからである。

　わが国では，人口密度が高いこともあって，自然環境と人間の活動とがことさら深く関わってきた。人間が自然環境を放っておかず，自然環境はいろんな形の開発の問題につねにさらされてきたのである。それは資源とみなされたからでもあった。茨城県の霞ヶ浦も例外ではない。ここまで水質が悪化し，ここまで景観から魅力が取り払われてきたのは，いわゆる開発によってである。けれども，その実態を公共開発が悪かったという言い方に集約させることは避けたい。その事実は否定できないところもあるが，なぜ，このような公共事業をせざるを得なかったのか，なぜ住民のほとんどは沈黙を守ってきたのか，それには理由があるはずである。それを人びとの暮らしから考え，さらにできることならば，将来の霞ヶ浦に向けてどのような可能性があるかを考えてみたいと思う。私たちは微力であり，本来あきらかにすべきことの，一部しか示せなかったという自覚はある。また，過去にこの種の調査がほとんどなかったので，基礎的な研究に終わっている。本書は将来に向けての研究の一里塚と位置づけておきたい。

われわれは少しばかり過去を振り返りつつ，霞ヶ浦に関わる人たちがどのような暮らしをしてきたのかをかなり詳しく調べてみた。委託された茨城県の霞ヶ浦対策の担当部局に提出した各年度の報告書は膨大な量になった。そしてこの調査であきらかになった事実に通底するものから将来を見据えた可能性はなんなのだろうかと思案し，その結果，出てきたキーワードが「パートナーシップ」である。この通底する「パートナーシップ」を切り口にして，霞ヶ浦周辺の生活を解釈してみたいと思った。本書は，霞ヶ浦で人びとは，どのようなローカル・ルールをつくり，どのような組織をつくり，どういう漁業技術や水管理の技術，水利用の方法を発展させ，住民は水に関わる生活をどのように解釈したのか，などを考えてみたのである。また，なぜ湖の周辺に住んでいながら，住民の多くが湖に関心が少ないのかという霞ヶ浦の環境保全にとって切実な理由も探ってみた。一言でいえば，湖と人との関係を本書で示すことになったのであるが，ただ，それだけではものたらず，できれば，将来への展望を示せればと考えた。本書の各章では，それほど明確に将来の可能性を示せたわけではない。けれども，その可能性の発展論として「パートナーシップ的発展」(Partnership Development)というアイデアをこの「まえがき」と最後の章で提示してみたい。

　現在の国内外における開発・発展についての理論や現実をみていると，そこに新しい胎動が予見されるのではないだろうか。その胎動とは大きな括りでいえば，いわゆる「大規模な産業・地域開発」と，「オルタナティブ開発論」(もうひとつの開発論，環境配慮的)との拮抗・確執のなかから生まれつつあるものであろう。産業化された国である先進国は，産業・地域開発に一息を入れている段階であるが，他方，開発途上国と呼ばれることの多い南の国々は，開発によって貧困問題を解決することこそが，結果的に環境保全の道を開くという姿勢を基本的にもちつづけている。

　少し過去の開発思想史を振り返ると，ローマクラブ『成長の限界』(1972年)のもつ意味が大きかった。それは「いまのように資源を消費していく開発をつづけていけば，地球上の資源の枯渇によって，将来的に経済成長は破綻をきたす」という指摘であった。そのため，やみくもな産業・地域開発は反省せざるを得なくなったのである。それを真摯に受け止めつつ，南の国々の立

場にも配慮して生まれたのがよく知られている「持続的発展」(Sustainable Development;持続的開発とも訳す)の論理である。それは1987年にブルントラント委員会によってまとめられた(『地球の未来を守るために』)。この「持続的発展論」が内包するむずかしい論理的課題(矛盾)については,第10章であらためて触れる。現在では,この「持続的発展論」,つまり環境に配慮した開発論が地球上のさまざまな開発・発展論の中軸のモデルとなった。[1]

ここ霞ヶ浦においても,大規模な産業・地域開発の時代があり,ついで環境に配慮した発展論,すなわち持続的発展論がひろく受け入れられるようになった。この地域における大規模な産業・地域開発は言わずと知れた鹿島コンビナートの開発であり,それとも関わって,常陸川水門が建設され,また湖岸堤を典型とする大規模な公共事業が進展した。その後,環境への配慮が当然のこととして受け止められる時代となり,霞ヶ浦を対象とするNPO(アサザプロジェクトや霞ヶ浦市民協会)などの活動からも刺激を受けながら,環境に配慮した具体的な施策が行政からもち出されるようになってきた。この具体的な実態や論理の変化は1章で取り上げることになろう。

私たちは霞ヶ浦の現状だけでなく,少し時間幅をもった歴史的な変化を考慮しながら社会学的な調査を行った。その分析結果から,歴史的に社会・文化財産として築き上げられてきたものとして,各個人や各組織がパートナーシップを結び,そこに実効性をもたせてきた事実を確認した。この異なる主体同士が立場の差異を認めながら手を組む智恵は,歴史的に長く存在しつづけてきたものであるが,現在は,すべてを同じ方向に導くのではなくて,「他と異なっている」ということにプラスの価値を見出す時代となってきた。そのことによって,過去からつづいてきた智恵が脚光を浴びつつあるのだともいえよう。ほんの30年前の大学の状況からみれば,「産学協同」ということは考えられなかったことだし,最近,霞ヶ浦の湖畔が属する茨城県や千葉県に限らず,各地の行政が「参画と協働」という施策を実行することが多くなったが,これらもこの新しいパートナーシップ的発展論のひとつの現れかと思う。

もっとも,このパートナーシップ的発展論が少しずつ姿を現し始めたことに私が気づいたのは,この霞ヶ浦に限ったことではなく,いくつかの現場を歩い

まえがき……005

て同様の動きがあることを感じたのであり，この霞ヶ浦もそのひとつであるにすぎない。このパートナーシップ的発展論は，環境に関わる分野ではコミュニティの形成が不可欠であり，その自覚のあるなしは分からないが，現在，茨城県は県政の大きな施策のひとつとしてコミュニティの強化に乗りだしている。

　整理し直せば次のようになる。つまり，歴史的に少しずつのズレを示し，また同時期に併存しながら存在してきた3つに分類できる開発・発展論があること。すなわち，それらは(1)大規模な産業・地域開発型の開発，いわゆる「公共事業型開発」，(2)環境に配慮した開発や生態系を重視した地域発展，いわゆる「持続的発展」，(3)コミュニティを基盤としたパートナーシップをとりつつ相互協力をしながら発展をめざす「パートナーシップ的発展」である。そしてそのうち，最後の「パートナーシップ的発展」がこれからの開発・発展論として理論整備する価値のあるものであること，である。

　なお，このようにいうことは，他の二つの開発・発展を無意味なものとして位置づけることを意味するわけではない。それぞれの時代，それぞれの地域によって，そのような開発・発展論が有意味なものとして機能することもあるだろう。ただ，前ふたつの開発・発展論がもっていなかった視角がここでとりあげる「パートナーシップ的発展」にはあるように思っている。

　また，「パートナーシップ的発展」が具備する「パートナーシップ」は，パートナーと自分たちとの差異を差異として認め合うことが前提になるので，急にできるものではない。それは当該コミュニティが歴史的に蓄積してきた地域文化や地域的個性と深く関わっていると考えている。したがって，どのようなパートナーシップがそこに存在してきたのかということを知ることが極めて大切である。いわゆる「まちづくり活動」は，異質な人や組織同士が連携を組むパートナーシップ的発展論となりがちであるが，その理由はやはりコミュニティを基盤としているからである。本書では，霞ヶ浦という水の環境問題を抱えている地域を対象として，パートナーシップという切り口から，霞ヶ浦のさまざまな環境に関わる事象を分析してみた。ただ，過去においては現在と異なり，救済色の強いパートナーシップも見られた。たとえば3章に示すように，貧困家庭の子どもに対する魚獲りの許容などがそうである。この種の力の差のある

パートナーシップは，一方があまりにも力がないので，パートナーシップと見えないかも知れないが，やはりそのような子どもを抱える家を多数包含して村は存続したわけであり，そのような人たちと共生することによって，共存できた側面が強いのである。現実には人びとは厳しい利害関係のなかに放り出されているわけだから，パートナーシップを円滑に行うために自分たちのルールをつくったり（2章），信仰の力に頼ったりする（6章）工夫をして生活をつづけてきたのである。つまり，この種の霞ヶ浦についての比較的こまかな事象を提示し，そのなかでのパートナーシップのあり方を分析することを各章の課題としている。これらをふまえた上で，「パートナーシップ的発展」の可能性について，最後の章で検討を加えることになろう。

【注】

1) なお，英語のdevelopmentは日本語の開発と発展のふたつの範疇を含んでおり，ひとつの用語となっている。だが，日本語では，開発と発展は範疇的に重なりつつずれている。その事実を経済学者の西川潤が指摘をしている（西川潤「人間と開発」宮本憲一編『環境と開発』岩波書店，2002年）。発展には経済的成長に止まらず人間の成長や地域文化の展開も含まれていて，開発よりもひろい概念として一般に受け取られている。本書でもこのような受け取り方をしておきたい。本書では「パートナーシップ的発展」との関連で使用することが多いから，「持続的開発」ではなく，「持続的発展」という用語の方を使用する。

（鳥越皓之）

目　　次

まえがき────パートナーシップと開発・発展……………………鳥越皓之　003

第1章　霞ヶ浦における三つの開発の型……………………荒川　康　013
1　はじめに
2　霞ヶ浦開発前史：事例地の概要
3　霞ヶ浦開発第一段階：公共事業型開発
4　霞ヶ浦開発第二段階：環境保全型開発
5　湖岸への住民の働きかけと地域開発
6　おわりに：パートナーシップ型開発の可能性

第2章　子どもの活動からみたローカル・ルール……………平井勇介　039
1　問題関心
2　崎浜の生業とヨシの入札
3　ヤハラでの捕獲活動の変遷
4　子ども仲間と捕獲活動の知識
5　子どもの活動からみたローカル・ルール

第3章　水辺の遊びと労働の環境史……………………川田美紀　063
────持たざる者の権利としてのマイナーサブシステンス────
1　水辺の価値
2　水辺の環境とその変化
3　水辺の空間分類と資源利用
4　サブシステンスの空間的重なり
5　マイナーサブシステンスの社会的意味

第4章　漁場の利用と漁業技術……………………宮﨑拓郎・鳥越皓之　081
1　水面における重層的利用とパートナーシップ
2　沿岸における漁場の利用
3　沿岸における漁場利用の仕組み
4　沖における漁場の利用
5　沖における漁場利用の仕組み
6　漁場の重層的利用

第5章　水辺コミュニティにおける水利用史……………………鳥越皓之　107
────水利用のあり方と湖との距離感────
1　霞ヶ浦への関心の低さ
2　江戸末期を起点としての二重作の状況
3　二重作における水利用
4　湖との距離感

第6章　霞ヶ浦の水神信仰と祭祀の担い手 ………………………… 五十川飛暁　129
　　　　1　水の神と水神
　　　　2　霞ヶ浦湖岸域における水神の分布と機能
　　　　3　水神をめぐる人びとの祀りとその変化
　　　　4　水神信仰を支える〝有志〟の存在
　　　　5　おわりに

第7章　水質浄化のボランティア ………………………………………… 荒川　康　163
　　　　1　問題の所在
　　　　2　事例地の概要
　　　　3　水質浄化活動の地域的意味
　　　　4　素人のもつ創造性
　　　　5　親水公園建設とボランティア
　　　　6　結語

第8章　水辺の都市のボランティアとNPO ………………………… 小野奈々　185
　　　　1　水辺の都市におけるNPOにみる霞ヶ浦の利用と住民間のパートナーシップ
　　　　2　鹿島開発と潮来市
　　　　3　潮来市におけるボランティア活動の分布
　　　　4　霞ヶ浦にかかわるボランティア活動の場所とこれまでの経過
　　　　5　分析の整理
　　　　6　まとめ─場所の固有性と霞ヶ浦の利用価値，行政との関係

第9章　霞ヶ浦の湖畔住民の環境意識 ……………………………… 鳥越皓之　219
　　　　1　三つの課題
　　　　2　霞ヶ浦周辺住民の霞ヶ浦に対する見方
　　　　3　結論

第10章　パートナーシップ的発展論の可能性 ……………………… 鳥越皓之　233
　　　　1　パートナーシップ的発展論の位置づけ
　　　　2　内発的発展論の位置づけ
　　　　3　パートナーシップ的発展論の特徴

あとがき ………………………………………………………………………… 鳥越皓之　250
SUMMARY …………………………………………………………………………………… 252
語句索引 ……………………………………………………………………………………… 254
人名索引 ……………………………………………………………………………………… 257
地名索引 ……………………………………………………………………………………… 259

筑波山

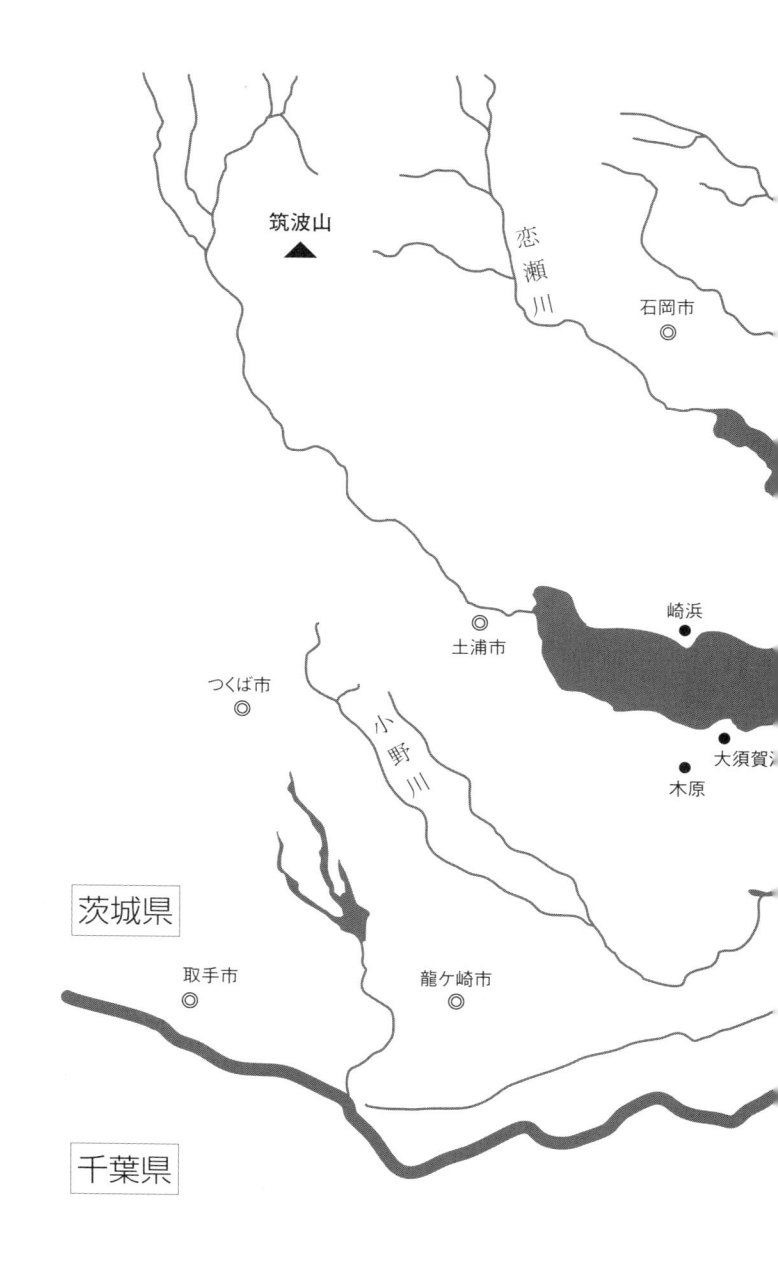

恋瀬川

石岡市 ◎

崎浜

土浦市 ◎

つくば市 ◎

小野川

大須賀
木原

茨城県

取手市 ◎

龍ケ崎市 ◎

千葉県

N

鹿島灘

巴川

鉾田市 ◎

二重作 ●
高田 ●

五町田 ●

白浜 ●
ヶ浦(西浦)
島並 ●
北浦

天王崎 ●
延方 ●
永山 ●
鹿嶋市 ◎
潮来市 ◎

神栖市 ◎

利根川

0   10km

第 1 章

霞ヶ浦における三つの開発の型

荒川 康

1　はじめに

　霞ヶ浦における「開発」というとき，霞ヶ浦全体から考えるという立場もあり得るが，それでは，霞ヶ浦に住んでいる人たちの生活の実態からみた開発というものが見えにくい。霞ヶ浦の特定のコミュニティを具体的に分析することを通じて，そこから霞ヶ浦の開発はどのようなものであるかということを考えようと思う。霞ヶ浦湖岸の行方市天王崎をその特定のコミュニティとして設定する。

　ところで，やや唐突かもしれないが，「開発」ということの基本的なイメージをもってもらうために，事例地の古代の姿を示す『常陸国風土記』のうち「行方郡」の条の一節を紹介することから始めたい。なぜなら，この箇所には，「開発」のある特質が垣間見えるからである。そこでは自然を差配する神＝夜刀の神と，開発をしようとする人間との格闘がみられるのである。

　昔，石村の玉穂の宮に大八洲知ろし食しし天皇（継体天皇）の御世に，箭括氏の麻多智という人があって，郡家より西の谷の葦原を開墾して，新田を治った。その時，夜刀の神たちが群れをなして現れ出でて，左右に立ちふさがったので，田を耕すことができなかった。（俗に，蛇のことを夜刀の神という。身の形は蛇であるが，頭に角がある。災いを免れようとして逃げるときに，もしふり向いてその神の姿を見ようものなら，家は滅ぼされ，子孫は絶える。普段は郡家の傍らの野に群れかたまって住んでいる。）

　それを見かねた麻多智は，鎧を着け矛を執り，立ち向かった。そして山の入り口の境の堀に標の杖を立て，「ここより上の山を神の住みかとし，下の里を人の作れる田となすべく，今日から私は神司となって，子孫の代まで神を敬い，お祭り申し上げますので，どうか祟ったり恨んだりのなきよう」と夜刀の神に申し上げて，社を設けて，最初の祭を行った。以来麻多智の子孫は，今日に至るまで代々この祭を絶やすことなく引き継ぎ，新田も更に増え，十町あまりが開墾されている。

後に，難波の長柄の豊崎の大宮に天の下知ろし食しし天皇（孝徳天皇）の御世に，壬生連麿（みぶのむらじまろ）がこの谷を治めることになり，池の堤を築いた。そのとき，夜刀の神は，池のほとりの椎の木に登り群れて，なかなか去らなかった。麿は，声を上げて「堤を築くのは民を活かすためでございます。天つ神か国つ神かわかり申さぬが，詔をお聞きください」といい，さらに工事の民に，「目に見える動物，魚虫の類は，はばかり恐れることなく殺すべし」と言おうとしたときに，神蛇は逃げ隠れた。その池は，今は椎井の池と呼ばれる。池のまわりに椎の木があり，清水の出る井もあり，それを取って池の名とした。ここは香島への陸路の駅道である。

　（『口訳・常陸国風土記』（http://nire.main.jp/rouman/sinwa/hitatihudoki.htm）をもとに，『日本古典文学大系2「風土記」』岩波書店も併せて参照した上で，一部筆者が旧仮名づかいを改めた。）

　8世紀初頭に編纂された風土記のこの有名なくだりには，古代の人びとが開発（ここでは新田開発）をどのようにとらえていたかが記されており興味深い。
　箭括の麻多智という，おそらくは当時の在地の首長が新田開発をしようとした際に，夜刀（谷）の神という，頭に角の生えた蛇の形をした神が群を成して出てきて災いをもたらそうとする。それに対して麻多智は武器をもって立ち向かい，夜刀の神を山に追い詰めて境を定め，「山は神の領域，里は人の領域」と宣言したうえで，社を建てて神を祭った。以後，子孫はこの夜刀の神の祭りを絶やさず，新田は増えていったというのが前段である。
　後段はやや趣が異なる。壬生連麿という，おそらく箭括氏よりも広い勢力範囲を治め，中央政府とも近い関係にあった豪族が，同じ谷を開発しようと池の築造を始めたところ，夜刀の神が現れて邪魔をする。そこで壬生連麿は，「目に見える鳥獣ははばかるところなく打ち殺せ」と工事に携わる者たちに命じたそのときに，神蛇は隠れてしまったというのである。
　この伝説には様々な解釈がなされているが，開発や環境について考える本章では，霞ヶ浦にも造詣の深い歴史家の網野善彦（2000）の解釈を紹介しておきたい。

網野によると，前段の麻多智の開発姿勢には「自然に対する畏れ，神に対する畏敬がはっきりと読み取れ」るという。そしてこのような自然への向き合い方は，最初に採れた収穫物の「初穂」を神に捧げて感謝する姿勢につながっていると指摘している（網野 2000：52-53）。人間を超えた力をもつ神（≒自然）を祭ることによってはじめて人間は里の開発が許され，生活の安定が保障されるのだといえるだろう。一方で後段の壬生連麿のやり方には「あらゆる怪しげな『未開』を象徴するような物は打ち殺し，田地を開くことこそ至上の命令であり，これこそ文明の基礎を築く仕事なのだという自負」が感じられ，真っすぐな道づくりにはげむ現代の開発にも通じるものであると，網野は述べている（網野 2000：53-56）。ここで人間は神々を圧倒する存在なのであり，自然は飼いならされて，世俗の支配者が地域の伝統的な慣行や信仰を大胆に否定しつつ開発が遂行されることになる。

　つまりは，網野の示したことから分かることは以下のことである。おなじ開発といっても，自然に対する姿勢の違いに応じて開発には様々な形がありうるということだ。とりわけ自然への向き合い方の違いによって開発のもつ性質，すなわち「開発を行う者」と「自然（神）」と「当該地域の暮らし」という三者間の関係が大きく変わってくることは注目されてよい。

　以下では，霞ヶ浦湖岸における地域開発について，この三者の関係を軸に，やや詳しく述べていくことにする。ここで扱う地域開発とは，一般的な定義，すなわち「地域社会の経済振興や住民の福祉の向上，また様々な地域問題の解決を目的とした，組織的・計画的に地域社会の改変をめざす政策的な営み」（安井 2000：244）という定義に従っておくが，それに加えて，全国総合開発計画に基づくインフラ整備等のほかに，環境保全のために行われる諸事業も開発と理解しておきたい。霞ヶ浦流域では鹿島開発と並行して進められた霞ヶ浦総合開発計画に基づく諸事業が前者に該当し，長大な湖岸堤の内外で現在行われている自然再生をめざした取り組みが後者に該当する。自然再生事業は，やや経済的な側面が後退しているとはいえ，さきの定義に基づく計画的な地域改変政策であることには違いがない。そこでこれらの環境保全をめざした事業も含め，霞ヶ浦で展開されてきた開発の諸相について分析し，今後の地域開発のあり方

について展望してみたい。

2　霞ヶ浦開発前史：事例地の概要

2.1　天王崎の概要

　茨城県の南東部に広がる霞ヶ浦は，浅く，広いことが特徴的な湖である。水深は平均4mで，日本第2位の面積をほこる。霞ヶ浦に流れ込んだ河川水は，海に流れ出すまでに約200日もかかるといわれている。こうした湖の特徴によって，多様な魚種が生息できる一方で，流出が遅いことによって，いったん水が汚染されるとなかなか浄化されないという困難を抱えている。現在霞ヶ浦流域には約100万人が生活している。

　霞ヶ浦（西浦）の左岸，南東部の湖岸沿いに天王崎はある。浜には八坂神社（祇園社）があり，古宿（約90戸），新田（約80戸）の2集落で祭礼（馬出し祭）が行われている。かつて霞ヶ浦は汽水であったので獲れる魚種が多く，古宿，新田ともに半農半漁で暮らしを立てていた。なかでも佃煮になるワカサギやエビは珍重され，カゴショイ（籠背負い）と呼ばれる女性たちが，戦時中に加工用の醬油などが手に入らなくなるまで，遠くは銚子や土浦まで行商に出かけていた（平輪 1982）。湖岸を覆っていた砂浜ではシジミをはじめタンカイなどの貝類が良く獲れていた。こうした貝探しは主に子どもの仕事で，今でもその頃の記憶を語る高齢者も多い。現在では漁家は兼業を含めても20戸に届かない程度にまで減少している。代わって両集落では鹿島などの周辺都市へ勤めに出る者が多くなっている。

　古宿にあった麻生港はかつての麻生藩の外港であり，港から2kmほど北にある町の中心部には，廃藩後も裁判所や登記所などの官公署が集中し，行方郡の中心地として栄えていた。現在は周辺の町と合併して行方市域に編入されている。

2.2　観光地としての天王崎

　天王崎は霞ヶ浦でも屈指の名所のひとつであり，明治時代から徳富蘆花などの文人墨客が訪れていた。「此處の如く気もはればれと心ゆくばかりの景色を

写真1-1　戦前の天王崎

見たることなし」「三井寺より琵琶を望みたるにもまして好しと思う」と感嘆しながら、「網を乾す漁夫」や「真鴨の大なるを売る猟夫」などとのつかの間のかかわりを楽しんでいたのである（徳富 1929：340-342）。このように当時の文人たちにとってここで暮らす人びとは、旅情に花を添える存在だった。逆にいえば、天王崎周辺で暮らす人びとは、旅する者に宿をあてがい、土産を供しながら、天王崎の景観を静かに鑑賞させていたということもできるだろう。

　1896年（明治29年）に常磐線の土浦―田端間が開通、2年後の1898年（明治31年）には成田鉄道が佐原まで延伸されると、霞ヶ浦は東京から汽車と汽船を使って日帰り観光ができる場所となった。天王崎も、潮来や藍見崎（歩崎）とともに「霞ヶ浦八景」や「茨城四十五景」など霞ヶ浦の代表的な観光地に選定され、水郷・霞ヶ浦情緒を色濃くたたえた場所として、多くの観光客が訪れるようになった。

　戦後はさらに観光に力が入れられていく。霞ヶ浦一帯は1951年（昭和26年）に水郷筑波県立公園に、1959年（昭和34年）には水郷国定公園に指定された。こうした観光化の波に乗って、1957年（昭和32年）には天王崎の松林内に町営国民宿舎「白帆荘」がオープンした。湖岸には周辺から砂を集めて造られた人工の湖水浴場が設けられ、「遠浅でシジミのとれる水泳場」（常陽新聞社編 2001：355）として知られることになる。湖水浴場が賑わう夏期には、地元の高校生たちが貸ボートの手伝いをしたり、佃煮などのおみやげ物を売ったりしていた。国定公園が筑波山を含んだ水郷筑波国定公園へと拡大された1969年（昭和44年）、天王崎には年間10万人を超える観光客が訪れるようになっていたのである。

　以上の観光開発は、文人墨客の遊覧から湖水浴場の賑わいまで、規模の大きさや浜の利用方法は異なっているものの、古宿・新田で暮らす人にとっては一

時の来訪者への歓待という意味で一連のものと捉えられていた。そのためこの時期の観光開発は，地域の暮らしとの間に大きな齟齬を来すことはなかったのである。

3 霞ヶ浦開発第一段階：公共事業型開発

3.1 治水と霞ヶ浦開発

　霞ヶ浦の大規模開発は，治水事業を端緒にその後大きく軌道修正されて，霞ヶ浦のダム化と鹿島臨海コンビナート建設が並行して進められていく。この節では霞ヶ浦で展開された公共事業型開発がどのような意図のもとにいかにして進められてきたのかを，開発側と開発対象地区の住民の両側面から概観していきたい。

　前節で見たように，霞ヶ浦は生業や観光を通じて人びとに多くの恵みをもたらしていたが，一方でしばしば水害を引き起こす存在でもあった。古宿・新田付近に場所を限っても，大きな水害は数年ないし十数年おきに，小さなものも含めると2，3年おきに起きていた。その多くが，夏の長雨や台風後に引き起こされたものであった。

　とくに被害が甚大であったのは1938年（昭和13年）と1941年（昭和16年）の大水害である。昭和16年の洪水では旧麻生町内で床下浸水家屋122戸，床上浸水家屋17戸，住宅倒壊1戸，半壊2戸，すべて冠水した水田34町5反，7割以上冠水した水田も20町に及んだのである（平輪1991：161-162）。

　このときの洪水を教訓として，戦後まもなくの1947年（昭和22年）には内務省内に治水調査会が設けられ，霞ヶ浦を含む全国の河川の治水方法が検討された。霞ヶ浦流域では，昭和16年の大洪水が利根川からの逆流によって引き起こされたものであったの

写真1-2　昭和16年水害時の古宿
（平輪 1991）

写真1-3 昭和16年水害時の八坂神社
(平輪 1991)

で，これにどう対処するかが課題であった。こうした検討を経て1949年（昭和24年）には『利根川改修改訂計画』が出され，北利根川・常陸川の川幅を約2倍に拡幅し，霞ヶ浦の最高水位をY.P.+2.85m(1)以下にすることが決定された。以後，平成22年現在に至るまで，洪水時の最高水位などの基準は，この時点のものが参照されている。

その後，この『計画』に則って河川の拡幅や湖岸堤の建設が始められた。1953年（昭和28年）には，利根川の逆流を防止するための常陸川水門（逆水門）が建設計画に加えられ，1958年（昭和33年）に着工，5年後の1963年（昭和38年）に完成した。完成時，常陸川水門は日本最大の水門であった（水資源協会編 1996：151-158，165-173）。

これらの治水事業は，毎年のように水害に悩まされてきた霞ヶ浦湖岸で暮らす多くの人びとにとって待ち望まれてきたことであった。もちろん治水事業によって，とくに潮来や牛堀周辺では景観上の大きな変更を余儀なくされ（河川拡幅や大型水門の設置など），水郷情緒を売り物にした観光には少なくない負の影響を与えることになった。それでもなお洪水におびえながら暮らしてきた湖岸の人びとにとって，これらの大型治水事業は地域の暮らしに必要なものであると認められてきたのである。

3.2 利水事業としての霞ヶ浦総合開発

以上のような治水事業が進展を見せ始めた頃，地元の人にはおよそ想像がつかない発想から霞ヶ浦を眺めている人びとがいた。常陸川水門着工前年の1957年（昭和32年），友末洋治茨城県知事は「霞ヶ浦・北浦の出口に本格的なダムをつくり，両湖を貯水池として利用する総合的調査を進める」と発言し，翌年1月には「茨城県総合開発の構想」を掲げた。この「構想」には平地林や生産性の低い農地の利用転換と，霞ヶ浦低湿地の河川改修の促進および霞ヶ浦・

北浦の水資源利用が謳われ,「これまで霞ヶ浦の水資源については, 治水面の重要性に比べ利用面が忘却されがちであった」ことを反省して, 東京・千葉などの用水不足を背景に水資源の総合的利用を検討したものであった(水資源協会編 1996：212)。

もちろん霞ヶ浦の水が伝統的にまったく利用されてこなかったわけではない。漁船に乗り組んだ人たちは飲み水として利用することもあったし, 霞ヶ浦の水で飯を炊き, 食品や食器を洗い, 洗濯をし, 風呂の水としていたのは, 霞ヶ浦湖岸で暮らす人びとの日常の光景であった(常陽新聞社編 2001：914)。しかし, そうした生活用水ではなく, 産業用として大規模に霞ヶ浦全体の水を利用しようという発想は, 神武景気に沸き, 経済白書に「もはや戦後ではない」と記されたこの時期に至ってはじめての出来事といえた。

1959年(昭和34年)に友末氏を破って, 当時最年少で当選を果たした岩上二郎知事は, 翌年4月に「鹿島灘沿岸地域総合開発構想(試案)」を公表した。これは広大な平地林と豊富な水をたたえた開発可能性のもっとも大きい鹿島灘沿岸地域を対象に,「農工両全」すなわち大規模な工業用地を造成して工場を誘致することで農外所得を得る場を確保し, 併せて山林原野の開墾と集約的農業を推進するといった構想であった(水資源協会編 1996：52, 鹿島開発史編纂委員会編 1990：42-47)。この構想においても常陸川水門を閉め切ることで霞ヶ浦をダム化し, 水資源として利用することが期待されていたのである。

これらの構想は次第に大型化・具体化されるにつれ, 国家プロジェクトとしての様相を濃くしていった。1961年(昭和36年)には水資源開発促進法が成立, 翌年には水資源開発公団法が成立し, 同年中に淀川水系と利根川水系が水資源開発水系としての指定を受けた。霞ヶ浦は利根川水系に含まれるため, 指定後は開発のための漁業調査, 生物調査等が繰り返しなされていくことになる。こうした水資源開発整備の間にも, 鹿島地区は工業整備特別地域として閣議決定され(1963年(昭和38年)), 4年後の1967年(昭和42年)には首都圏整備法に基づく鹿島臨海都市計画区域が決定された。こうして霞ヶ浦の水資源開発と鹿島開発は並行関係を保ちながら, ともに国家的大規模開発事業として推進されることになったのである。

3.3 国家プロジェクトの推進と住民の対応

　そしてこの時期に，開発を手がける行政と住民との間に衝突が起こっていく。霞ヶ浦流域では国際空港建設反対運動（1965年（昭和40年）），高浜入干拓補償協定締結（1970年（昭和45年））など，鹿島開発・霞ヶ浦水資源開発以外にも大型開発事業をめぐる住民運動が頻発していた。しかし天王崎付近で暮らす人びとをもっとも震撼させたのは，霞ヶ浦の水質の急速な悪化と，霞ヶ浦総合開発事業に基づく湖岸堤の建設であった。

　天王崎が賑わいを見せていた1969年（昭和44年）当時，すでに霞ヶ浦湖岸にあったいくつもの水泳場が，湖水の水質悪化のために閉鎖に追い込まれていた。翌1970年（昭和45年）には，シジミの大量死や奇形魚の報道が繰り返され，霞ヶ浦の水質汚濁は公害の名をもって語られるようになっていく。

　こうした状況と併せて，国の外郭団体（社団法人 日本水産資源保護協会）が，常陸川水門の閉め切りによって湖水が純淡水化すると遡河性魚類や塩分が必要な魚介類などに大きな影響が出るとの調査結果をまとめた。同時期に，建設省から霞ヶ浦開発事業を引き継いだ水資源開発公団は，水門の閉め切りと純淡水化を実現するために，湖岸堤建設の同意を得ようと各漁協を回り，補償交渉に当たりはじめたのである。

　長く湖水べりで暮らしてきた人びとの不安は高まった。1972年（昭和47年）5月，古宿をはじめとする湖水べり住民を中心として結成された「霞ヶ浦水ガメ化反対期成同盟」は，旧麻生町内を中心に1800名の署名を集め，常陸川水門の閉め切りに反対して水資源開発公団に詰め寄ったのである。

　このとき，ムシロ旗を掲げて湖上デモを行った人びとは，いったい何に反対していたのだろうか。当時古宿の区長であり，期成同盟の中心人物でもあったNさんによれば，「魚とりよりも，そんなことが起これば生活権が侵害される」と思ったという。この時期にはすでにシジミの大量死が起きており，生業としての漁業が危機にさらされていたことは事実であった。しかしそのこと以上に，霞ヶ浦の水位を最高1m80cmに設定し，それに合わせて湖岸堤を建設すると，毎年水害に遭うのではないかという危惧の方がより生活上の問題であったとNさんはいうのである。しかも，湖岸堤工事によっていったいどのような問題が

引き起こされるのかは住民たちには十分説明されておらず、たとえ説明があったとしても、話される内容は住民のこれまでの経験からは推し量ることのできない、想像をはるかに超えたものばかりだったのである。

たとえば、漁業補償が済んで後、目の前の湖水の利用について、水資源公団の許可がなければ何一つできなくなると、地元の議員から知らされたことがあった。しかしそのときの地元の反応は「湖を枕元において、水を公団から買うなんていうとぼけた話がどこにある」といったものであった。それまで自由に使えた水が、突然許可がなければ使えなくなるということが、まったく信じられなかったのである。

また、湖岸堤築造と砂浜との関係についても、せいぜい「湖は水が流れないから浜もそのままだろう」といった、説明ともつかない話しか聞かされてこなかったという。

つまり、期成同盟を結成し、霞ヶ浦開発事業に反対を唱えた人びとは、どのようなものになるのか正体不明の事業計画を前にしたときに抱えた不安と、水門が人為的に閉め切られ、結果として水害が常襲するのではないかという危険との両方を感じとり、それゆえ自分たちの生活を守るために立ち上がったのであった。このときは古宿の住民全体が反対に立ち上がったという。

3.4 湖岸堤建設とその後

しかし、こうした事業反対の動きは、巧みな政治的動きと事業進行によって押さえ込まれていく。たとえば、砂浜がなくなり船の係留場所に困ると訴えれば、新たに船溜りを造ると約束し、あるいは湖水を生活に利用できなくなるという場合にはポンプの新設を約束する、といった具合に、間髪入れずに次々と要求を受け入れていくことで、地元の同意を取り付けていったのである。そして湖岸堤建設に関しては「土手造らせてくれ、土手造らせてくれの一本やり」なのであった。

こうして1975年（昭和50年）4月22日の岩上知事の退任日までに、すべての漁協が補償契約を結び、霞ヶ浦のダム化を目指した本格的な湖岸堤工事がスタートしたのである。旧麻生町内における湖岸堤工事は、1980年（昭和55年）

に始まり1987年（昭和62年）までの約7年間にわたって断続的に行われ，総延長2744m，水面高2.4m（Y.P.+3.5m），堤頂幅4mの湖岸堤が完成した（水資源協会編 1996：369-395）。

　古宿の人たちに現在の湖水べりについて尋ねると，そこは自分たちにとって「治外法権」の場所なのだという返事が返ってきた。湖水は今も物理的にはかつてと同じように存在している。にもかかわらず，その砂も水も，かつて自分たちの'庭'のように利用してきたそれとは違い，原則的には一切，手を出すことができなくなったというのである。

　「治外法権」の象徴として古宿の人が挙げるのは，湖岸堤建設時に公団に要望して作ってもらった防火溜の件である。防火用として2か所に設置された溜は，湖岸堤の下にパイプを通し湖水を集落側に引き込んだものであり，地元の消防団が訓練時などに使用していた。ところがのちに堤外に波消しのための離岸堤を建設した際に，2つあった湖水の引き込み穴のどちらも埋めてしまったのだという。消防用水を奪われた消防団はただちに町役場に苦情を申し立てたが，その後なんの音沙汰もないのだという。

　また，旱魃で自分の田んぼの稲が枯れそうになった時でも，定められた水量以外に目の前の湖から揚水することはできない規則になっている。すでに生活に必要とされる水利権も制限されているのである。

　さらに，自分の目の高さよりはるかに高い湖岸堤があるといっても，水害はなくならないばかりか，場所によっては一層ひどくなっているという。たしかに高い湖岸堤を越水するような洪水は築堤後一度もない。しかし，堤防の集落側に水がたまる，いわゆる「内水氾濫」は，ほぼ毎年起こっているのである。そのため，湖岸堤近くに住むHさん夫婦は，大雨が降るとそのたびに集会所まで避難しなくてはならず，不安が絶えないという。

　このように，古宿の人にとって現在の湖水べりは，物理的な距離よりもはるかに遠く隔たったものになってしまったのである。湖岸堤に対する筆者の問いかけに対して，それまでとは打って変わって急に言葉数が少なくなるのも，現在の暮らしが湖水べりに背を向けているからだけではなく，ムシロ旗を持って水門まで漕ぎ出して以来の苦い経験が，幾重にもそこに折り重なっているから

なのである。

4　霞ヶ浦開発第二段階：環境保全型開発

4.1　環境護岸の建設

　湖岸堤の建設によって，天王崎は生業の面においても観光の面においても大きく変貌することになる。湖岸堤建設という公共事業型開発が一段落した後に湖岸を改変しはじめたのが，現在まで続く環境保全のための諸事業である。この節では湖岸堤建設後の天王崎を追いながら，観光開発のその後と，環境保全を目指した新しい開発の動向について述べていきたい。

　さて，築堤後の天王崎はどのように変化したのだろうか。湖水べりの人びとが大挙して水門閉め切りと湖岸堤建設に反対した翌年には，天王崎湖水浴場は水質不適合のため閉鎖された。ここに「遠浅でシジミのとれる水泳場」はその幕を閉じたのである（1972年（昭和47年））。

　しかし，これで天王崎の観光開発すべてが終わったわけではなかった。むしろより拍車をかけて，大規模に工事が行われていったのである。

　湖水浴場が閉鎖されてから天王崎沿岸でもアオコが発生し，ときにはそれが腐敗して強烈な臭気を発することがあった。とくにひどかったのは，国民宿舎白帆荘より北の新田方面の湖岸であった。そこで，この遠浅で広く抽水植物の生い茂っていた浜を，湖岸堤建設の直前に埋め立て，巨大な駐車場にしたのである。以後，順次湖水べりは埋め立てられ，天王崎公園として造成されていった（**写真1-4**）。この段階において麻生町は「天王崎総合開発基本計画」を立案し，水資源開発公団に対して，この地区の整備を陳情したのである。これを受けて公団と町とは約10回にわたる打合せを行い，1983年（昭和58年）には次の5つの取り決めを行った。①階段式タイプで斜面を形成する。②

写真1-4　現在の天王崎公園

写真1-5　現在の環境護岸。うしろは八坂神社

防波堤を現状より高くする。③砂浜の規模は現状維持とし，現在の形を前に移す。④法線の沖出しは出来ないが，前浜を広くする形状とし，面積を確保する。⑤用地買収には協力を願う（水資源協会編　1996：395-399）。

　以上の経過を経て，霞ヶ浦に建設された総延長181.3kmの湖岸堤のうちでも唯一の「環境護岸」（写真1-5）が，天王崎公園の延長として，かつて湖水浴場だった場所に建設されたのである。1993年（平成5年）には，湖水を汲み上げて紫外線やオゾンで浄化し，それをふたたびフェンスで仕切った砂浜のプールに戻した「天王崎親水ランド」がつくられた。さらに2003年（平成15年）には白帆荘に日帰り入浴施設「あそう温泉・白帆の湯」が併設され，3階にある浴場の窓からは，観光帆曳船や，遠く浮島を望むことができるようになった。

　こうして毎年夏になると，たくさんの車が天王崎に押し寄せ，水上バイクやヨットに興じることで，夏のひとときを楽しむようになったのである。

4.2　離岸堤と緩傾斜護岸の設置

　天王崎が公園へとシフトしていったのとは対照的に，公園に連なる南北の湖岸では現在，新たな開発が進行している。

　写真1-6を見ると分かるように，現在の古宿地先の湖水べりは，コンクリート製の堤の上に表土をかぶせた緩傾斜護岸と，沖合いに自然石を用いた離岸堤から成っている。こうすることで親水性を高めるだけでなく，将来的に護岸と離岸堤の間に砂が堆積することを期待しているのである。写真1-7は積極的に湖岸の植生を復元するために設けられた施設で，これも自然石を用いることで水環境への負荷や景観に配慮したものとなっている。このように，堤の沖出しが認められなかった湖岸堤建設当時には考えられなかった事態が現在進行しているのである（詳しくは国土交通省霞ヶ浦河川事務所ホームページを参照）。

こうした新たな開発が行われている背景には，湖岸堤建設時の想定ほどには工業用水等の需要が無かったということがある。そもそもこれほどの高さの湖岸堤を霞ヶ浦全体に設けた企図は，常陸川水門の調節で湖の水位を高く維持し，治水に影響がない範囲での最大量の水資源を確保しようとしたためであった。ところが水需要は当初の想定ほど伸びず，1996年（平成8年）からは水門操作により高水位を維持する試験運用がなされたが，湖岸植生などへの悪影響が指摘されるに及んで，平成22年現在では冬季をのぞいて管理目標水位をいくぶん下げて運用している。湖岸植生への配慮はこうした水需要の伸び悩みがあってこそ可能になった側面があるのである。

写真1-6　古宿の緩傾斜護岸と離岸堤

写真1-7　新田の湖岸植生保全・復元対象地

　もう一つ重要な点は，湖岸の自然に対する価値づけの変更である。環境問題に対する関心の高まりは霞ヶ浦流域にも及び，とくに1995年（平成7年）に行われた第6回世界湖沼会議（土浦市，つくば市がメイン会場）が一つの契機になって，それまでどちらかといえば対立関係にあった行政と市民団体が，ともに連携したり協働したりすることによって事業が運営されるようになった。2000年（平成12年）からは霞ヶ浦を管轄する国土交通省と生態学や河川工学の専門家，および市民団体であるNPO法人アサザ基金[3]がタイアップして湖岸の植生復元に取り組み，さきの写真のような湖岸の改変が行われたのである[4]。このように植生の保全・復元という新しい価値が湖岸に向けられることによって，それまでにはない新しい開発事業が展開されるようになったのである。

4.3 湖岸植生帯の復元と地域の暮らし

　湖岸植生帯の復元という新たな開発は，市民団体と行政が協働で行ういわゆる「パートナーシップ」に基づいて行われたものである。行政やその道の専門家と市民（団体）とが相互に意見を出し合い，事業を企画立案するだけでなく推進主体にもなるパートナーシップの方法は各地で試みられているが，これほど規模が大きく壮大なプロジェクトは全国でも稀であろう[5]。

　玉野和志（2007）はこのパートナーシップ構築に向けた新たな政策動向について，コミュニティ行政と比較しながらおおよそ次のように説明している。すなわち，1970年代にはじまったコミュニティ行政は，行政の役割をあくまで住民の自発的活動を醸成するための条件整備に限定していた。その結果，コミュニティ施設が充実し，住民のボランティア活動等は飛躍的に拡大したが，一方でこの種の「住民参加」の手法では，行政の政策決定に影響を与えるだけの権限がコミュニティ組織に与えられていなかったため，行政から与えられた権限の範囲を超えて行動しようとする活動的・自治的な市民や住民の関与を遠ざける結果になってしまった。そうした人びとは地域的な枠を超えたNPOやNGOへと合流していったのである。

　ところが1990年代以降，行政の財政危機や民間活力の導入など公的分野にも市場原理が積極的に導入されるようになると，これまで行政が一手に引き受けてきた「公」観念を見直し，民間企業や民間団体・住民組織なども直接公的な活動を担いうるという観点から，新しく公共領域を構築していくべきだ（ともに汗をかくべきだ）という発想が生まれてきた。これがパートナーシップと呼ばれる市民と行政の協働による事業運営を促してきたのである（玉野 2007：33-40）。

　霞ヶ浦の場合，コミュニティ行政から直接パートナーシップへの流れを説明するのにはやや難しい側面があるが[6]，行政が企画立案し，実施段階において（立ち退きや補償を含めて）住民を動員するという従来の公共事業型開発から，かならずしも行政の言いなりにならないNPO等と協働して事業運営に当たるパートナーシップへの変化は，玉野が指摘した「新しい公共領域の構築」が霞ヶ浦流域においても求められた結果であるといえるだろう。

しかし，霞ヶ浦において展開されているこの「新しい公共領域」には，ある種の制約があることを忘れてはならない。
　前節で古宿の人たちが怒りをもって語っていた防火溜の埋設の件は，実はこのパートナーシップに基づいて実施された湖岸工事の際に（おそらくは意図せずに）行われたものなのであった。確かに行政や事業に参画している市民団体などから見れば，この新しい開発は従来の公的領域を押し広げる「新しい公共領域の構築」という意味において大変意義深いものといえるだろう。しかし事業によって定義された「新しい公共領域」は，防火溜の件が象徴しているように，湖岸で暮らす人びとの生活を含みこんだものとはなっていないのが現状である。言い換えれば，現在展開されている新しい開発は，植生復元などの「環境保全型開発」ということはできても，地元の人たちがかつて庭のように接してきた湖岸とのかかわりや，現在でもなお止むことのない洪水への恐れ，あるいはムシロ旗を持って公団に押しかけた記憶などの複雑な絡み合いまでを含み込んだ「新しい公共観念」（玉野 2007：41）に基づいているとまではいえないのである。湖岸で暮らす人びとから見れば，市民団体も参画しているこれらの事業に対しては，従来の行政─住民ルート（たとえば，町行政への陳情→県行政や公団への要望）に乗って意見を表明しにくいだけでなく，環境保全という「将来世代を見越した流域全体のよりよい暮らし」に寄与するために行われている事業であるために，卑近な問題を提示すること自体が少々憚られる雰囲気があるのは事実である。そして事業が市民参画であるかどうかにかかわらず，古宿の人びとにとっては自己の権限が及ばない「治外法権」の領域で行われている事柄と映るために，そもそも事業に対して積極的にかかわろうという意識が生まれにくいことも考慮する必要があるだろう。
　強硬な反対を押し切って建設された湖岸堤の上に新たに土が盛られ，湖自身の働きによって砂浜や自然植生が復元されたとしても，それが直ちにはかつての浜と同じでないことは，地元にとっては自明なことである。こうした複雑な思いも引き受けた「新しい公共観念」に基づいてこそ，はじめて本来的な「パートナーシップ型開発」を展望できるのではないだろうか。

5　湖岸への住民の働きかけと地域開発

5.1　住民の湖水べりへのかかわり：八坂神社祭礼のお浜降り

　古宿住民が「治外法権」と呼ぶ堤外の世界に対して，必ずしも言葉どおりに受けとることができない現象が存在している。それが毎年7月最終の土日に開催される八坂神社の祭礼「馬出し祭り」の際に行われるお浜降りである。

　八坂神社の祭神は須佐之男命（素戔嗚尊）であり，京都の祇園祭と同じく，7月の祭礼はかつての疫病封じのためのものであったと思われる。八坂神社が湖岸の砂洲の先に祀られ，かつ古宿・新田の水神宮が八坂神社境内に対になって祀られているのも，もとをただせば，霞ヶ浦の増水を恐れ，治水を神に祈ったことを示しているのであろう。

　近世から続く馬出し祭の由来については，氏子たちの間でほぼ話が一致している。それは須佐之男命が八岐大蛇（ヤマタノオロチ）を退治したという，古代神話を馬出しで再現しているというものである。高天原を追放された須佐之男命は，あるとき，娘を8つの頭をもつ大蛇に食べられてしまうといって泣いている老夫婦に出会う。須佐之男命は娘を救うために，強い酒を醸し，その酒を大蛇に飲ませるよう老夫婦に命じた。やってきた大蛇は首尾よく酒に酔いしれ，寝てしまう。そこに須佐之男命が出てきて，大蛇を剣で退治する，という神話である。祭りでは，着飾った馬が八岐大蛇を象徴しており，須佐之男命は八坂神社の祭神として，酒の入った男たちの背の上に神輿として担がれる。そして双方がぶつかり合い，もみ合う。そのもみ合いの果てに，馬は境内の向こうに疾駆し，退散するのである。これが馬出し祭のクライマックスであり，神話の再現だと地元では伝えているのである。

　容易に想像されるように，ここに登場する八岐大蛇は水，すなわちこの地においては霞ヶ浦を象徴しており，暴れまわる水を治めるのがこの神事の意味するところであろう。冒頭の常陸国風土記に出てくる夜刀の神同様，ここでも馬＝大蛇＝水（自然）という連想が働いていることは興味深い。

　馬と神輿のもみ合いの後，神輿はお浜降りを行う。お浜降りが行われる場所

はいつも決まって「環境護岸」の先の人工砂浜である。神輿は神社境内から鳥居をくぐって高さ2mを超える湖岸堤を登り，更に環境護岸に降りてから砂浜に入る。「ワッショイ，ワッショイ」の掛け声のもと，神輿は湖水に入り，湖岸を周回した後，ほぼ同じ場所に上がってくる。土曜日の宵宮の際には神輿はこのあと3時間ほどもかけて古宿・新田の集落を回り，神社脇のお仮屋に安置される。翌日の本祇園の際にも前日と同じように馬出しやお浜降りが行われた後，神輿はそのまま境内に戻り，祭りは終了となる。

　このように古宿・新田の人びとが祀る八坂神社の祭礼では，治水やその年の豊作などの願いを乗せて，毎年神輿は浜に降りるのである。そのとき一時的ではあるが，人工砂浜は「治外法権」の場所ではなく，かつての浜が再現されているのである。

5.2　生活空間としての湖水べり

　図1-1に示したように，古くは祭礼時にお浜降りは行われていなかった。神輿は氏子たちが暮らす古宿・新田の生活領域をめぐりながら，浜沿いに進んでいたのである。ところが昭和の初め頃，血気盛んな若者が膝まで湖水に入るようになってから，次第に神輿は天王崎から砂浜の沖に出て古宿の集落を沖から眺めるようになった。しかしその際も，神輿が水に浸からないように「しゅくしゅくと通り静かだった」といわれる（平輪1977：49）。

　ところが湖岸堤が建設されてからというもの，神輿のお浜降りは，湖岸堤を挟んで神社の境内と反対側の人工砂浜だけに限られるようになった（図1-2）。湖岸に下りられる場所が実質的にこの場所に限られるからである。ここは高い湖岸堤と天王崎公園に連なった場所であり，7月末の祭礼の行われる時期には多くの水着を着たレジャー客で賑わっている。湖をのぞむ「環境護岸」には若者グループや家族連れが建てたテントが並び，水際では水上バイクが何台も轟音を響かせながら水しぶきを上げている。これが公共事業型観光開発によって作られた天王崎公園の夏の風景である。祭礼の日，神輿はこうした気だるい夏の午後を突き破るように，「ワッショイ，ワッショイ」の高声を発しながら浜降りへと進んでいくのである。年によっては水上バイクとにらみ合いになった

図1-1 湖岸堤建設以前の神輿の進路　点線は昭和初期まで
（米軍撮影の空中写真〈1947年〉を使用）

図1-2 現在の神輿の進路　頭屋等の位置により若干進路は変動する
（国土地理院撮影の空中写真〈1999年〉を使用）

り，神輿が進むスペースを空けるのに苦労することもあるが，それでも毎年頑ななまでに神輿は必ずお浜降りを行うのである。

5.3　開発が作り上げる公共性と浜の意味

　天王崎は戦前から文人墨客や観光客を迎え入れ，戦後も湖水浴場の開設とともに多くのレジャー客で賑わってきた。地元の人びとは生業にいそしむかたわら，貸しボートや土産売りなどを通じてこれらの観光客と接してきたのである。その意味でこの時期の天王崎は，異質の人びとも迎え入れることができる一種の公共空間だったということができるだろう。そのとき浜は，形態的にも意味づけにおいても，神社の境内の延長であった。神社境内から続く砂浜は，観光客にとって美しい風景のひとコマであったり，娯楽や安らぎの場所であったりした。一方で地元の人びとにとって浜はあくまで生活領域の一部であり，祭礼という特別な日には，自然の脅威を避け，豊穣を祈る神輿が巡る神聖な場所であ

った。このように天王崎の浜は，観光客はもちろん地元で暮らす人びとも含めて，神社や境内のもつ性質の許容する範囲での利用に限られていたのであった。

ところが湖岸堤が建設され，「環境護岸」をもつ公園が開設されると，浜は神社境内と切り離されて公園の一部になった。ここにやって来る観光客はもちろん地元の人びとも，ここでは公園の一利用者以外の何者でもなくなり，年間を通じてその性質は変わることがないのである。祭礼は境内を離れて公園に掛かった瞬間にイベントの一種と化し，神輿は水上バイクと競合することになるのである。

さらに公園の南北に広がる植生保全帯では，100年後を見据えた環境再生が目指されている。ここでは霞ヶ浦自身が持っている自然再生力を極力生かし，人間はその手伝いをするだけの存在となる。そのためここに立ち入ることができるのは，こうした自然保全のしくみを理解し共感することのできる人びとに限られるのである。

このように同じ天王崎の浜であっても，時代や場所によって，それぞれ性質は異なっているのである。そしてこれらの性質に違いを生み出したものこそ，その場所の開発方法の違いなのであった。公共事業型開発では，湖岸は治水や親水といった一部の機能に特化した空間として定義され，それ以外の利用を原則として認めない。一方で環境保全型開発においては，湖岸を環境保全機能をもつものとして定義し，それ以外の意味づけを原則として拒否するのである。このように公共事業型開発と環境保全型開発では，経済的効用や環境保全の観点から見れば対照的な開発形態であるが，ともに浜を世俗的な機能に特化し，他の見方を拒否するという意味では同じ性質を有している。

しかし浜は地元の人びとにとって，これらの開発によって定義される限られた世界，限られた機能のみをもった場所ではない。たと

写真1-9　人工砂浜を進む神輿

第1章　霞ヶ浦における三つの開発の型…………033

えば祭礼時には神聖な場所となり，火事や渇水の時には非常用水の供給源となる。こうした異なった複数の世界を生きているのがこの地域の暮らしなのである。馬出し祭におけるお浜降りは，そうした異世界をあたりまえに生きる地元の人びとによる，開発後の浜に向けられた一種のプロテストとして捉えることができるのではないだろうか。

6　おわりに：パートナーシップ型開発の可能性

　この章では，霞ヶ浦湖岸の天王崎を事例に，異なる種類の地域開発が地域社会にどのような変化をもたらしたのかについて分析を行ってきた。その結果，天王崎では少なくとも3つの開発の型がありうることが示唆された。

　第一は公共事業型開発という，従来の拠点型大規模開発に用いられる開発の型である。天王崎においては湖岸堤の建設や天王崎公園の設置などがそれに該当する。これらの開発に対しては，地元住民の生活上の不安から大規模な反対運動が展開されたが，開発が求める湖岸の機能に反しない形で地元の要求を次々と変形・吸収し，運動は政治的に押さえ込まれることになった。その結果，湖岸堤の外の世界は地元住民にとって「治外法権」の場と化し，生活領域から切り離されたのである。

　第二は環境保全型開発である。現在霞ヶ浦湖岸において大規模に展開されているこの新しい開発の型は，従来のように行政が独占的に開発計画権を行使するやり方ではなく，環境に関する専門家やNPOなどを広く巻き込んだ「新しい公共領域」を生み出す取り組みであった。しかしこの取り組みによって開発された空間も環境保全に特化した性質に限定されることになり，結果的に当該地域の人びとの聖俗を併せもった異世界のなかを生きる暮らしぶりとは交わることが無かった。こうして新しい開発も，地元の人びとには「治外法権」の場における出来事の一つにすぎないと捉えられてしまったのである。

　そして想定される第三の開発の型は，本来的なパートナーシップを生かした開発の型であり，ここではその型を「パートナーシップ型開発」と呼んでおきたい。

第一や第二の型の開発では，生み出された空間のもつ性質が世俗的で機能的な単一平面に限定されていくのに対して，第三の型の開発では，その場所に固有の重層的な世界を生きる人びとの暮らしぶりを含んだものになる。「パートナーシップ」とはその原義から，異なる他者とのあいだの（対等な）関係を指す言葉であるが，これが「開発」と組み合わされることによって，具体的な場所において複数の世界を介した多様な人びとのかかわりが生み出す実践そのものを指す言葉になる。天王崎の例でいえば，祭礼時の神聖な時間・空間を基底に置きながら，防火や旱魃の非常時にも備え，かつ観光客にも開かれた場所としての浜が，パートナーシップ型開発の目標になる。そこでは，行政と住民という従来のパートナーシップに加えて，異なる利害を抱えた住民間や，祭礼を介した過去および将来世代とのパートナーシップ，さらに人間に畏怖や畏敬の念を起こさせる自然環境とのパートナーシップまでを展望できるだろう。
　ここで冒頭に示した常陸国風土記のくだりをもう一度思い返してみたい。風土記にはその場所の神（夜刀の神＝自然）を常に念頭に置きつつ行う開発と，それらを一切顧慮しない開発とが示されていた。天王崎をこれに照らせば，これまでの開発はすべて後者の開発姿勢で臨んできたものではなかっただろうか。つまり，公共事業型開発はもちろん自然環境を扱う環境保全型開発においても，人間の領域を超える存在としての神（および自然）が登場する余地はない。これらの開発は，「開発を行う者」と「当該地域の暮らし」が常に同一平面上にあると無批判に前提（錯覚）してしまうのである。ところがここに「自然（神）」が加わることで様相は一変する。「自然（神）」とのかかわりの多様さに従って「地域の暮らし」もまた多様な世界によって構成されていることが想起されるのである。「パートナーシップ型開発」とはそうした異世界を同時に生きていることに自覚的な開発なのであって，開発を担う者たちもこの重層的な世界像のなかでともに新しい時間・空間を生み出していくのである。
　グローバル化の進展によって開発が世界大の問題として語られる現代において，経済先進国主導の独善的な開発が「文化帝国主義」との批判を招いているのは周知のとおりである。開発について考えるこの章では，こうした独りよがりの公共性にもとづく開発から開発自体を救い出すために，パートナーシップ

型開発を提案した。この提案はまだ多分に理念の域を出ていない部分もあるが，本章が今後の地域開発を展望する上で同じ過ちを繰り返さないための一つのささやかなきっかけになることを願っている。

【注】

1) Y.P.：Yodogawa Peil の略。旧江戸川河口の堀江量水標の零位を基準とし，水位を表す際の略記号。霞ヶ浦の平時における水面標高はY.P.+1.1m（平成22年現在）。

2) 当初「農工両全」をスローガンにはじまった鹿島開発であったが，のちにその比重は工業団地の建設，石油化学コンビナート造成といった工業へとシフトしていった。こうした比重の移動は，麻生町出身で，コンビナートで最初に操業を開始した鹿島石油の元常務取締役であった平輪憲治氏の回想録によると，きっかけは東京都からの霞ヶ浦への給水要請だったという。当時の美濃部都知事は，巨大化する東京都の水資源確保のため，霞ヶ浦に目をつけ，茨城県に対して給水の申し入れをした。それに対して岩上知事は，霞ヶ浦の水資源は茨城県の最大の財産であり，東京にではなく，あくまで県民のために使用しなければならない。しかし，漁業や農業，飲料水利用というだけでは説得力に欠けるので，工業用水をもっとも多量に使用する製鉄企業を誘致しようと考え，その後コンビナート造成に向かっていったというのである（平輪 1996：126-127）。こうした水資源を基本的に茨城県内で独占しようという発想は，京阪神地域との駆け引きによって水資源開発が決定した琵琶湖とは，その後著しい対照をなすことになった。

3) 霞ヶ浦では多彩な市民活動が展開されているが，なかでも「(社) 霞ヶ浦市民協会」と「霞ヶ浦・北浦をよくする市民連絡会議」が比較的規模の大きい市民団体であり，「市民連絡会議」のもとに「NPO法人アサザ基金」は設立された（1999年）。「市民協会」や「市民連絡会議」「アサザ基金」の活動内容や団体相互の関係については淺野（2008：159-218）を参照。

4) ただし，アサザ基金は石積消波を外来種が移入しやすいなどの理由で批判しており，自らは里山から伐り出した粗朶を用いた消波を提案，実践している。国土交通省も基本的にはこの方法を支持しているが，事例の工区では波浪の強度が高いために石積にしたと説明している（霞ヶ浦河川事務所「霞ヶ浦湖岸植生帯保全の取り組み」パンフレットを参照）。

5) NPO法人アサザ基金では，霞ヶ浦流域全体を視野に入れたアサザプロジェクトを展開している。この取り組みは，水辺に咲くアサザの生育できる環境の保全からは

じまって10年後にはオオヨシキリ，20年後にはオオハクチョウ，30年後にオオヒシクイ，40年後にコウノトリ，50年後にツル，そして100年後にはトキの舞う環境を作っていくというものである。詳しくは鷲谷・飯島（1999）を参照。
6）霞ヶ浦湖岸の植生帯保全の取り組みは，茨城県や県内の市町村ではなく，国土交通省関東地方整備局霞ヶ浦河川事務所の呼びかけではじまったパートナーシップ事業である。そのため自治体が主として推進してきたコミュニティ行政の延長上に霞ヶ浦におけるパートナーシップ事業を位置づけるのではなく，むしろ河川環境の整備・保全計画に地域住民の意見を反映させることを定めた1997年（平成9年）の河川法改正が直接影響したものと考える方が適切であろう。いずれにしても，行政機関による公共性の独占に対する反省からパートナーシップが伸長してきたことは間違いない。

＜参考文献＞

秋本吉郎編，1958，『日本古典文学大系2「風土記」』岩波書店．
網野善彦，2000，「ヒトと環境と歴史学」網野善彦・後藤宗俊・飯沼賢司編『ヒトと環境と文化遺産－21世紀に何を伝えるか』山川出版社：43-66．
淺野敏久，2008，『宍道湖・中海と霞ヶ浦 環境運動の地理学』古今書院．
平輪一郎，1977，「麻生天王祭礼について」麻生町郷土文化研究会編『麻生の文化』9：45-54．
─────，1982，「古宿の籠行商人」麻生町郷土文化研究会編『麻生の文化』14：16-20．
─────，1991，「昭和十六年麻生水害概況」麻生町郷土文化研究会編『麻生の文化』22：161-171．
平輪憲治，1996，「鹿島開発の思い出」麻生町郷土文化研究会編『麻生の文化』27：124-130．
常陽新聞社編，2001，『続・霞ヶ浦報道（付）利根川・那珂川』常陽新聞社．
鹿島開発史編纂委員会編，1990，『鹿島開発史』茨城県企画部県央・鹿行振興課．
水資源協会編，1996，『霞ヶ浦開発事業誌』水資源開発公団霞ヶ浦開発事業建設部．
玉野和志，2007，「コミュニティからパートナーシップへ－地方分権改革とコミュニティ政策の転換」羽貝正美編『自治と参加・協働－ローカル・ガバナンスの再構築』学芸出版社：32-48．
徳富蘆花，1929，「水国の秋」（徳富健次郎編『蘆花全集 第三巻』所収）．
鷲谷いづみ・飯島博，1999，『よみがえれアサザ咲く水辺－霞ヶ浦からの挑戦』文一総合出版．

安井幸次，2000，「地域開発論」地域社会学会編『キーワード地域社会学』ハーベスト社：244-245．

『口訳・常陸国風土記』（http://nire.main.jp/rouman/sinwa/hitatihudoki.htm）
国土交通省関東地方整備局霞ヶ浦河川事務所ホームページ（http://www.ktr.mlit.go.jp/kasumi/kankyou/rigan_youhin.htm）
国土交通省霞ヶ浦河川事務所「霞ヶ浦湖岸植生帯保全の取り組み」パンフレット（http://www.ktr.mlit.go.jp/kasumi/kogan_s_hozen/041215/pam.html）

本章は早稲田大学人間総合研究センター編『平成18年度ミリオンズレイク調査研究事業報告書』第7章「湖辺の暮らしからみた湖岸と堤の象徴的意味―茨城県行方市天王崎を事例として」で取り上げた事例の一部を残して再調査を加え，全面的に書き改めたものである．

第 2 章

子どもの活動からみたローカル・ルール

平井勇介

1　問題関心

1章で言及された「パートナーシップ型開発」について考えるとき、湖岸で暮らしてきた人びと（＝コミュニティ成員）が、開発対象の空間とどういったかかわりをもっていたのかについて理解を深めておくことは重要であろう。なぜなら、地域の人びとの暮らしぶりを含みこんだ開発は、彼らの価値観や経験からかけ離れることはできないからである。そこで本章では、この「パートナーシップ型開発」を考える材料を提示するために、霞ヶ浦での地域開発に対する住民の違和感から問題を考えてみたい。

1.1　湖岸管理への違和感

現在霞ヶ浦では、関係行政機関、地方公共団体、NPOなど、地域の多様な主体の協働関係の下、水生植生帯の復元を目指した大規模な事業がおこなわれている（**写真2-1**）。この取組みは、全国でも先進的なものであり、植物の植え付けに近隣の小学生が参加したり、消波施設の材料を伝統的な河川工法の材料である粗朶にしたりと、注目される点が多い（飯島 2003、鷲谷・飯島 1999）。

だが、霞ヶ浦湖岸を歩いていてたびたび耳にするのは、水生植生帯の復元空間である湖岸の「管理」に対する住民の否定的な意見なのである。たとえば、ある地元住民は「なぜあんなに（無造作に植物が折り重）なっているのに、手を入れないのだ」と、その違和感を口にするのだ。[1]

この住民の違和感は、

写真2-1　水生植物の再生活動の現場

湖岸にかかわり続けてきた人びとの管理と湖岸植生帯復元の取組みにおける管理の間に大きな隔たりがあることを意味している点で注目される。地域住民を含めた多様なアクターによる自然管理の手法を今後どう展開するのかを考えるのであるならば、まずはその隔たりを明確化することが基礎的な課題となるであろう[(2)]。そのため、湖岸空間との多様な関係が持続的に維持されていた昭和10〜40年頃の村落共同体（ムラ）の管理とはいかなるものかを十分に考えておく必要があると思われる。ここで住民による自然の管理を特に村落共同体（ムラ）の管理としたのは、ムラが主体となって入会地や湖岸空間を管理してきた伝統があるためである。

1.2　ムラのヨシ利用と湖岸で遊ぶ子どもたち

　ムラの湖岸管理を考えていく前に、まずは湖岸空間からどういった主体が何を得てきたのかを概観し、さらに本章の対象と目的を明確にしておきたい。崎浜だけでなく、一般的に湖畔の人びとは、湖岸からヨシやマコモなどの植物を採取する他、鳥や魚などを捕獲することが多かった。マコモはお盆や祭りのときに筵の材料などに利用され、ヨシは屋根材や建築材などに利用された。特に崎浜の湖畔は良質なヨシが多く生育する場所であったため、入札制度をしいて共同利用するほどに、ヨシは生活上たいへん重要なものであったといえる。しかしながら、湖岸は田や畑に比べて生産性が低く、また、放っておいてもそれなりにヨシやマコモが採れる場所でもあったので、崎浜の人びとが多くの労力を割くような場所ではなかった。そのため、ヨシの刈り入れや火入れをする時期以外、崎浜の大人は頻繁に湖岸へ立ち入ることがなかったといわれている。

　一方、ヨシを共同で利用してきたのに比べ、鳥や魚などの捕獲活動の主体は限定されていた。主に15歳までの男の子たちがそういった活動をしていたのである。成人してまでも湖岸で魚や鳥を追いかけていたら、それはよほど猟が好きな人か、生活の苦しい人たちであった。

　以上のように、崎浜の湖岸では主に2タイプの資源利用がおこなわれていた。ひとつは、ヨシ利用であり、その主体はムラであった。もうひとつは、鳥や魚の捕獲活動であり、その主体は主に子どもたちや生活の苦しい人たちであった

といえる。しかし，難しいところは，鳥や魚の捕獲のために設置する仕掛けは，ヨシを一定程度刈り取る必要が出てくるため，ヨシの共同利用と競合関係にあると想定されることである。

1.3 本章の目的

いま述べたように，子どもたち（生活の苦しい人たちも含む）とムラは，同一の空間内の資源利用において競合の関係にあったと想定される。本章では，ムラの共同利用の制度分析ではなくて，ムラにおける弱者ともいえる子どもたちの立場からムラのルールを分析することで，既存の分析とはまた異なった事実が示されることを期待し，以下に記述していきたい。すなわち，霞ヶ浦湖畔の崎浜を事例とし，湖岸空間にかかわる子どもたちの活動を記述することを通して，コミュニティにおけるルール，いわゆるローカル・ルールを考えていくことにしたい。ここでローカル・ルールとは，明文化されているものはもちろん，明文化されていない集落内の暗黙のルールも含めている。(3)

まず2節では，崎浜の生業とヨシの入札制度について述べた上で，ムラにおけるヨシ場の位置づけを示す。つづく3節では，そのヨシ場における子どもたちの活動の変遷について記述していく。そして4節では，子どもたちの緩やかな組織である"子ども仲間"における湖岸利用の知識継承のあり方を通して，"子ども仲間"の捕獲活動の特徴を明らかにする。以上の記述・分析をとおして，最後に"子ども仲間"とムラとの間で想定される競合関係を回避するローカル・ルールについて言及したい。

2　崎浜の生業とヨシの入札

崎浜は現在の茨城県かすみがうら市にあたり，霞ヶ浦（西浦）に突出した出島半島の先端に位置している。戸数は昭和初期から多少の変動はあるものの，40戸前後と一定している。この地域一帯はレンコンの産地であり，崎浜でも湖岸に沿った田はほとんどレンコン田となっている(4)（**写真2-2**）。

本節では崎浜の概要として，生業とその活動空間，そして，崎浜のヨシの入

札制度を簡単にみていく。それらを示すことで、ムラにおけるヨシの位置づけについてイメージしやすくなるであろう。

2.1　崎浜の人びとの生業

　戦前から昭和40年頃にかけて、崎浜の農家は生業の組合せから大まかに3つに分かれていた。①梨栽培と稲作の兼業農家（12～13軒）、②稲作農家（数軒）、③漁と稲作の兼業農家（約20軒）である。「土地もちは梨、土地なしは漁師」と述懐されるように、田畑合わせて2ha以上を所有する農家は、ダイ（台）で梨栽培をおこない、漁と兼業の農家は50a以下の田を耕作するものが多かった。漁は集落の半数戸ほどが営んでおり、出島半島の中でも漁業が盛んな集落のひとつであった。

　こうした生業形態は昭和50年頃（1970年代半ば）から急激に変化してくる。漁業の不振や減反政策によって、レンコン栽培に力を入れる家が多くなっていったのだ。もともと漁師だった家は、現在そのほとんどがレンコン専業農家あるいは、第二種兼業農家（賃金就労＋レンコン栽培農家）となっている。現在でも漁を続けている家は3～4軒のみとなっており、いずれもレンコン栽培を主な収入源としている。また、梨農家であった家は近年まで梨栽培を続けてきた家が多かったが、2009年現在では約半数ほどに減少している。

　いまではだいぶ薄れてきたようにみえるが、土地もちである梨農家はムラの有力な家であった。しかも崎浜では大きな地主がいなかったために、農地解放以後も地主層である梨農家は力をもち続けたといわれている。このことは、小漁を営んできた60歳代の漁師の「梨農家と懇意にしていたら、よそ（他の漁師たち）から羨ましがられた」という言葉にもよくあらわれていよう。こうした経済的な格差は、とうぜん当時（昭和10～40年頃）の生産活動の場にも反

写真2-2　崎浜の水神宮からみたレンコン田

映してくる。経済生活上かなり重要な意味をもった山林や畑は梨農家が多くを所有し、そこを働き場とする一方で、漁師たちはカワ（霞ヶ浦）を生業の場所としていた。そして、小漁を営めないような体の不自由な人や老人、子どもは、集落の人なら誰でも利用可能な、カワの沿岸やヨシ原などへ足を運び、鳥や魚の捕獲活動をおこなっていたのである。

2.2 ヤハラの入札

　このように霞ヶ浦の湖岸やヨシ原は、基本的に誰が利用してもかまわない場所であるが、実質的にはムラの一部の人が独占的に利用する弱者生活権（鳥越1997：5-14）が容認されていた場所であった。その一方で、ヨシ場から得られるヨシはムラの財源となった。ヨシ原は、登記上所有が成立しない湖辺や個人所有の場所であったが、入札制度をしいてムラが管理をしていた。崎浜はこのヨシ原の他に、共有地として山やムラダ（村田）、イケダ（池田）をもっていたが、共有地の山の面積は小さかったため、山からあがる収入は微々たるものであった。そのため、少なくとも戦後頃は主に約60aのムラダと約20aのイケダの収穫（後に集落内の個人に貸して土地貸借料となる）や、ヨシ原の入札であがる利益が、集落にとっての共有地から得られる主な財源であった。だからこそ、ムラはヨシ原の管理にはたいへん気を遣わざるを得なかったといえる。

　では具体的にヨシの入札制度を概観してみよう。崎浜の湖岸は、昭和50年頃（1970年代半ば）までは多様な水生植物が存在していた。特に湖岸に住む多くの人びとにとっては、ヨシやマコモは生活に身近な植物であった。このヨシやマコモが群生している地帯を、現在でも、かすみがうら市湖岸地域の人びとは「ヤハラ」[8]と呼んでいる。本章の事例地である崎浜集落は、入札制度によって、ヤハラ（特にヨシが重要であった）を管理・維持し、ヨシを刈った後は火入れをしなくとも、「湖岸がきれいになってしまう」ほどにヨシを活用していた[9]。

　事例地集落の人びとは、この入札制度を「ヤハラの入札」と呼んでいるが、実質的に入札で得られる権利はヨシを刈る権利である。昭和20年代頃までは、集落の地先にあるヤハラを3つに分けて、入札をしていた（**写真2-3、図2-1**

参照)。

　この3区画は村人の評価が明瞭であり,「カンボウサンヤハラ(①)」が3つのヤハラの区画のなかで一番良い質のヨシが生える場所であった。次に,②区分のヤハラの評価が高く,以上の2つのヤハラと比べて質が悪い場所であった「三番ヤハラ(③)」の順となっていた。崎浜集落のヤハラは,このように3つに区分され,区画ごとに落札した個人が利用権を得ていたのである。

　ただし,ヨシ場を落札する個人とは,ほとんどが集落の有力者たちであった。なぜなら,小作の人びとにとってはヤハラ1区分を競り落とすのは金銭的に難しいためである。また,屋根の全面的な葺き替えをする場合,良質なカヤで有名な浮島産(茨城県稲敷市)のものを利用することが多く,集落湖岸のヨシは,主に茅葺き屋根の部分的な補修に使われていたため,ヤハラ1区分ほどのヨシの量は,そもそも必要なかったこともあろう。秋頃になると,崎浜の人びとはヨシの出来を見定めるようになり,「(ヨシの出来がよいから)今年は"ハギコッコ"(茅葺き屋根の部分的な補修)をしたいので」と集落の有力者に入札してくれるようにお願いをした。依頼を受けた集落の有力者は,他の有力者に根回しをしてから

写真2-3　1947年の崎浜
(米軍撮影の空中写真〈1947年〉を使用)

図2-1　昭和20年頃における入札時のヤハラ区画
＊国土地理院発行1:25,000地形図「玉造」に加筆して作成

第2章　子どもの活動からみたローカル・ルール……045

11月末ごろの常会の入札に臨んだのである。

このようにして、ヨシを必要とした人びとは、必要な分のヨシを、入札した有力者から無償でもらったり、購入して使用した。また、入札で利用権を得た有力者は、余ったヨシを近隣の欲しい人に分ける他、屋根葺き職人からヨシの欲しい人を紹介してもらい売ったりもしていた。つまり、ヤハラの入札は、集落内の人的ネットワークを経由して、ほとんどすべての人びとに（欲しいときに手に入れられるというわけではないにしても）ヨシを得る権利が確保されていたものであったといえる。そのため、ヨシの権利を競り落とす人だけでなく、多くの崎浜の人びとはヤハラへ関心を示してきた。また、ヤハラの火入れは集落全体でおこなうものであったということからも、かつてはムラでヤハラを管理するのだという意識が人びとに根付いていたことをうかがうことができる。

しかし、ヨシの刈り取りがおこなわれる2月頃であっても、生活の苦しい人や子どもたちはヤハラで鳥や魚の捕獲活動をしていた。しかも、彼らの記憶では、「好き勝手に（ヨシ場に鳥や魚の捕獲道具を）仕掛けた」にもかかわらず、そのことでムラの人たちに怒られたことがないというのである。それらの捕獲活動ではヨシを刈り込んで仕掛けを設置することが多いため、普通に考えればヨシの利用と競合的関係となるが、それはどのように回避されていたのであろうか。

3　ヤハラでの捕獲活動の変遷

3.1　ヨシの価値が重要視されていた頃（戦前〜昭和20年代）

想定されるヨシと捕獲活動の競合は、それぞれの利用空間が微妙に異なっていることで回避されていた。ヤハラには、ヨシの質が良いとされている場所がある程度まとまって存在するところもあれば、ヨシがまばらに生えており、質が悪いところもあった。聞き取りによると、大変良いとされている場所は、水深10cm強〜30cm程度のところであり、さらに深いところにもある程度良いヨシが生えていたという[11]。この良質なヨシ帯の場所を考慮に入れながら、ヤハラでの捕獲道具を仕掛ける場所を簡略化してあらわしたものが図2-2である。

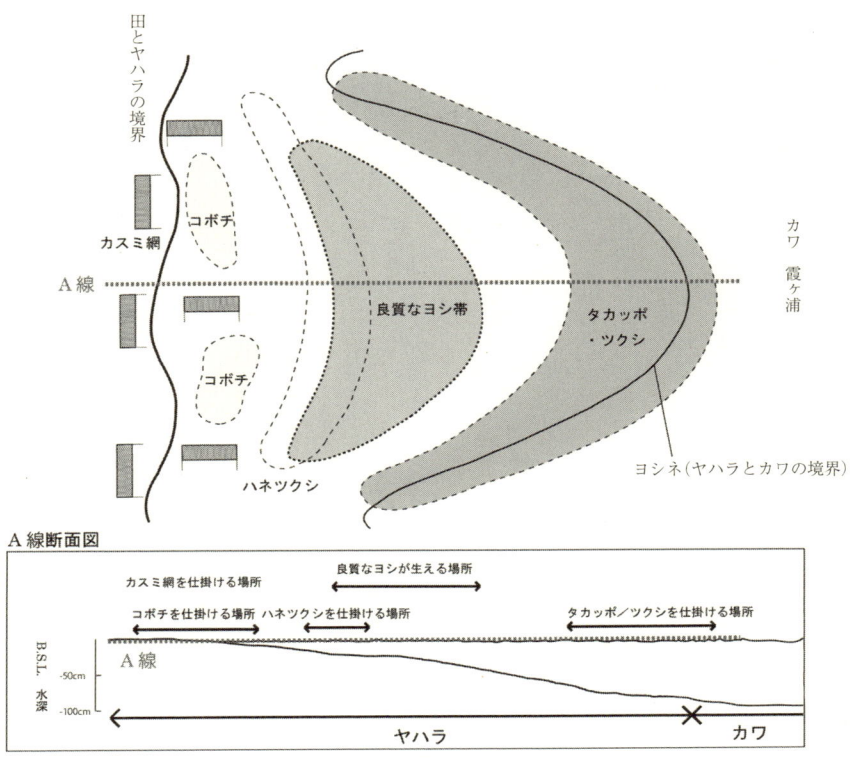

図2-2 ヤハラの空間利用（概念図）

　まず，主に捕獲道具を仕掛ける場所，時期，さらに道具を仕掛ける際にヨシへどう影響を与えたのかに絞って，**図2-2**に出てきたヤハラ空間での捕獲活動を簡単に説明する。

＜タカッポ＞
　タカッポは，ウナギを対象とした漁法である。竹を1m程度に切り，フシをくりぬいて竹筒をつくる（**写真2-4**）。この竹筒を湖底に沈め，入ってくるウナギを捕獲するのである。場所の違いによって，竹筒の仕掛け方は異なっている。
　①「ヨシネ（ヤハラとカワの境）」の若干ヤハラ側の湖底に仕掛ける場合。

写真2-4 竹筒をもつおばあさん

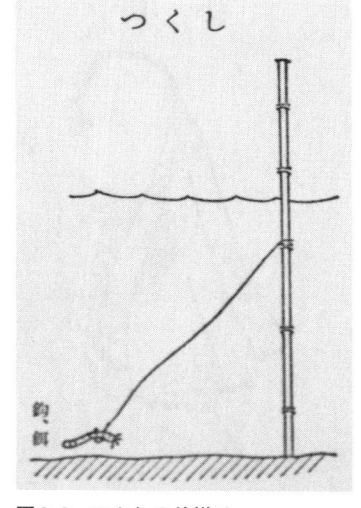

図2-3 ツクシの仕掛け
（坂本 1979：42）

この場合は、幹縄に5〜6m間隔で枝縄をつけ、その先に竹筒を結びつけて仕掛けるという方法がよくとられた。

②ヨシネの若干湖側の湖底に仕掛ける場合。この場合は、竹筒を縛った縄をヨシにくくりつけ、単体で仕掛けた。タカッポは、3月から仕掛けられ始め、9月頃までおこなわれていた。①、②の場合とも、小舟を使って湖側から仕掛けるため、この時期の青々としたヨシを刈ることはなかった。

＜ツクシ・ハネツクシ＞

ツクシは、主にウナギを対象とした仕掛けであり、ハネツクシは主にナマズを対象にした仕掛けである。ツクシとハネツクシでは、仕掛ける場所とその仕掛け方が異なってくる。

ツクシを仕掛ける期間は3月〜8、9月であった。仕掛ける場所は、ヨシネ付近である。ヨシネのヤハラ側に仕掛ける場合は、ヨシがまばらに生えている場所を選び、ツクシを仕掛けた。その際、必要なときには、1㎡弱ほどの青々としたヨシを刈り込んで場所を確保することもあった。

次にハネツクシである。仕掛ける場所は、ヤハラの水深10〜30cmほどのところであった。ハネツクシを仕掛ける際は、掛かったナマズなどがヨシに絡ま

って死んでしまわないように，面積にして1㎡弱ほどのまだ若いヨシを刈り込まなければならなかった。よく獲れた場所は，若干湖底が削れて，急に深くなっているところであり，ヨシがあまり密集していないところが狙い目であった。仕掛ける時期は，ツクシと比べて少し遅く，4，5月〜8，9月頃であった。

＜コボチ＞

　シノと糸を利用した小鳥（主にスズメ，ホオジロ，アオジ，メジロ，ヒヨドリ，アカハラなど）を捕まえる仕掛けである。主に子どもの遊び，小遣い稼ぎであり，タカッポやツクシのように大人もするようなものではなかった。

　コボチを仕掛ける時は，場所を確保するために，50㎠ほどの枯れかかった，あるいは枯れたヨシを刈った。ヤハラの中でなければ，鳥は仕掛けに掛かりにくいそうで，ヤハラの田んぼに近いところで仕掛けた。子どもたちは，10月頃からヨシが刈られる2月頃まで，近所の友達と競うようにコボチを仕掛けてまわった。

＜カスミ網＞

　カスミ網とは，野鳥（主にスズメ，ヒワ，ホオジロ，タスズ，カワセミなど）を獲る場合の仕掛けである（**写真2-5**）。主に子どもたちがおこなっていたが，大人も仕掛けることがあった。網を張っておくだけのこともあるが，子どもたちが集団でヤハラにいる鳥を追いたて，カスミ網に飛び込むように仕向けることもあった。

　カスミ網を張る場所は，主に田んぼの「キワ」（田んぼとヤハラの境付近）で

写真2-5　カスミ網と同じ構造の仕掛け
（中国江蘇省太湖湖岸）

あり，湖と平行に仕掛けた。その他，カワの水があがってきていないヤハラの場所を選んで，湖に垂直に網を仕掛けることもあった。この場合，3〜4mほど枯れかかった，あるいは枯れたヨシを刈らなくてはならなかったが，田んぼのキワに仕掛けたときよりも，2〜3倍は多く鳥が掛かった。このカスミ網は，10月頃からヨシの刈られる2月頃までおこなわれた。

　このように事例地集落の人びと（主に小前の者や年寄り，子ども）が，ヤハラで鳥や魚の捕獲をおこなってきた。それらの活動は，仕掛ける時期によってヨシの生育状態は異なるにしても，しばしばヨシを刈ることがあった。しかし，戦前から昭和30年頃においてはおおまかに良質なヨシ帯の場所を避けるかたちで，つまり，まばらなヨシ帯であったヨシネ付近や田んぼに近いヤハラで，それらの捕獲活動はおこなわれていたのである。

3.2　ヨシの価値が低下した時期の捕獲活動（昭和30〜40年代）

　次に昭和30年代から40年代にかけての捕獲活動についてみてみたい。この時期は，ヨシの資源的価値が急激に減少し，入札制度が崩壊しかけていた時期である。この時期は，3つあった入札区分は1つにまとめられ，競り落とされたヨシがみんなに分けられることも少なくなっていた。さらに，昭和41年には堤防工事が開始され，堤の役割としてのヤハラの機能もなくなった。それらの重要性がなくなったためであると考えられるが，昭和30〜40年代以降，ヤハラでは鳥や魚の捕獲方法は効率性を求めるかたちで発展していく。つまり，鳥や魚の捕獲空間は，良質なヨシの生える場所へと拡大していったのである。

　こうした空間利用の変遷が明確にみられるのは，ツクシ，ハネツクシとカスミ網においてである。

　ツクシあるいはハネツクシの変形として，それまでの1本のみ仕掛ける方法から，次のような仕掛けがおこなわれるようになった。まず，ヨシを10mほど刈って簡易の魚道をつくる。魚道の両端にシノを2本立てて，幹縄を結び，約1m間隔で針と餌のついた枝縄をつけて，仕掛けの完成である。餌は蛙が多かった（図2-4）。

次にカスミ網の仕掛け方がどう変化したのかをみてみよう。カスミ網は田んぼのキワで、湖と平行に仕掛けられることは少なくなり、主に網を湖と垂直に仕掛けるようになった。また、戦後の頃よりも網の長さが倍以上になったという。戦後は網の長さが9尺（約270cm）であったものが、昭和40年代になると、3〜4間（約540〜720cm）となっていた。

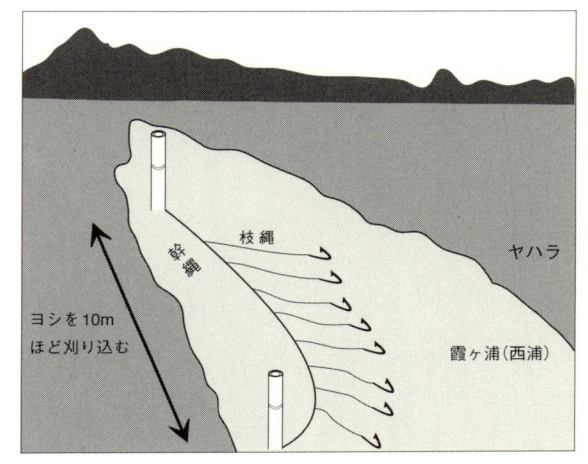

図2-4　ツクシの変形型の仕掛け方

もちろん、網の長さの変化には、経済的な要因が強く影響していることは確かである。戦後はなかなか網を買えなかったといわれるが、昭和40年代になると、まだまだ高級品であったとはいえ、子どもたちでも一度に3セットほどのカスミ網を仕掛けるようになっており、徐々にカスミ網が手頃なものになっている。とはいえ、戦後にカスミ網を仕掛けた経験をもつ方がたに、なぜカスミ網を伸ばさなかったのかを聞くと、9尺（約270cm）以上網を伸ばすと、密集したヨシ帯にどうしても掛かってしまい、その際に「刈る手間がかかる」からだという答えが返ってくるのだ。つまり、当事者たちは、経済的な問題で網を伸ばせなかったのではなくて、9尺の長さが最適であると考えていたのである。こういった話を考慮すれば、なぜ昭和40年代の時期に網を長くしたのかという理由を、経済的な要因だけで説明することはできないであろう。

既に述べたように、これらの捕獲方法の変遷は、時期的にヤハラにおけるヨシの重要性が低下した頃と対応している。戦後の空間利用と比較して考えると、ムラからすれば、ヤハラの空間は使い分ける必要がなくなったのだと捉えることもできそうである。すなわち、ヤハラの鳥や魚の捕獲空間としての意味合い

が、ヨシの利用に比べて相対的に重要になっていくにつれて、鳥や魚の捕獲がより効率的におこなえるように変遷していったのである。

しかし、ムラの男性に話を聞くと、年代にかかわらず多くの人びとが、湖岸で遊んでいた当時を振り返り、「好き勝手に（ヨシ場に鳥や魚の捕獲道具を）仕掛けた」と語るのである。ヨシの重要性が低下していた時期ならともかく、ヨシを厳密に管理していた時期にヤハラで遊んでいた経験をもつ80歳代の方がたが、なぜこうした発言をするのであろうか。この点を理解するために、次節では、ヤハラで遊ぶことが多かった子どもの集団に焦点を当て、湖岸空間の利用ルールについてさらに考えていくことにする。

4　子ども仲間と捕獲活動の知識

民俗学者の飯島吉晴は、子供組と遊び仲間では、次のような違いがあるという。すなわち、「遊び仲間が日常の遊びを中心とした集団であるのに対し、子供組は一年の特定の行事を中心に組織され」（飯島 1991：73）、集団内の制度がしっかりしているという点である。こうした定義からすれば、役職もなく、ムラの祭祀で役割を担わない崎浜の子どもたちの集団は子供組とは呼べないであろう。だが、この日常の遊びを中心とした崎浜の子どもの集団にも、緩やかではあるが組織的な側面が存在したのである。

本節では、崎浜にみられた遊び仲間の組織的な側面を提示したうえで、子供組よりも緩やかな組織である、崎浜の子どもの集団を「子ども仲間」と呼ぶことにする。[13]そして、子ども仲間の特徴や捕獲活動の知識について記述することを通じて、「好き勝手に（ヨシ場に鳥や魚の捕獲道具を）仕掛けた」という言葉の意味を考えていくことにする。

4.1　崎浜集落の子ども仲間

崎浜では、年寄、旦那衆、若衆というムラを構成する年齢集団に連なるものとして、子供会が位置づけられている。そして、この子供会の前身は天神講[14]であった。天神講は、2月15日にノボリを作って隣集落の神社にまで出かけ、戻

ったら当屋で食事会をするという行事であった。この天神講の集まりは、紐解きをした7歳から若衆に入る15歳までの子どもたちが出席することになっており、当屋は年齢が一番上の「ガキ大将」の家であることが多かった。天神講に参加した子どもたちは、通学路の道路整備や神社の草取りのほかに、戦前ではホイホイ小屋という小屋行事もおこなっていた。ホイホイ小屋とは、藁で家を建て、その中で共同飲食をし、後に小屋を焼却する行事である。

このように、日常的な遊びに限らず、緩やかではあるが組織化され、ある程度統制のとれた行動をとっていた崎浜の子どもの集団を本章では「子ども仲間」と呼ぶことにしたい。この子ども仲間は年長者たちから選ばれる「ガキ大将」が統率しており、男の子の場合、「ガキ大将の後に金魚のフンみたいに、みんなついていった」というほど、集団で行動することが多かった。

本節の関心からすると、子供組の特徴として自主性が尊重されていたことは注目される。子供組がムラにおいてある程度自主性を認められていたことは、多くの研究により指摘されている。崎浜においても、湖岸空間における捕獲活動で大人に「怒られたことがない」(放っておかれた)というだけではなく、天神講やホイホイ小屋、通学路の整備などの子ども仲間の活動にも、その特徴は一貫してみることができる。例えば、天神講、ホイホイ小屋などの行事では、ほとんどガキ大将とその同学年の最上級生たちがその企画運営をおこなった。また天神講の当屋を決める際も、だいたいはガキ大将の家であったというが、ガキ大将の母親が体調不良の場合は、別の家に当屋をお願いしに行くなどの裁量が認められていたのである。

いっけん、子ども仲間の自主性を尊重していたからこそ、「好き勝手に(ヨシ場に鳥や魚の捕獲道具を)仕掛けた」という発言が現在よく聞かれるのだと解釈できるかもしれない。しかしそれでは、3節でみたような子どもたちの捕獲活動の変遷があったにもかかわらず、戦前から昭和40年代にかけて一貫して「好き勝手」に捕獲活動をしたといわれている理由を説明することができない。同じ「好き勝手」という言葉であっても、昭和20年代までとその後では、実際の捕獲活動に大きな違いがあるのだ。そこで次に、捕獲道具の仕掛け方や捕獲知識をみてみることにしよう。

4.2 捕獲知識の継承

　ヤハラで捕獲活動をした人の多くは，捕獲ポイントを先輩から学んだという。学び方は，直接教えてもらう方法と盗みどりする方法であった。

　カスミ網のように集団でおこなう場合，ガキ大将は，カスミ網で獲れた鳥を配分したり，カスミ網を仕掛ける場所を決めたりしつつ，年少の子たちにポイントを教えていた。また，コボチやツクシ，ハネツクシなどのヤハラでの捕獲活動においては，魚や鳥を捕獲するのに適した場所を，仲の良い先輩から内密に教えてもらうことがあった。教えてもらえない場合は，ガキ大将や先輩がヤハラから出てきた場所を覚えておき，後で仕掛けたポイントを試すこともあった。どちらにしても，捕獲場所の知識を得た子どもたちは，何度もそこで捕獲をすることによって，「この場所は間違いない」と確信をもつことで自分の捕獲ポイントとするのである。

　だが，その捕獲ポイントはあくまで基本である。どういうことかというと，同じ場所に仕掛け続けていると「シロをつく」状態となり，鳥や魚は捕獲しにくくなるため，その基本をもとにアレンジをする必要が出てくるのである。ある村人は子どもの頃を振り返り，「シロをつく」理由は理解不能だとして次のように述べる。

　「あれはなんでだろうなーっと思うんだよなー。俺はやつら（鳥や魚）はいろいろと話をしてるんだと思うよ。あっこはどうだこうだ，あぶねーってな。そうでなけりゃ，そったらこと（シロがついた状況）にはなんめー」[18]

　子どもたちは，こうしたイレギュラーな状況に対応するため，魚や鳥の通り道や移動の仕方についてとても敏感であった。たとえば，ある村人にコボチやカスミ網を仕掛けるポイントについて聞くと，ヤハラの田んぼ側でヨシのまばらな場所と答え，そこに仕掛ける理由を野鳥の移動経路によって説明する。すなわち，野鳥は密集したヨシ帯には入れないし，田のほうにはあまりでてこないため，基本的に野鳥の移動の仕方はヨシのまばらなところを湖と平行に飛んでいく[19]。だから，その移動経路に道具を仕掛けるというのである。しかし，「シ

ロをつく」ことがないように，数日も続けては同じ場所にカスミ網を張ることはないし，コボチでも連日同じ場所には仕掛けなかった。それでも「シロをつく」状況になったら，次の日には別の場所に仕掛け直すのだ。この基本の移動経路を外れた鳥や魚を捕獲することはある種の駆引きであり，面白みでもあった。そのため，移動経路にはことさら敏感であったと推測される。

　このように，子どもたちはアレンジの領域を内包しつつ，基本的な知識を「ガキ大将」や先輩から体得していた。このこととヤハラでの捕獲活動の変遷を考え合わせると，このアレンジの領域，つまり，鳥や魚との駆引きが，ヨシの価値の低下に伴い展開していったということができよう。

4.3　子ども仲間にみられるルールの内在化

　これまでの記述から，湖岸で「好き勝手」に捕獲活動をおこなってきたという村人の言葉が意味するところを考えてみよう。

　戦前から昭和20年代にかけて，ヨシは崎浜の人びとにとって「必要不可欠なものであった」し，入札制度をしてムラが規制をかけている資源であった。子ども仲間はそうしたムラの規制のなかで，良質なヨシを刈らないような捕獲活動をおこなっていた。しかし，その後ヨシの価値が低下した昭和30～40年代になると，子ども仲間は良質なヨシを刈り込んで捕獲活動をおこなうようになっていた。

　こうした捕獲場所の変遷は，子どもたちの立場からすると次のような説明が可能であろう。子ども仲間の間で継承されていた捕獲知識や捕獲場所は，ある種の基本形であった。子どもたちはその基本形をもとにして，鳥や魚との駆引きを楽しみつつ，アレンジを加えて捕獲活動をおこなってきた。昭和30～40年代，ムラにおけるヨシの重要性が低下したことで，子どもたちは鳥や魚との駆引きのなかで捕獲場所やその手法を大きく変化させたのである。

　では，こうした捕獲活動の変遷をふまえて考えてみると，80歳代の村人たち（戦前から昭和20年代にかけて子ども仲間の成員であった人たち）が口にする「好き勝手に（ヨシ場に鳥や魚の捕獲道具を）仕掛けた」という言葉はどう解釈すればよいのだろうか。この頃の子ども仲間の成員であった人びとも，鳥や

魚との駆引きを楽しそうに語るのであるが，図2-2にみられるような湖岸の空間利用の実態からすれば，その駆引きはあくまで"ムラの資源となる良質なヨシを刈らない"という限定の中での基本形に沿ったアレンジにとどまっていたといえる。現在においても「好き勝手」に捕獲活動をしたと語られるのは，こうしたムラの規制を内在化させつつ，捕獲知識に基づいた自然との駆引きをおこなってきたためであると考えられないであろうか。こうした子どもたちの活動を規定する，内在化されたムラの規制と具体的な捕獲知識を合わせて，本章では暗黙のルールと呼ぶことにする。

5　子どもの活動からみたローカル・ルール

　本章では霞ヶ浦の崎浜を事例に，昭和10〜40年代の子どもたちの活動を記述することを通して，湖岸空間にみられるローカル・ルールについて考えてきた。ここでは最後に，子どもたちとムラとの間に想定される競合関係を回避してきた湖岸利用／管理にみられるローカル・ルールの特徴を整理しておこう。
　事例からわかったことは，子ども仲間がヤハラに働きかける場合，ムラの明文化されたルールよりも，暗黙のルールによって規制されていたことである。
　彼らが「好き勝手に（ヨシ場に鳥や魚の捕獲道具を）仕掛けた」というように，ムラは子ども仲間のヤハラでの捕獲活動においても自主性を重んじていた。そうしたなかで，子ども仲間の捕獲活動の指針となったのは，子ども仲間の間で継承される具体的な捕獲知識であった。この捕獲知識は，鳥や魚の基本的な移動経路を規定した先輩たちのヤハラへの働きかけの積み重ねの過程において生まれたものである。基本形に則った捕獲活動が代々続くことで，自然と鳥や魚の通り道ができていたのである。
　しかし一方で，子ども仲間の捕獲行為の変遷から明らかなように，捕獲活動は自然との駆引きが大きなウエイトを占めるために常に可変性をもっている。さらに，この可変性に大きく影響するのが，ムラにおけるヨシの重要性であった。ヨシの重要性は子どもたちの間で語られることはあまりなかったようであるが，誰に教わることもなく，日常の中で理解されていたと推測される。[20]

以上のように，子ども仲間の立場から湖岸空間のローカル・ルールを検討すると，ヨシの重要性を反映している内在化されたムラの規制と継承される具体的な捕獲知識によって，子どもたちの捕獲活動は規制されてきたことが理解されるのである。
　転じて，このことをムラの視点から考えてみると，次の2点を指摘できるのではなかろうか。ひとつは，子ども仲間が湖岸空間の管理を担っていたと捉えられることである。湖岸空間は，田畑や山林に比べると生産性は低く，特に良質なヨシの得られる場所以外は，一般的に一人前の大人にはさほど興味のない場所といえる。2月におこなわれる共同での火入れも，良質なヨシ帯のところだけであった。しかし，良質ではないヨシ帯であっても放置すると村人が「荒れ」と表現するような人が立ち入れない場所になってしまい，マコモやヨシを採取するのに大変な手間となる。子どもたちの捕獲活動は，そうしたあまり人が手を掛けない場所に率先的に手入れをしている行為ともみることができるのである。つまり，ムラの土地はムラが管理してきたことを考えると，子ども仲間は，ムラの大人が非生産的で労力を掛けないような場所に率先的，集団的にかかわり，ムラの土地管理の一端を担っていたともみることができるのである。
　確かに，福田アジオや飯島吉晴が指摘するように，「群教育」のような大人の支配・管理から子どもを解放することで，多くの興味深い事実が明らかになろう（福田 1993：161，飯島 1991）。崎浜でも，鳥や魚を追いかける楽しみが，子どもたちのヤハラに働きかける原動力であったことは確かである。だが，地域住民の湖岸管理の仕方を考える本章では，ムラに一貫した「放ったらかし」の子どもの教育方針下で機能していた暗黙のルールが，結果的に湖岸管理を担っていたという側面が特に注目されるのである。
　本章で記述してきたローカル・ルールをムラ側からみた場合のもうひとつの特徴は，それがムラにおける弱者の生きやすさを保障している側面をもっている点である。それは弱者の権利として得られる経済的な側面ではなくて，ムラの取り決めによって制度化され，固定化されているようにみえる空間を，特定の人びとが後ろめたさを感じずに柔軟に利用することのできる側面ともいえるだろう。事例地では，ヨシの重要性が低下した途端に，捕獲活動はさらに効率

が良くなるように変容していった。しかし制度化され，固定化された規制が主にそこでの人びとの行為を規定していたのならば，事例のようにだれもが楽しみつつ，ヨシの重要性に応じた捕獲活動の展開ができなかったのではないかと推測される。なぜなら，制度化された規制はヨシの重要性に応じて更新されるのに時間がかかるためである。かりに子どもたちや生活の苦しい人たちが捕獲活動を拡大したとしても，彼らのうちの少なくない人たちが制度化された規制を犯しているという後ろめたさを感じることになる。暗黙のルールが彼らを主に規制していたからこそ，ヨシの必要性に応じて柔軟に楽しく，湖岸での捕獲活動を発展させていけたのではないかと考えられるのである。
　以上みてきたように，子ども仲間とムラは互いに異なる動機から湖岸へかかわっていたにもかかわらず，ムラのコントロールを内在化した暗黙のルールによって，湖岸利用の秩序が保たれていた。もちろん入札制度などの明文化された規律は，この暗黙のルールを支えるムラの事情を体現したものであって，暗黙のルールには不可欠なものである。本章では，これら双方を一括してローカル・ルールと表現し，特に暗黙のルールの側面を記述してきた。
　ここで示した事例地の湖岸空間管理のあり方は，自然再生事業でよくみられる管理手法のようなひとつの資源を管理の対象とするものではなく，自然とかかわり続けながら重層的に資源を利用できる空間をつくり上げ，その結果として各々の資源を保全するというようなものであった。こうした自然にかかわるローカルな管理のあり方を理解することは，行政やNPOにとって，地元と討議するときの有効な材料となることは確かであり，そのような視点を理解しておく必要性は今後ますます強まるのではないかと考えている。

【注】

1）もちろん，築堤，波浪などによって植生帯が急激に失われ，まずはその復元から始めなければならなかった湖岸植生帯復元の活動を担う人びとからすれば，この住民の意見はとても無責任なものに聞こえるであろう。現状として復元を第一に考えれば，その成果を生態学的にモニタリングする必要がでてくるため，人為的

な影響は極力排除せざるをえないからである。
2）同様の試みは市民活動の一環としてもおこなわれている。アサザプロジェクト事業のひとつとして、子どもたちが年輩者に昔の湖岸の話を聞く活動などがそれにあたる。霞ヶ浦を対象とした研究としては富田（2007：142-157）があり、かつての水辺での利用用途についての知識が注目されている。
3）ルールというと一般的に、明文化され固定化された規則として用いられることがあるが、ここではそうした明瞭に示された規則だけが"ルール"という言葉に対応するわけではない。嘉田由紀子は「共有資源の利用や所有を生活実践という観点からみると、自然を認識し、それに働きかけをおこなうことで成立する自然観では、身体感覚はひとつの重要な切り口となる」（1997：74）と述べているが、本章でも身体感覚をできるだけ記述することにつとめ、ムラの暗黙のルールの一端を明らかにしようと試みている。
4）レンコン栽培は昭和30年代後半頃からこの地域に導入され、漁業の不振や減反政策のために、多くの農家に受け入れられることになった。昭和40年代頃には崎浜でもレンコン栽培を取り入れ始めており、現在では水田のほとんどがレンコン田となっている。なかでも、いわゆる「半農半漁」の家では、そのほとんどがレンコン栽培へと生業を転換した。
5）崎浜では、梨栽培、漁業、稲作のほか、養蚕も盛んであった。しかしながらここでは、梨農家、漁師ともに養蚕にたずさわることが多かったので、単純化のために、生業の組合せから養蚕を除外している。
6）漁は盛んであったといわれるが、霞ヶ浦で有名な帆曳き網漁をしている家は実際には5軒しかなかった。多くはノベナワや刺網、定置網漁などで生計を立てていた。
7）小漁とは注6のノベナワや刺網、あるいはササビタシを中心にした漁のことを崎浜では意味している。
8）ヨシ・マコモ地帯であるヤハラは、旧出島村においてはヤァラ、ヤワラと呼ばれている。現在、漢字で「谷原」と書かれることが多いが、昭和40年代の『茨城の民俗』には「野原」と表現されている。また、『千葉県の歴史』資料編には、下利根川沿いの流作場開発を請け負う証文のなかで、下利根川通り堤防外の土地を「埜地」と表現していることから（財団法人 千葉県史料研究財団 2004）、もともと「埜原」という漢字であったとも考えられる。
9）具体的なヨシの利用用途は次のようであった。ヨシの穂の部分は、焚き木代わりとして、根のほうの太い部分はクネ（垣根）、土壁の骨組みなどに利用された。また、穂先を切り取ったところから下の細い部分は、茅葺屋根の材料として特に重要な資源であった。

10) ヨシの質の良い悪いは，ヨシの密集の度合い，量，長さ，太さ，まっすぐ伸びているかという点で判断されている．

11) 琵琶湖のヨシ再生に関する調査によれば，「密度の高いヨシの育成条件として好適な地盤の高さはB.S.L.（水深：筆者注）－70～－20cm程度であり，浅い水深から陸域にかけては背が高くて密度の低いヨシになる」という（財団法人 淡海環境保全財団 2002）．事例地における良質なヨシ帯の水深もおおまかにこれと合致したという．ただし，霞ヶ浦は汽水湖であったため，水深が一定ではないことを考慮する必要があろう．

12) ヤハラがあることで，しばしば水害の被害を食い止めることができたといわれている．霞ヶ浦の水位が高くなるとヤハラが刈られている場所から先に水が入ってくるため，まわりの湖岸沿いの水田よりも若干ではあるが，被害に遭いやすくなるのだという．

13) 子供組の定義にはっきりとしたものは見当たらない．呼び方も子ども仲間，子供連中，子供契約，わらし仲間，小屋仲間，サイノカミ仲間など様々である．これまでの子供組の研究では，さまざまな機能や村落での位置づけなどが明らかにされてきたのであるが，崎浜でみられた子ども集団は，その機能のほんの一部をもっているという程度であり，その意味でたいへん緩やかな組織であったといえる．そこで，崎浜の子ども集団の組織化の緩やかさをニュアンスとしてだすために，本章では「子ども仲間」と呼ぶことにした．

14) 天神講は子供組の中心的行事として，各地でみられるといわれている（竹内 1957：282，宮田 1996：112）．それらの研究では，天神講は近世における寺子屋の普及発達と関係があるという．崎浜においては，男の子と女の子の2つの集団が別々に天神講をおこなっていた．ちなみに本章では，ヤハラでの子どもの活動に焦点を当てているため，そこで遊んでいた男の子の子ども仲間を中心にデータを提示している．

15) 「紐解き」は崎浜での表現である．一般的には，七ツ子参りなどといわれ，ちょうど7つになった子どもに精進潔斎させて，氏神に参拝させる習俗である（宮田 1976＝2007など）．7歳になって初めて集落の成員と認められるという民俗学の指摘と合致して，崎浜では，この行事に伴い集落の人びとへの顔見せをおこなう．懇意となっている集落の半数ほどの家や親戚を自宅へ招き，「紐解き」祝いは盛大におこなわれる．

16) 宮田が子供組と少年団の関係を指摘しているように，崎浜でみられる子ども仲間においても，昭和初期に社会奉仕的な事業をおこなう意図で全国的に結成された少年団としての仕事（神社の清掃，公会所の掃除，道路の修理など）と，伝統的

な子ども仲間の行事（小屋行事，天神講など）が併存しており，子供組から少年団への移行過程は単純なものではなかったと考えられる（宮田 1996：176）。
17) 子ども仲間の「ガキ大将」は，腕力ではなく，「道理」がわかる人がなるものだったといわれている。
18) 2009年8月6日崎浜住民（80歳代，元船大工＋漁師）への聞き取りより。
19) 崎浜の人びとによれば，鳥や魚の移動経路が基本的に決まっていたのは，毎年ヨシを刈ることで，鳥や魚が入り込めない密集したヨシ帯をつくりあげてきたこと，そして，田にあがって米をついばむ鳥を追い払ったり，銃で仕留めることで，鳥が田へあがりにくくなり，ヨシのまばらなところへ追いやられていったためであると説明される。つまり，鳥や魚の移動経路を規定していたのは，そこに住む人びとのヤハラ空間への継続的なかかわりであると理解されているのである。
20) ヨシの重要性とは離れてしまうが，子どもたちがムラの事情を把握する機会となっていた一例を紹介しておこう。崎浜では，梨農家は漁師の家に梨をお裾分けする慣習が現在でも続いている。梨の収穫時期に少なくとも2回，梨農家は梨を集落のほとんどの家にお裾分けし，それに対して漁師は魚を返していた。このお裾分けは，懇意の度合いで2種類に分けることができる。ひとつは，集落のほとんどの家に対しておこなう，ワセとオク，2回のお裾分けである。もうひとつは，年に何度も梨を送る，たいへん懇意にしている家へのお裾分けである。後者の頻繁なお裾分けは，オヤカタコカタの関係を確認する意味が込められていたため，前者のお裾分けとは意味合いが異なっていた。聞き取りによると，前者のお裾分けは主に嫁が行き来していたというが，後者では魚をもっていくのは子どもの仕事であったといわれる。後者のお裾分けをするほどに懇意な家はあまりなかったようだが，こうした子ども仕事を通じて，そのコカタ側の家の子どもはムラの人間関係を理解していったと考えられ，ムラの事情を把握する過程を若干ながらもうかがい知ることができる。

<参考文献>

福田アジオ，1993，「民俗学と子ども研究」『国立歴史民俗博物館研究報告』54：145-161.

平井勇介，2008，「ムラのヨシ場利用からみた空間管理―茨城県かすみがうら市崎浜集落を事例にして―」『村落社会研究』28：28-37.

飯島　博，2003，「公共事業と自然の再生―アサザプロジェクトのデザインと実践―」鷲谷いずみ・草刈秀紀編『自然再生事業―生物多様性の回復をめざして』築地書館：123-165.

飯島吉晴,1991,『子供の民俗学―子供はどこから来たのか』新曜社.
嘉田由紀子,1997,「生活実践からつむぎ出される重層的所有観―余呉湖周辺の共有資源の利用と所有―」『環境社会学研究』3:72-85.
宮田　登,1996,『老人と子供の民俗学』白水社.
―――,2007,『子ども・老人と性（宮田登日本を語る12）』吉川弘文館.
坂本　清,1979,『霞ヶ浦の漁撈習俗 下巻』崙書房.
竹内利美,1957,「子供組について」『民族学研究』21（4）:277-283.
富田涼都,2007,「人や社会から考える自然再生―自然再生はなにの「再生」なのか」,鷲谷いづみ・鬼頭秀一編『自然再生のための生物多様性モニタリング』東京大学出版会:142-157.
鳥越皓之,1997,「コモンズの利用権を享受する者」『環境社会学研究』3:5-14.
鷲谷いづみ・飯島博,1999,『よみがえれアサザ咲く水辺―霞ヶ浦からの挑戦』文一総合出版.
財団法人 淡海環境保全財団,2002,『琵琶湖のヨシ再生に向けた植栽条件に係る調査研究』報告書（日本財団助成）.
財団法人 千葉県史料研究財団,2004,『千葉県の歴史 資料編 近世5（下総1）県史シリーズ23』千葉県.

　本章は，平井勇介,2008,「ムラのヨシ場利用からみた空間管理―茨城県かすみがうら市崎浜集落を事例にして―」『村落社会研究』第14巻2号（通巻28号）をもとにしつつ新たな事例も加え，書きあらためたものである。

第 3 章

水辺の遊びと労働の環境史
――持たざる者の権利としてのマイナーサブシステンス――

川田美紀

1　水辺の価値

　水辺は伝統的には，そこに住む人びとが生業を営むうえで大切な空間であった。彼らにとって，なくてはならない空間だったのである。けれども産業構造が変化していくにつれて，水辺の生業空間としての価値は著しく低下し，水辺はいわゆる近代的な開発によって大きく改変されていった[1]。

　このような水辺の変化は，霞ヶ浦においても例外ではない。この章で取り上げようとする北浦湖畔集落の水辺も，かつてはさまざまな資源採取の場であり，また舟が重要な移動手段であった頃には交通においても重要な場であった。だが，それらの利用が徐々に減ってゆき，昭和50年代には湖岸がコンクリート護岸に変わった。それ以降，湖岸に生えていた水生植物はほとんどみられなくなって，水生植物の利用や，湖岸での小規模な魚とりさえもほとんどおこなわれなくなった。

　ところが近年の社会的傾向に影響をうけて，1章で取り上げたように，水辺を完全な人工湖岸にするといった開発のあり方に対する反省がなされるようになり，水辺に新しい価値が付与されるようになってきている。それはすなわち，レジャーや余暇活動の空間として水辺を見直そうというものである。その典型的な例としては親水公園が挙げられる。このような傾向の結果，水辺には楽しみや安らぎといった新たな価値が見出されるようになったといえる。

　水辺を楽しみや安らぎを得ることのできる空間として再評価するこのような動向は，物質的豊かさから精神的豊かさへという，現代社会が求める「豊かさ」の中身が変化してきた事態とも対応しているように思える。しかしながら，このような社会的傾向と筆者が霞ヶ浦周辺で出会った人びとの感覚との間には，ややズレがあるようである。一般的な解釈として，そのズレは，そもそも地元の人びとが現代社会の傾向から遅れているのがその理由なので，彼らもいずれ精神的な豊かさの重要性を認識できるようになるのだ，といえるかもしれない。しかし，筆者はこのズレは，そのような素朴なものではないと思っている。それは，霞ヶ浦における水辺と人びとが築いてきた「かかわりのあり方」と関連

していて，それが霞ヶ浦固有の発展論を導き出す重要な鍵になるのではないかと考えているのである。

では，霞ヶ浦周辺で暮らしてきた人びとは，これまで水辺とどのような関係を築いてきたのだろうか。筆者がおこなった霞ヶ浦北浦の湖畔集落の水辺利用に関する調査では，主要な生業としての漁業だけではなく，子どもによる小規模な魚とりなど経済的意味の小さい生業，いわゆるマイナーサブシステンスと位置づけられる資源利用が多数おこなわれていたことがわかった（川田 2006）。これらの生業活動は，単なる遊びとも思えるようなささやかなものであったが，おこなっていた本人たちに聞いてみると，単なる遊びではなく，夕飯のおかずとりであったり，学用品購入のための費用を自ら稼ぐといった，労働的側面があったというのである。

マイナーサブシステンスの特徴および傾向として，松井健は，経済的意味の小ささ，労働としての過酷さ，時間的空間的限定，原始的方法と技術的習熟，活動のおもしろさや奥深さ，活動による社会的威信の獲得などを挙げている（松井 1998；2001）。

つまり，マイナーサブシステンスには，労働としての経済的意味だけではなく，技術的な習熟を必要とすることでもたらされる楽しみや社会的威信があるからこそ，人びとが惹きつけられるということである。[2]

しかし，松井やそれに続くマイナーサブシステンスについてのいくつかの研究をみていくと，身近な空間で，技術的習熟がなくても手軽におこなえるマイナーサブシステンスの事例報告も少なくないことに気付く。本章で取り上げる霞ヶ浦の水辺の資源利用や，熊倉文子による沖縄県久高島の女性の海浜採集活動などもそうであろう（熊倉 1998）。

このような身近な空間でおこなわれるマイナーサブシステンスを，開発との関連で論じているものに，松村正治の研究が挙げられる。沖縄県竹富島・小浜島の環境史を通して，島の開発について論じた松村は，農地と海浜におけるマイナーサブシステンスの状況を比較し，2つの島の主要な産業が農業であったことから，島の土地は経済的効率性を高めていき，その土地でおこなわれていたマイナーサブシステンスをやせ細らせた一方，海では経済的効率を求める度

合いが弱く，マイナーサブシステンスが現在もおこなわれていると述べている（松村 2002）。

　この松村の議論の興味深い点は，特定の空間におけるマイナーサブシステンスは，その空間でおこなわれているメジャーサブシステンスの影響をうけているということである。つまり，ある空間がメジャーサブシステンスのために高度に機能化されることによって，マイナーサブシステンスをおこなうことが不可能になってしまうということである。とするならば，マイナーサブシステンスという活動を分析しようとする際，その活動を単体で捉えるのではなく，その活動がおこなわれる空間のサブシステンスの重なり（とくにメジャーサブシステンスとの重なり）に注目する必要があるだろう。

　さらに松村は，「土地とかかわるときには，マイナー・サブシステンスが豊かに営まれるような多様なかかわりを保持すること，これが将来の選択肢を豊かにし，いざというときにも充分に余裕を持った対応を可能にしてくれるように思われる」（松村 2002；157）と述べており，このような指摘も，開発によって激変した水辺と人びととのかかわりをマイナーサブシステンスに注目して検討しようとするこの章の問題関心からするとたいへん興味深い。

　ただ，ここで1つの疑問が生じる。技術的習熟を必要とするマイナーサブシステンスは，自然との駆け引きの楽しさや，熟練者が得られる社会的威信などがあるからこそ，人びとが惹きつけられると考えられるが，身近で誰にでも簡単におこなえるようなマイナーサブシステンスが人びとを惹きつけるとすれば，それは何なのだろうか。

　この点について考える手がかりを与えてくれるものとして，家中茂の研究がある。家中は，沖縄県石垣島白保に持ち上がった新石垣島空港建設計画に対して，白保住民が「部落ぐるみ反対」というまとまりの意識を形成した背景には，イノーでのマイナーサブシステンスの経験があったと論じている。イノーでのマイナーサブシステンスとは，魚介類や海藻の捕獲・採取であるが，それは女性や子どもにも可能なほど技術的に容易な活動である。この採取活動は，戦中戦後の生活の困難を乗り越える手段としておこなわれた経緯もあり，人びとは，「海は部落のいのち」という言葉にそれぞれの経験を重ね合わせることができ

たことから，空港建設反対という意思決定に至ったと論じている（家中 2001）。
　家中の事例が示してくれていることは，イノーでのマイナーサブシステンスが排他的利用ではなかったために，多くの住民が自らの経験に照らし合わせて開発問題を考えることができたのではないかということ，マイナーサブシステンスを客観的な経済的価値のみから捉えるのではなく，当事者の生活における価値という視点から見る必要があるということの2点である。つまり，客観的には小さな経済的価値しか持たなくとも，その小さな経済価値が，ある特定の属性やある状況に置かれた人びとにとっては，かけがえのない意味を持つことがある。そのような場合に，マイナーサブシステンスは，持続しておこなわれたり，直接そのような活動をしない人びとからも，活動に対する支持が得られたりするのではないかと考えられるのである。
　そこで本章では，霞ヶ浦における人びとと水辺がかつてどのような関係を築いていたのか，その一端を明らかにするために，水辺という空間において展開されていたマイナーサブシステンスの社会的意味を，空間におけるサブシステンスの重なりと，サブシステンスをおこなう当事者にとっての生活における価値という観点から検討する。さらに，そのことをふまえて，精神的豊かさを重視する近年の社会的傾向と霞ヶ浦で出会った人びとの考えとの間のズレとは何であるのかを考えてみようと思う。

2　水辺の環境とその変化

　本章の事例地である高田地区は茨城県鉾田市の南西に位置する戸数60ほどの集落である。霞ヶ浦との関係でいえば，北浦の北西部で湖に接している湖畔の集落である。
　地形は集落の東側が北浦に接しており，集落の西には山，南には長野江川が流れていて北浦へと注いでいる。湖岸には，かつてはヨシ，カバ（ガマ），マコモなどの水生植物が生えており，船着場と船溜まりが数か所あったそうである。
　また，高田地区は北浦へ流入する最北端河川の巴川河口にも近いため，湖底には泥が多く堆積していて，北浦を対岸まで泳いだことがあるという人の話に

よれば，湖の水深は浅いが，泳いでいる途中で，足をついて休むなどといったことはできなかったそうである。

　生業についていえば，本章でおもに分析の対象とする昭和初期の高田地区のほとんどの家は農業が主であった。ただ，農家でも小さな舟を持っていて，農閑期や農業の合間には北浦で魚や貝などを捕獲・採取することもしていたそうである。

　このような高田地区の水辺は，昭和50年代に激変することになる。基盤整備事業によって，湿田は乾田に変わるとともに，水田への用水は長野江川から引くのではなく，北浦に求めるようになる。これとほぼ時期を同じくして湖岸堤の建設もおこなわれ，ヨシやマコモ，カバなどの水生植物はほとんどみられなくなった。

　高田地区の水辺が大きく変化する以前の人びとと水辺のかかわりとはどのようなものであったのだろうか。水辺における資源利用が多くおこなわれていた昭和初期頃の具体的な資源利用を中心にみていくことにしよう（**表3-1**）。

3　水辺の空間分類と資源利用

　大槻恵美は，琵琶湖畔集落，知内村の事例研究において，当該地域の水のある空間を水界として捉え，さらにその水界を，人と環境との結びつきの点から，湖と対比される「内陸水」，湖岸，湖の3つの空間に分類し，それぞれの空間において大正期から昭和50年代にかけて農民や漁民がどのような漁労をおこなってきたのか詳述している。そのなかで大槻は，それぞれの空間で営まれていたさまざまな漁労が，ときに異なる生業従事者によっておこなわれていたことを指摘している（大槻 1984）。

　このような大槻の指摘から，次のようなことが考えられる。つまり，知内村で展開されていたさまざまな漁労には，メジャーサブシステンスとしておこなわれているものからマイナーサブシステンスとしておこなわれているものまでが存在しており，さまざまな漁労のサブシステンスとしての位置づけの違いは，3つの空間分類となんらかの対応関係があるのではないか，ということである。

表3-1　高田地区の水辺における資源利用（昭和初期頃）

項　　目	場　所	用　　　途
モク（藻）	湖	自家消費（肥料）
フナ	湖	換金，自家消費（おかず）
コイ	湖	換金，自家消費（おかず）
ウナギ	湖・湖岸	換金，自家消費（おかず）
ナマズ	湖	換金，自家消費（おかず）
エビ	湖	換金，自家消費（おかず）
タンカイ（大）	湖	換金，自家消費（おかず）
シジミ	川の河口	自家消費（おかず，肝臓の薬）
タンカイ（小）	湖岸	自家消費（おかず）
カワドジョウ	湖岸	個人消費（遊び）
カモ	湖岸	換金，自家消費
イタチ	湖岸	換金
ヒシ	湖岸	個人消費（遊び，おやつ）
ヨシ	湖岸	自家消費（ヨシズ，屋根葺き）
マコモ	湖岸	換金，自家消費（ムシロ，カマス，牛馬の餌）
カバ	湖岸	換金，自家消費（ムシロ，カマス，蚊よけ）
ヤナギ	湖岸	自家消費（タキギ，漁具）
ヤワラゼリ	湖岸	自家消費（おかず）
ショウブ	湖岸	自家消費（端午の節句飾り）
ヒル	川	自家消費（ウナギ・ナマズとりの餌）
シジミ（小）	小川	個人消費（遊び）
タニシ	水田	自家消費（おかず，ドジョウとりの餌）
ドジョウ	水田	換金，自家消費（おかず，ウナギとりの餌），個人消費（遊び）

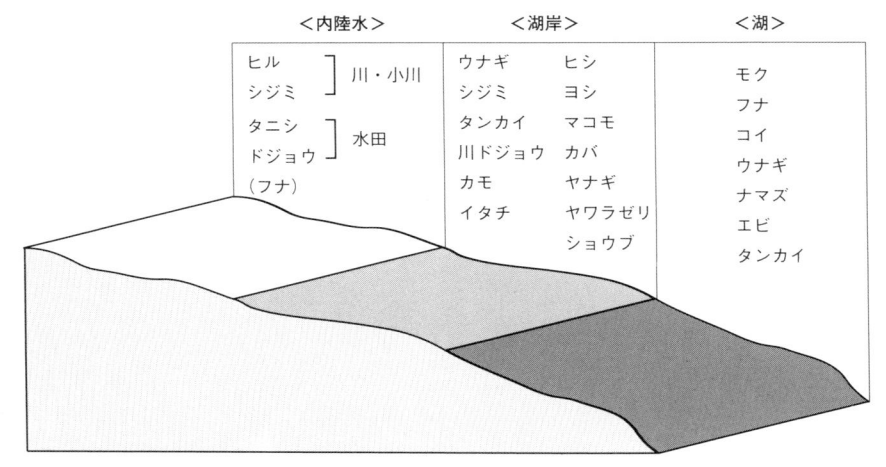

```
         <内陸水>        <湖岸>         <湖>
        ヒル    ]        ウナギ  ヒシ    モク
        シジミ  川・小川  シジミ  ヨシ    フナ
        タニシ  ]        タンカイ マコモ   コイ
        ドジョウ 水田     川ドジョウ カバ   ウナギ
        （フナ）          カモ   ヤナギ   ナマズ
                        イタチ  ヤワラゼリ エビ
                              ショウブ   タンカイ
```

図3-1　高田地区の水辺の空間区分と利用資源

　以上のような想定から，大槻の分類は，マイナーサブシステンスの社会的意味を空間における複数のサブシステンスの重なりという観点から検討しようとする本章の分析枠組みとして有用と考えられる。そこで，大槻にならって，**図3-1のように高田地区の水辺を3つの空間に分け，それぞれの空間ごとの地元住民の資源利用をいくつか具体的にみていくことにする。**

①内陸水

　高田地区において，この空間に該当するのは水田と川，小川である。ここでは聞き取りの際，とくに頻繁に聞かれた水田における資源利用の事例を紹介しておこう。

　この地域の水田で盛んにおこなわれていた資源採取の1つにドジョウ捕りが挙げられる。それは3つの方法を用いておこなわれていた。ドジョウぶち，ズーケによるドジョウ捕り，ドジョウ掘りの3つである。

　ドジョウぶちは4月から5月末頃におこなわれたもので，子どもたちは夜になるとたいまつとドジョウブチ（金物屋に売っている歯ブラシの先端を針にしたようなものを1.5mほどの長さの竹の先端に付けた道具）を持って堤を歩き，

ドジョウを叩いて捕ったという。雨が降った後にはドジョウがのぼってくるのでたくさん捕れたそうである。

次に、ズーケという漁具を使ったドジョウ捕りの方法があった。ズーケとは細い竹をシュロの皮で筒状に編んだもので、水路や川に置いてドジョウやウナギなどを捕るものである。捕獲する魚の種類によって、筒の形や大きさが異なっていた。

ズーケによるドジョウ捕りの時期は田植えが終わってから秋前までの田に水がある間で、日が暮れるころに田にズーケを置きに行き、翌朝早く取りにいく。ズーケを置いた場所には目印の棒を立てておく。水流のある時期・場所ではズーケを置いておくだけでかなりのドジョウが捕れたそうだが、水流のない時期・場所ではあまり捕れないので、潰したタニシと炒ったヌカを混ぜたものをズーケに入れておびき寄せることもあったという。捕ったドジョウはウナギを釣るための餌にしたり、自転車で買付けに来る人に売ったりしたという。

戦後、高田地区の水田でズーケを使って換金目的のドジョウ捕りをしていた人は数名いたそうである。やっていた人はほぼ固定していて、水田の耕作者と別の人物で、多くは高齢のために主な生業活動から退いた年配男性であったそうである。地元では彼らのドジョウ捕りを「隠居の小遣い稼ぎ」と表現していて、限りなく趣味に近いものと捉えられていたようである。

ズーケは誰がどこの田に置いても構わなかったが、水流がないとあまりドジョウは捕れない。しかしだからといって田の畦を切って水を流すことはやってはいけない"卑怯"な行為とされていた。ところが、ある住民は畦を切ってはいけないのだと言いながら、実際に地区内の水田で畦が切られたとき、誰がやったのかわかっていたけれどもあえてそのことを皆には言わなかった、と話すのである。

以上の2つのドジョウ捕りは田に水が入っている時期におこなわれていたが、湖岸の田には、地元でウミダとか深田と呼ばれていた湿田が多くあり、そのような田では、冬になると子どもによる（寒中）ドジョウ掘りがおこなわれていた。

ドジョウ掘りは、稲刈りが終わってから2、3月くらいまで、夕方に10歳から12、13歳くらいの子どもがやっていたという。高田地区の田の多くは湿田で、

冬でも水が溜まっていたので、ドジョウの空気穴を見つけては田鍬で土を畦にあげて足でかきわけ、そのなかからドジョウを見つけたそうである。このドジョウ捕りは子どもがおこなっていたというが、寒い時期に冷たい土を掘りおこすので、ドジョウぶちと比較すると、それほど楽しい遊びとは考えられていなかったようである。

　子どもの頃、よくドジョウ掘りをしたというAさんは、高田地区の田んぼだけではなく、隣の地区の田でもドジョウ掘りをしたそうである。ただ、高田地区のなかではドジョウが捕れる場所ならどこへでも行ったそうだが、隣の地区では人目につきやすい場所を避けたそうである。それはAさんによると、Aさんは学用品を自らが稼いだお金で買っていて、高田地区の人たちはおそらくそれを知っていてAさんを黙認していたのだろうと考えていたからなのだという。

　そのほかに、非日常的な資源採取の事例として、湖岸堤ができる以前は、洪水時に水路や水田にフナなどの魚がよくあがってきたので、その魚を捕りに行っていたという地元の成人男性や子どもがいた。これも、水田の土地所有にかかわらず、どこで捕ってもよかったそうである。

②湖岸

　高田地区の湖岸は、2節で述べた通り、ヨシやカバ、マコモなどの水生植物が生えており、船着場や船溜まりも数か所設けられていた。なかには、湖と水田がかなり近接している場所もあり、そのような場所では湖から水田に流れてくるゴミよけとして、湖岸に生えているヤナギの木が役に立っていたという話も聞かれた。

　さて、その湖岸での資源利用であるが、夏になると子どもたちが水浴びのために湖岸にやってきて、水浴びをしながら、ヒシやタンカイを採っていた。

　ヒシは湖岸近くにあったものを泳いで採り、おやつとして食べた。タンカイは、シノの先端を細く削った槍状の漁具で突き刺して採った。湖の底で口を開けているタンカイにシノを刺すと、タンカイは貝殻を閉じようとするので、シノが貝殻に挟まれる状態になるという。湖岸にいるタンカイは小さいものばかりで、商品にはならず、湖に返すか自家消費したそうである。

ヨシよりもさらに湖側に生えていたマコモは，春と夏に採取されていた。採取するのは大人と子どもの両方のケースがあったそうである。茎がまだ柔らかい春の時期は牛や馬の餌として利用し，茎が硬くなると乾燥させて，祭壇の下に敷いたり餅を置いたりするムシロや，肥料などを入れるカマスなどに加工して自家消費するほか，一部売り物にもしていた。

　また，高田地区の南端を流れる長野江川河口付近の湖岸ではシジミがたくさんとれたそうである。主に若い女性が家で食べる味噌汁の具にするためにとっていたそうである。利用規制の有無については，「家で食べるくらいなら，誰も何も言わなかった。網を使うとかになると，漁業権がどうとか言っただろうけど」とのことであった。つまり，少量で自家消費という条件下ではオープンアクセスだったといえるだろう。

　これは，ウナギなどの魚を捕る漁法であったツクシに関しても共通していたと考えられる。ツクシは，シノの先端に糸をつけ，餌にドジョウを切ったものを付けて夕方に湖岸へ置いて翌朝見に行くと魚がかかっているという漁法である。女性や子どもでも可能な漁法であり，聞き取りでは多くの人が経験があると答えていた。仕掛けたツクシの数は20本未満で，自家消費目的というケースがほとんどだった。

　ところが，このツクシに関して，実際には少量で自家消費という条件に合っていないと思われるケースもあった。当時子どもであったその人物は，1度に50本以上を仕掛け，20匹近いウナギを捕り，売っていたというのである。この事例から推察できることは，通常は少量で自家消費の資源利用であるものが，その条件から外れても，認められるケースがあるということである。認められた理由は，漁具がツクシであったからと考えられるが，「子どものすること」と大目に見られていた可能性も考えられる。

③湖

　最後に，湖における資源利用について述べよう。
　湖においても湖岸同様，タンカイの採取がおこなわれていたが，湖の場合は冬におこなわれ，採取していたのは成人男性であった。舟で湖の中央のほう

に出ていき，マングワという道具を使って採取する。マングワを湖底に沈めて引き，タンカイが採れた感触があれば引き上げるといった力仕事であったため，成人男性でなければ難しかったそうである。採ったタンカイの身の部分は茹でて行商に売り，貝殻は袋にまとめておいてボタン屋に売っていたそうである。

　湖で捕れた魚には，フナ，コイ，ウナギ，エビなどがあった。商品価値の高かったウナギはウナギナワという漁法で捕っていた。ナワがウナギに巻きついてウナギが死んでしまった場合には，ククリウナギといって，自家消費されたそうである。エビは，エビ用のズーケを使って捕るもので，これも仲買人に売っていた。他に，財力のある家では，冬にオダという定置漁法を使って，フナやコイなどの魚を捕ったそうである。

　また，夏には畑の肥料としてモク（藻）を使っていたので，高田地区の多くの農家がモク採りをしたそうである。モクは化学肥料が使用される以前は肥料として重宝されていて，対岸の集落との間にモクをめぐる争いの記録も残っている。

4　サブシステンスの空間的重なり

　表3-2は，前節で分類した3つの空間－内陸水・湖岸・湖－それぞれにおいて，誰がどのような利用をおこなっていたのか，サブシステンスの観点からまとめたものである。

　まず，内陸水の事例として前節では，水田の子どもと大人によるドジョウ捕りや，洪水時の魚とりについて述べた。

　子どものドジョウ捕りには2種類あり，実際にやっていた本人たちに聞き取りをすると，ドジョウぶちは"遊び"としての意味合いが強かったようであるが，冬の寒い時期に裸足でおこなうドジョウ掘りに関しては遊びとしては過酷なものであり，むしろ労働の意味合いが強かった。

　一方，大人は，同じ空間で水田を耕作するというメジャーサブシステンスをおこなっていたが，それに加えて，ズーケによるドジョウ捕りをする大人もいた。これは，水田の耕作者とは別の人物で，とくに高齢のためにメジャーサブ

表3-2 空間ごとの利用者とそのサブシステンスとしての位置づけ

	①内陸水	②湖岸	③湖
子ども	遊び マイナーサブシステンス	遊び マイナーサブシステンス 副次的サブシステンス	―
大人	マイナーサブシステンス メジャーサブシステンス	マイナーサブシステンス 副次的サブシステンス	副次的サブシステンス メジャーサブシステンス

システンスから退いた男性が多く、地元では「隠居の小遣い稼ぎ」といわれていた。

　湖岸の事例としては、子どもが水浴びの際にタンカイやヒシの採取、牛馬の餌としてあるいはムシロに加工して換金されていたマコモ刈り、女性や子どもによるおかずとりとしてのシジミとりやウナギ捕りを取り上げた。

　タンカイは湖に返すか自家消費、ヒシは子どもたちのおやつとして消費されており、これらの採取は遊びとしての意味合いが強かったようである。しかし、シジミやウナギはおかずとして採取・捕獲されており、換金して生計維持に貢献するようなものではなかったが、労働としての意味合いがあった。さらに、マコモに関して言えば、農業に必要な牛馬の餌にしたり、ムシロに加工して換金するなど、生計維持のための生業の一端として利用されていたとみることができる。

　湖の事例としては、大人によるタンカイ採りや、ウナギ捕り、エビ捕り、そして畑の肥料としてのモク採りなどの事例を示した。湖での魚の捕獲に関しては、主に換金目的でおこなわれていた。漁業を主要な生業としていた家もかつてはゼロではなかったそうであるが、ほとんどの家が農業を主要な生業としていた高田地区の人びとにしてみれば、これは農業の合間や、農閑期におこなう副次的な生業活動であったといえる。また、モクにしてみても、主要な生業である農業をするために必要な肥料として採取されていたものであった。

　ちなみに、表中の子どもの部分が空欄になっているのは、基本的に湖では子どもの資源利用がなかったからである。子どもは単独で舟に乗って湖に行ってはいけないというふうに言われていたのである。

以上の事例から，高田地区における水辺のマイナーサブシステンスについて次の3点が指摘できるだろう。
　1点目に，高田地区において聞き取ったマイナーサブシステンスには，子どもによるものが少なからず存在していたということ，2点目に，メジャー（あるいはそれに準ずる副次的）サブシステンスにおいて重要な空間には，その利用に関して権利やルールが存在することが考えられるが，事例地のマイナーサブシステンスをみてみると，メジャー（あるいは副次的）サブシステンスの空間においても，その権利関係から比較的自由に活動がおこなわれていたと考えられるということ，3点目に，コミュニティのルールから多少逸脱したとしても，大目に見られる場合があったと考えられるということである。その具体例としては，水田でズーケによるドジョウ捕りをする際に畦を切って水を流した事例などが挙げられる。

5　マイナーサブシステンスの社会的意味

　事例地におけるマイナーサブシステンスは，子どもがおこなうものが少なからずみられた。また，メジャーサブシステンスがおこなわれている空間で，そのサブシステンスをおこなう人以外が，マイナーサブシステンスをおこなうことが許容されていたケースもあった。それは，基本的にはメジャーサブシステンスを妨げない範囲で許容されていたと考えられるが，ときにはルールを逸脱するようなマイナーサブシステンスをおこなうことも許される場合があったと考えられる。それはなぜなのだろうか。個々のマイナーサブシステンスの当事者の生活における価値から考えてみると，次のように推察できそうである。
　コミュニティの成員のなかには，当然のことながら，体力のあまりない人びとと，技術が未熟な人びとと，土地所有権や漁業権といった権利を持たない人びとなどが存在する。子どもはその条件の多くに該当していたとみることができるが，彼らは，そうしたものを持たないことによって，資源利用のためにアクセス可能な空間が，他のコミュニティの成員よりも限られていたと考えられる。
　事例地の湖岸は，メジャーサブシステンスがおこなわれていない，集落の水

辺のなかでは比較的経済効率の低い生業空間だったと捉えられる。そのような空間で多くのマイナーサブシステンスがおこなわれていた背景には，体力・技術・権利を持たざる人たちのアクセスが容易であったということがあるのかもしれない。

さらに，メジャーサブシステンスの場であったり，資源利用のルールを逸脱したりした場合にも，マイナーサブシステンスをおこなうことが容認されるケースがあった。体力や技術，権利などを持っていなかったために資源利用のためのアクセス可能な空間が限られていた人びとにしてみれば，それらのマイナーサブシステンスは，彼らがおこなえる数少ないサブシステンスの選択肢の1つであっただろう。だからこそ，そのような人びとに対してコミュニティは通常の権利関係や利用ルールから逸脱していても，彼らにマイナーサブシステンスをおこなう権利を認めることがあったのではないだろうか[4]。

最後に，物質的豊かさから精神的豊かさへという社会的な動向と霞ヶ浦の人びとの感覚のズレという問題に再び立ち返って考えてみよう。

この章で事例地とした高田地区の人びとは，歴史的にみれば，湖に近い水田では湖岸に生えているヤナギを湖から水田にゴミが入ってくるのを防ぐために活用したり，農閑期や農業の合間にできるような漁労をおこなったり，土地改良や湖岸堤の建設によって稲が洪水の被害に遭わないようにしたりと，一貫してサブシステンスを営むための利用空間の効率化を試みてきたと考えられる。

けれども，かつては自然と折り合いをつけて，"自然を生かす"ことで追求されてきた効率化が，近年は自然の影響をできるだけ受けないように，すなわち"自然を殺す"ことで追求されるように変化したと考えられる[5]。

自然の影響をできるだけ受けないようにするということは，たとえば水田の場合なら，湖や川と水田との境界を明確にして，用排水を人間が自由にコントロールできるようにするということが考えられる。用排水が完全にコントロールできるようになれば，湖と水田の間に緩衝地帯として機能していた湖岸の空間はその役割を失うことになる。

このような湖岸空間の役割の喪失は，人びとに，湖岸空間を存続させるか否かという判断を迫ることになっただろう。それは，見方を変えれば，メジャー

サブシステンスか，マイナーサブシステンスかという二者択一の選択というふうにも捉えることができるかもしれない。そのような状態に追い込まれた結果，霞ヶ浦周辺で生活してきた人びとは，湖岸空間を，そしてマイナーサブシステンスを手放していったというふうに捉えることができるように思う。

　こうしてみてくると，湖岸が人工護岸になることも，マイナーサブシステンスが失われていくことも，地元住民の選択であり，仕方のないことであるように解釈できる。しかし，筆者が事例地で「子どもの頃，水辺でどんな遊びをしていたか教えてください」と尋ねると，「今でいう遊びとは違う。私たちの子どもの頃は，遊びといっても家の手伝いになるようなことをするという感覚があった」と，前置きされることが度々あった。今，再びそのことを思い返してみると，それは彼らの資源採取活動がサブシステンスから切り離されて，個人的な楽しみとして解釈されてしまうことへの抵抗であり，また，マイナーサブシステンスを通した水辺とのかかわり方に対する彼らの肯定的な評価があったのではないかと思えてくるのである。

　つまり，子どもたちがおこなっていた資源採取は生計維持に貢献するような，いわば生業複合のなかの一生業活動といえるほどたいしたものではなかったけれども，彼らの立場からすれば，やはり家の役に立とうという気持ちがあって，そのために限られた選択肢のなかからその活動を選んでいたのであって，単なる遊びならそもそもそのような資源採取活動はしていないといいたかったのではないだろうか。

　だとすれば，水辺に期待する価値として楽しみや安らぎを強調しすぎることは，かつて水辺を開発することによって経済的豊かさを追求したときと同じような，二者択一の話をしていることになるのかもしれない。そしてそのような議論は，霞ヶ浦周辺で生活してきた人びとがかつて築きあげていた水辺とのかかわりからは，かけ離れてしまっているのではないだろうか。

【注】
1）水辺の環境史に関するこれまでの研究は，かつて水辺が生業を営むうえでの重要な空間の1つであったことを詳細な記述に基づいて指摘してきた。たとえば，関礼子は，新潟県阿賀野川流域を事例として，かつて集落の生業構造が川と直接的・間接的に結びついていた様子を描いている（関 2003）。
2）菅豊は，新潟県岩船郡山北町の大川でおこなわれている伝統漁法によるサケ漁の事例において，マイナーサブシステンスがもたらす楽しみとして，サケ漁を通じたつきあい，漁師間での競争やかけひき，結果の不確実性などを挙げている（菅 1998）。
3）熊倉は，久高島の事例から海浜採集の特徴として技術的容易さを挙げ，初心者が道具を持たずに出かけたとしても何かしら採ることができ，体力を必要とせず，基本的に単独でおこなえるため日や時間の調整ができると述べている（熊倉 1998）。
4）権利やルールから逸脱した利用が認められていたマイナーサブシステンスとしては，菅が報告している水田で展開されていた鳥猟（カジッパリ）の事例が興味深い。菅は，この活動について「子供や非組合員など，鳥猟組合という組織から逸脱した存在によって行われていた。（中略）これに対する共同体の禁止や制限といったものはなかった」（菅 1990；71）と述べている。さらに菅は，水田のあった空間において，稲作には社会的規制，制限があらわれるが，漁撈，狩猟に関してはほとんどあらわれないことを指摘し，それは漁撈や狩猟に関しては活動の自由をムラが制度的に保証していたとも考えられると論じている（菅 1990）。
5）鳥越皓之は，柳田国男が自然を改変するという開発行為に対して楽観的態度であった理由として，日本人の自然観を挙げている。その自然観とは，自然に対して人間と同じように"主体性"を認めるというものであり，日本人はこのような自然観を持つことで，自然という相手に対して礼節をもって接してきたと論じている（鳥越 1994）。本章で述べる"自然を生かす"発想は，このような自然観を念頭に置いている。

＜参考文献＞

川田美紀，2006，「共同利用空間における自然保護のあり方」『環境社会学研究』12：136-149.

熊倉文子，1998，「海を歩く女たち－沖縄県久高島における海浜採集活動」篠原徹編『現代民俗学の視点1　民俗の技術』朝倉書店：192-216.

松井　健，1998,「マイナー・サブシステンスの世界－民俗世界における労働・自然・身体」篠原徹編『現代民俗学の視点1　民俗の技術』朝倉書店：247-268.

─────，2001,「マイナー・サブシステンスと琉球の特殊動物－ジュゴンとウミガメ」『国立歴史民俗博物館研究報告』87：75-90.

松村正治，2002,「竹富島と小浜島の比較環境史－町並み保存運動とリゾート誘致への序曲」松井健編『開発と環境の文化学 沖縄地域社会変動の諸契機』榕樹書林：115-164.

大槻恵美，1984,「水界と漁撈－農民と漁民の環境利用の変遷」鳥越皓之・嘉田由紀子編『水と人の環境史』御茶の水書房：47-86.

関　礼子，2003,「生業活動と『かかわりの自然空間』－曖昧で不安定な河川空間をめぐって」『国立歴史民俗博物館研究報告』105：57-87.

菅　豊，1990,「『水辺』の生活誌──生計活動の複合的展開とその社会的意味」『日本民俗学』181：41-81.

─────，1998,「深い遊び－マイナー・サブシステンスの伝承論」篠原徹編『現代民俗学の視点1　民俗の技術』朝倉書店：217-246.

鳥越皓之，1994,「柳田民俗学における環境」鳥越皓之編『試みとしての環境民俗学－琵琶湖のフィールドから』雄山閣：3-33.

家中　茂，2001,「石垣島白保のイノー－新石垣空港建設計画をめぐって」井上真・宮内泰介編『シリーズ環境社会学2 コモンズの社会学－森・川・海の資源共同管理を考える』新曜社：120-141.

本章は，『環境社会学研究』第12号（2006）所収論文「共同利用空間における自然保護のあり方」をもとに，新たな視点から，大幅に書き改めたものである。

第 4 章

漁場の利用と漁業技術

宮﨑拓郎・鳥越皓之

1　水面における重層的利用とパートナーシップ

　漁業者は漁業技術を通して霞ヶ浦を認識してきた側面がある。したがって，漁業技術が実際の漁場でどのように運用されてきたのかを見ることで漁業者の霞ヶ浦の捉え方，かかわり方が明らかにできるだろう。本章では，近年，とくに環境社会学の分野で蓄積されつつあるコモンズ論の空間分析方法を参考にしながら，霞ヶ浦の漁場利用について見ていく。

　環境社会学におけるコモンズ研究は，空間における重層的な資源利用に注目してきた。たとえば，嘉田由紀子は，湖岸の水田，湖，山における人びとの空間の利用を分析し「4種の資源のタイプが，同一空間に重層的に折り重なって」おり，その資源の利用を成り立たせるための規制が存在していることを示した（嘉田 1997：79-80）。また宮内泰介は，ソロモン諸島での空間の利用を中心に分析し，地元住民の自然環境へのかかわりの濃淡や利用権の重層性を示した。そしてそこでの「ルースなコモンズ」を「かかわりや権利が重層的に入り混じったコモンズ」と捉え，その利害調整が難しい空間における，地域の秩序やまとまりの重要性を指摘している（宮内 2001：32）。

　つまり，これまでの先行研究では人びとの実際の空間利用に注目することで，空間における権利の重層性や，重層的な空間利用を可能にしている人びととの間でのルールに注目してきたといえる。それは，ハーディンによる共有地の悲劇モデルを出発点としながら，そのモデルに異議を申し立てるかたちでコモンズに関する研究が蓄積され，その結果，コモンズにみられるような共同管理のシステムが現在の資源の管理や利用の問題に何らかの示唆を与えるとの期待が寄せられるようになってきたからと考えられるだろう。

　また人類学においても地元住民による資源の管理は注目されてきた（秋道 1995；1997，秋道・田和 1998）。たとえば，秋道智彌は，「一定の領域を占有・管理する文化的な制度」である「なわばり」という概念を用いて，様々な地域の資源利用を分析している。その中で，「人間は自然を認識しあるいは利用し，その所有権や占有権について多くのしきたりや制度を生み出す過程でカミとい

う存在をつねに媒介としてきたとはいえないだろうか」と指摘している（秋道 1995：247）。これらの研究も，現在の資源管理や利用の問題において地域在来の自然管理の重要性を指摘し，その秩序をコントロールするカミをも含めた民俗的な資源管理の在り方を具体的な事例から示している点で参考になる。本章でも，湖という水面における権利の重層性や重層的利用について記述することになろう。

　しかし，本章の問題関心である人と自然環境とのかかわりや，自然環境に対する関心という問題にまで立ち返って考えてみた場合，人びとの間で共有されているルールにのみ分析の焦点を絞るのではなく，そもそもそのような人びとの空間利用を規定していると考えられる自然条件，さらにはその自然条件に対応させて人びとが発達させてきたと考えられる自然利用の技術を，分析の対象とする必要があると考えられる。この点に関しては，人類学・民俗学における技術史研究が示唆的である（松井 1998, 篠原編 1998；2005）。たとえば篠原徹は，「自然と人間は技術を介して関係をとりむすぶ。この自然と人間の交通手段としての技術は，その技術を保有する人びとの自然観や自然認識とも深く連関している」と述べている（篠原 2005：189）。つまり，人びとに共有されているルールのみならず，人と自然との直接的なかかわりのなかで用いられてきた技術に注目することで，人びとの自然環境の捉え方，かかわり方がより深く理解できると考えられるのである。

　したがって本章では，霞ヶ浦における漁業者の漁場空間の利用を分析の対象として，その重層的利用がいかに可能となっていたのかということを，主に漁業技術に注目することで明らかにしたい。すなわち言葉を換えれば，漁民たちは同一の水面空間で相互の漁業という作業をせざるを得ないわけであるから，有効で争議のないパートナーシップをどのように結ぶかということが，たいへん大切な課題となってくる。その知恵の蓄積が，本章で説明するような，ある種の〝見事〟なローカル・ルールとして実現することになったのである。

　さて以上のことを明らかにする手順であるが，霞ヶ浦における伝統的漁業の特徴として，沿岸のみならず沖においても湖底に漁具を設置しておこなう定置式の漁法がおこなわれ，さらに沖においては魚を追いかけて捕らえる漁法が盛

んにおこなわれてきた。そのためここでは、まず定置式漁法が盛んであった沿岸における漁場の利用を分析し、その後、霞ヶ浦の特徴と考えられる沖における漁場の利用を分析していく[1]。

2　沿岸における漁場の利用

　稲敷郡美浦村大須賀津地区を事例地とし、沿岸の漁業についてみていく。沿岸と沖の区別については、第二種共同漁場内を沿岸とし、他方、自由漁場を沖とする。この大須賀津地区を事例地とするのは、1945年（昭和20年）頃沿岸において9種類もの漁法がおこなわれており、多様な漁法による漁場の分析に適していると考えるからである。大須賀津地区の沿岸でおこなわれていたのは、大型張網、小型張網、オダ、ササビタシ、刺網、竹筒、コイ筌、フナ筌、タンカイ獲りである。これらの漁法について、免許許可（排他性）、主な魚種、主な漁期、漁場の条件によってまとめたものが表4-1である。

　この表4-1から、それぞれの漁法には、適した漁場条件というものがあることがわかる。では、具体的に大須賀津地区地先の自然環境はどのようになって

表4-1　大須賀津地区の沿岸でおこなわれてきた漁法（聞き取りにより宮崎作成）

漁　　法	漁場の排他性[2]	主な魚種	主な漁期（月）	漁場の条件[3]
大型張網	あり	ワカサギ	9～1	沖側 高低差のある場所
小型張網	あり	エビ、ゴロ	4～6、10～12	沿岸
オダ	なし	コイ	12～2	波が荒くない場所
ササビタシ	なし	エビ	5～12	春～秋　沿岸の砂地 　　冬　　泥地
刺網	なし	シラウオ	1、2、4	砂地
竹筒	なし	ウナギ	4、5、9、10	4、5月　泥地 9、10月　沿岸の砂地
コイ筌	なし	コイ	3～5	ヨシ、マコモの中
フナ筌	なし	フナ	3～5	ヨシ、マコモの中
タンカイ獲り	許可	タンカイ	2、3、4	砂地

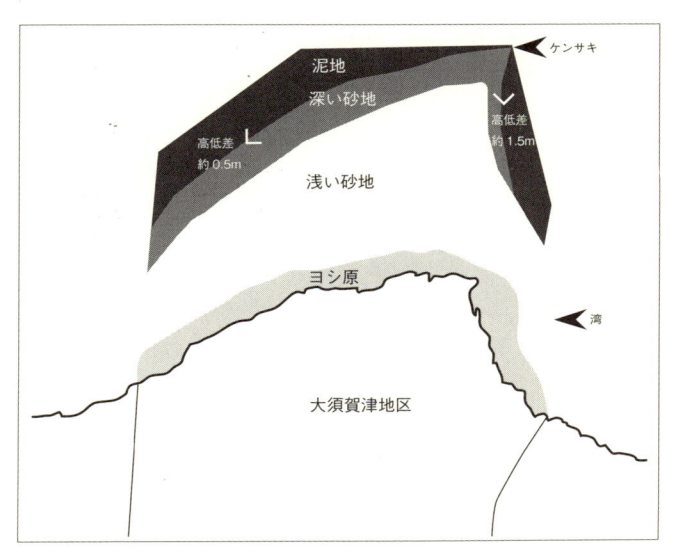

図4-1 大須賀津地区の地先の自然環境（塚本さんへの聞き取りより宮﨑作成）
　　　　原図　霞ヶ浦北浦の漁場概要図（霞ヶ浦北浦水産事務所 2005）

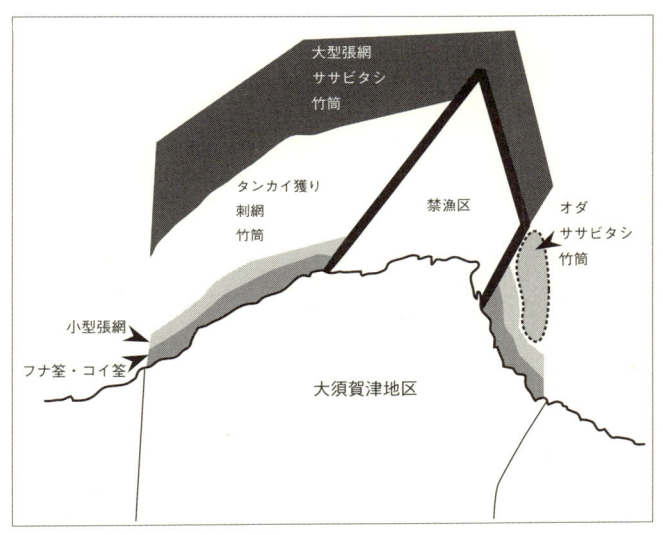

図4-2 大須賀津地区の地先の漁場利用原図（塚本さんへの聞き取りより宮﨑作成）
　　　　原図　霞ヶ浦北浦の漁場概要図（霞ヶ浦北浦水産事務所 2005）

いたのだろうか。

　表4-1と図4-1を照らし合わせてみると，たとえば砂地を好適な漁場とするササビタシ・刺網・タンカイ獲りや，ヨシ・マコモの中を好適な漁場とするコイ筌・フナ筌など，いくつかの漁法において，漁場が重なっていることが分かる。では，実際にはどのように漁場が利用されていたのだろうか。

　図4-2は，大須賀津地区の漁場利用を示したものである。図を見てみると，やはりいくつかの漁法で漁場が重なっていることが分かる。では，大須賀津地区では，なぜこのような漁場利用がなされてきたのであろうか。ここでは，まず免許漁業である張網，設置場所が定められていたオダの漁場について説明し，その後，順を追って他の漁法の漁場の利用について説明していく。

張網，オダの漁場

　大型張網，小型張網は，第二種共同漁場内において，最も漁場の利用が優先される漁法である。それは，張網が，漁業権漁業（第二種共同漁業権）であり，一定の水面において，排他的に漁業を営む権利を有しているからである。霞ヶ浦においては，地先の組合が県に張網の漁業権を申請する際，各漁師が使用する漁場の位置を明確に定めるものの，実際の運用においては，各組合で，様々な取り決めをおこない，漁場を運用していることが多い。そこで，漁場の申請と実際利用されている漁場が異なることもあるが，張網は，第二種共同漁場内において，他の漁法より優先的に漁場が定められている。

　この大須賀津地区においても，張網は，他の漁法に対し優先的に漁場を利用している。大型張網はワカサギを漁獲対象とすることが多く，高低差のある漁場に網を設置すると，漁獲量が多かった。また大須賀津地区では，砂と泥の境目に高低差があったので，そこを通るように網を張ったのである。一方で小型張網は，エビ・ゴロを漁獲対象として沿岸に設置した。『茨城県霞ヶ浦北浦漁業基本調査報告第1巻』（茨城県水産試験場 1912：6）によると，ゴロの産卵期は，4月から6月までであり，この期間はゴロは沿岸に近づいたということであり，このゴロを漁獲するために沿岸に網を設置したと考えられる。さらに小型張網をおこなっていた塚本さんによると，小型張網を沿岸に設置したのは，大須賀

津地区で小型張網の反数が少なかったためだという。つまり、小型張網はその網の小ささから、水深の浅い漁場にのみ張ることが可能だったのである。このため小型張網の漁獲量は限られていたが、塚本さんによると、網の代金は大型張網の5分の1ほどであり、少ない資金で漁を始めることが可能であったという。

さらにこの地区では、大型張網の漁場を1年毎に回して利用していた。沖の漁場を6つに分け、4人の漁師で回して利用したのである。具体的には、2人の漁師が漁場を1場ずつ所持し、1人が1.5場、1人が2.5場を所持していた。その後、網の材質がナイロンに変わり、同時期に大須賀津地区の漁業権も増加して新たに漁師が加わったため、その後は、漁場を9つの空間に分け、5人で順番に回して利用していたそうである。このときも2場の漁場を持っている漁師が1人いた。また、この時は1つの漁場の長さを正確に測って漁場を9つに分割したそうである。

このような漁場の配分方法をとっていた理由は、各漁場によって漁獲量に差があったためである。とくに図4-1に示したところの地元で「ケンサキ」と呼ばれていた地点より右側の漁場は、砂と泥の境目に高低差があり、その境がワカサギの魚道となったため、「ケンサキ」より左側の漁場に比べ漁獲量が多かったのである。

一方、小型張網については、昔から漁場は明確には定められていなかった。そこで、漁師間で話し合いがもたれ、比較的漁獲高のある漁場では、小型張網同士が隣接し、漁獲量の少ない漁場では、小型張網が距離をとって設置された。小型張網は大型張網に比べて漁場による漁獲量の差が少ないため争いになるようなことはなかったそうである。また同じ漁師が毎年漁をおこなったので、漁場はほぼ固定されていたということであった。

オダは、許可漁業であったが、湖底に設置する漁法であったため、漁場が明確に定められていた。またオダは、波が荒い場所だと流されてしまう危険性があったので、波が穏やかな浅瀬に設置されることが多かった。この地区では、オダが図4-2の点線の部分に3列に並べて設置された。この漁場は、「湾」と呼ばれ、周囲が湾状の地形となっており、他の浅瀬に比べ、波が穏やかだったのである。

ササビタシ，竹筒の漁場

　ササビタシは，季節によって漁獲対象であるエビの入る漁場が異なったため，様々な場所に設置されたが，湖底が浅すぎるとボッチ（写真4-1）が波に流される危険性があり，さらにボッチへのエビの入りも悪かったため，やや深い砂地から泥地にかけて設置された。また泥の上にボッチを設置すると，ボッチが沈み，漁獲に手間がかかったが，エビの相場が高い冬場には，泥のボッチにエビが多く入ったため，泥の上にもササビタシを設置した。しかしながら泥の漁場には，大型張網が設置されていた。そこでササビタシの漁師は，ササビタシを大型張網に対し，垂直に仕掛けた。そしてササビタシと張網のハシリが重なる箇所では，ボッチを繋いでいる縄をハシリの下に通した。またボッチと張網が重なると網が傷ついたため，網の近くには，ボッチを設置しなかった（図4-3）。このような方法をとることによって，漁師は，ササビタシを泥に設置することが可能だったのである。さらに大型張網とササビタシは，漁獲対象が異なったため，近くに漁具を設置しても競合するようなことがなかったのである。

　ササビタシはさらに「湾」にも設置した。この場合は，ボッチをオダの間を縫うように設置し，さらにオダの沖にも設置した。オダとササビタシも魚種が異なるため，競合することはなかった。またササビタシは1度設置すると，ほぼ1年を通して，その漁場に設置し続けることになるため，漁師が使う漁場は，ほぼ決まっていたという。

　竹筒もササビタシと同様，様々な場所に設置された。4，5月は，冬眠していたウナギが泥の外に出る時期であり，この時期のウナギは「出ウナギ」と呼ばれた。この時期，「出ウナギ」を獲るために泥の漁場に竹筒を設置した。一方，9，10月になると，海へ下る「下りウナギ」が沿岸に上ってき

写真4-1　ササビタシのボッチ
　　　　　（2006.2.22行方市五町田地区）

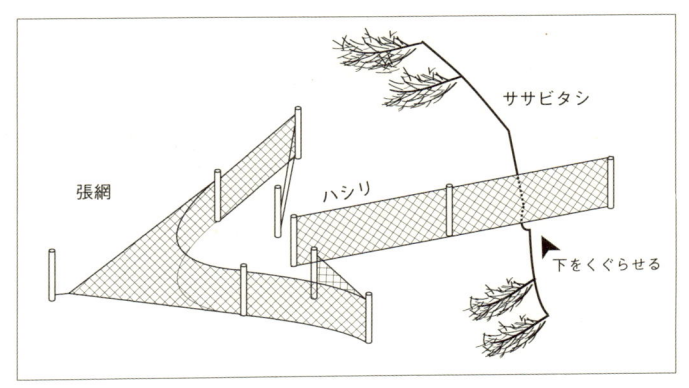

図4-3　ササビタシと張網の設置

たため，沿岸に竹筒を設置した。また竹筒は，張網，オダを避けるのみならず，ササビタシも避けて設置した。この理由は，大須賀津地区では，竹筒を漁期以外には岸に揚げていたので，漁期が始まり竹筒を仕掛ける時には，すでにササビタシが設置されていたからだと考えられる[8]。しかし，竹筒とササビタシでは漁獲対象が異なったため，競合することはほとんどなかった。また，偶然ササビタシと漁場が重なり，縄が絡まることもあったが，竹筒は軽い漁具であったため，簡単に取り外すことができた。

刺網，タンカイ獲りの漁場

　シラウオの刺網は，湖岸の浅瀬の砂の漁場でおこなわれた。これは，シラウオが産卵のために砂地に集まるためであった。またこの漁場は，砂地であるものの，浅瀬であったため，ササビタシとは重ならなかった。この地区では，杭を1本たて，その杭に網の片方のみを固定する方法で漁がおこなわれた。

　またこの地区では，タンカイ（淡水性の貝類）獲りが盛んであった。この漁法は，タンカイ掻きとは異なり，船の上から湖底を覗いてタンカイを見つけ，船の上から，「タンカイすくい」で掘り出すものであった。よって，タンカイ獲りでは，貝を船の上から見つける必要があり，貝を見つけることが可能な砂地の漁場でおこなわれた。さらに視界が良い日中しか漁をおこなうことができ

なかった。ここで、刺網と漁場が重なることが想定されるが、刺網は、夕方杭に網を仕掛け、早朝に網を杭からはずす漁法であったため、漁法をおこなう時間帯が異なり、同じ漁場でおこなうことが比較的容易だったのである。

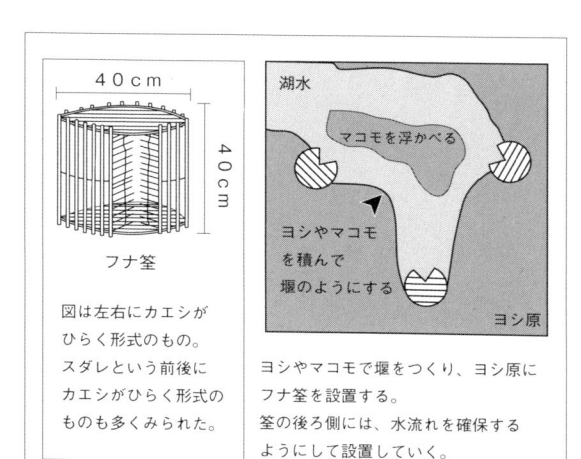

```
40cm
40cm
フナ筌
図は左右にカエシが
ひらく形式のもの。
スダレという前後に
カエシがひらく形式の
ものも多くみられた。
```

```
湖水
マコモを浮かべる
ヨシやマコモ
を積んで
堰のようにする
ヨシ原
ヨシやマコモで堰をつくり、ヨシ原に
フナ筌を設置する。
筌の後ろ側には、水流れを確保する
ようにして設置していく。
```

図4-4　フナ筌の設置

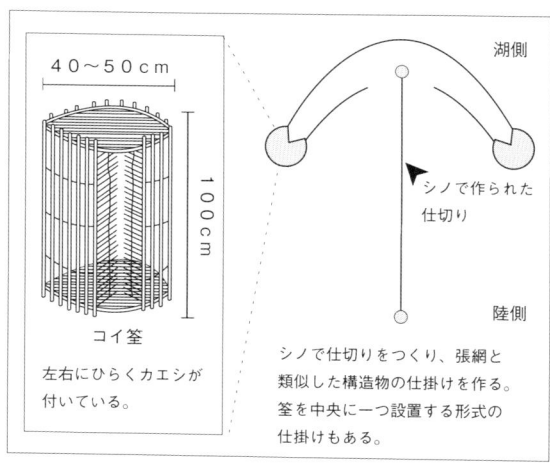

```
40～50cm
100cm
コイ筌
左右にひらくカエシが
付いている。
```

```
湖側
シノで作られた
仕切り
陸側
シノで仕切りをつくり、張網と
類似した構造物の仕掛けを作る。
筌を中央に一つ設置する形式の
仕掛けもある。
```

図4-5　コイ筌の設置

コイ筌、フナ筌の漁場

コイ筌、フナ筌は、産卵のためにヨシ原に集まるコイ、フナを獲る漁法であった。そのため、湖岸のヨシ原の中に設置された。ヨシ原には、ヨシやマコモが生い茂っており、小型張網の網を入れることはできなかったのでヨシ原でおこなわれたのは、筌のみである。そして、これら2種類の筌は、ヨシ原の中でも漁場の深さによって互いに住み分けていた。まずフナ筌は、ヨシを刈り取り、そのヨシを積み重ねて堰を造り、堰の間に筌を設置しておこなわれた漁法である（図4-4）。よってヨシ原の中でもとくに湖底が浅い場所でしかおこなうことができなかった。一方、コイ筌は、小

型張網に類似した構造物を造ることによって筌を設置した。篠竹で仕切りを造り，シドの部分に筌を設置したのである（図4-5）。そのため，ヨシ原の深い場所に設置することが多かった。

3　沿岸における漁場利用の仕組み

　以上のように，大須賀津地区の地先では，まず漁場が定められている張網，オダの漁場が他の漁法に優先されていた。そして他の漁法は，それ以外の漁場でおこなうこととなった。まずササビタシは，設置方法を工夫することで，張網，オダの漁場にも設置が可能となり，漁場が重なった竹筒とも，漁獲対象が異なるため競合することはなかった。また，シラウオ刺網とタンカイ獲りは，漁場と漁期が重なったが，漁法をおこなう時間帯が異なったことで，共に同じ漁場でおこなうことが可能になっていた。コイ筌，フナ筌は，他の漁具が設置されないヨシ原に設置されたため，他の漁法と競合することはなかった。
　このように沿岸においては，各魚種に合わせて各漁具が漁場に設置され，さらに漁具や漁法の特徴から，漁業をおこなう時間帯や漁具の設置場所の範囲が限定されていた。これらのことから，沿岸において多種の漁法が漁場を使い分けて漁をおこなうことが可能だったと言える。
　また沿岸では，漁場が重なる場合は，大型，小型張網のように排他的に漁場を利用する漁法の漁場が定められ，それに合わせて他の漁法の漁場が決まっていた。さらにササビタシ等の定置式の漁法では，漁期の間だけ漁具を設置する竹筒に比べ，漁場を優先的に利用していたようである。このように定置式漁法では，免許漁業が優先的に漁場を利用し，さらに長く設置され続ける漁法が漁場を優先的に利用していたと考えられるのである。
　さらに漁獲量が多い大型張網においては，漁師間の漁獲量の格差をなくすために，1年毎に漁師が漁場を回して利用していた。漁獲量の多い漁場利用においては，他にも漁師間の漁獲量の差を小さくする工夫がおこなわれていた地域があった。たとえば，美浦村木原地区でも大型張網の漁場利用を決める際に大須賀津地区と同様の方法が採られていたし，潮来市永山地区の網代の漁場はく

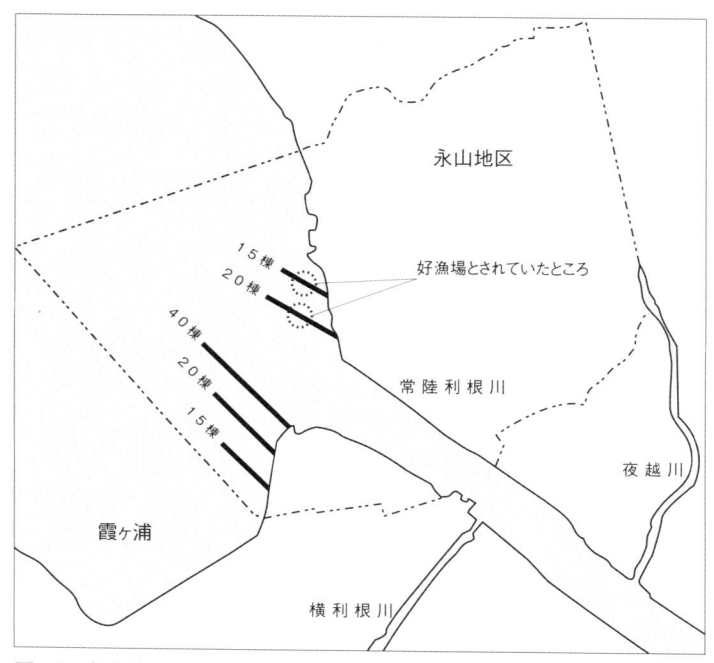

図4-6　永山地区の網代の漁場図（栗林さんへの聞き取りより宮﨑作成）

じ引きを使って決定していた。参考までに，大須賀津地区とは異なる漁場利用の決定方法が採られていた潮来市永山地区の事例について，やや丁寧に触れておこう。

　潮来市永山地区では，網代がおこなわれていた。網代も張網と同様に，漁場を固定しておこなわれる漁法であった。この地区では，37人の漁師が110か所の漁場で網代をおこなった。網代は，網を縦につなげて漁場に設置した。その列が5列あり，左から15，20，40，20，15棟の網が設置された（図4-6）。これらの漁場は場所によって漁獲量が異なった。とくに右側の湖岸と沖のちょうど間付近の漁場は，湖底が急激に深くなっている場所であり，漁獲量が多かった。

　そこでこの地区では，網代を設置する漁場をくじ引きで決めていた。永山地区では，大須賀津地区と異なり，漁師，漁場の数が多かったため，漁場を回し

て使うことは難しく、この方法が最も公平であったと考えられる。さらに、くじ引きでは2、3個の漁場が組み合わされて1人の漁師の漁場となったのであるが、それは、魚が良く入る漁場とあまり魚が入らない漁場が組み合わされていた。つまり永山地区では、くじ引きによって漁師間の漁獲量の差を小さくするだけでなく、さらに漁獲量の多い漁場と少ない漁場を組み合わせるという二重の工夫がおこなわれていたのである。

このように張網や網代では、漁場を移動させることにより、漁師間の漁獲量の差を小さくする工夫がおこなわれていたのである。

4　沖における漁場の利用

次に、沖の漁場利用についてみていこう。沿岸と異なり、沖における漁法は広範囲でおこなわれていたため、1つの地区を事例地として挙げることは難しい。よって、ここでは行方市古宿地区を中心としつつ、その周辺地域も視野に入れながら、そこでおこなわれていた沖の漁場利用についてみていこう。また他の地区の漁場と重なる際は、その漁場についても言及する。ここで古宿地区およびその周辺地区を取り上げるのは、この付近の沖では様々な種類の漁法がおこなわれていたので、沖におけるさまざまな漁法による漁場利用の実態を説明するのに適していると考えるからである。古宿地区およびその周辺地区の沖でおこなわれていた主な漁法は、帆曳き網、イサザゴロ曳き網、刺網、ハエナワ、オダ、ササビタシ等である。これらの漁法を沿岸における分析と同様に、分類したものが**表4-2**である。

表4-2から、沖を漁場とする漁法においても、沿岸のそれと同様に、適した漁場条件というものがあることがわかる。では、古宿地区およびその周辺地区の沖の自然環境はどのようになっていたのだろうか。

表4-2と**図4-7**を照らし合わせてみると、この辺りの自然環境の主な特徴として、地元で「スダイラ」と呼ばれている場所とそれ以外の場所という区分が存在することがわかる。そして、この自然環境の図に、実際におこなわれていた各漁法による漁場利用を重ね合わせたものが**図4-8**である。

表4-2 古宿地区の沖における漁法の分類

漁　　法	漁場の排他性	主な魚種	漁期（月）	漁場の条件
帆曳き網	なし	ワカサギ シラウオ	7～1	様々な風に対応できる広い地先 水深がほぼ一定の漁場
イサザゴロ曳き網	なし	イサザ ゴロ	6～8	砂等の湖底が硬い漁場
刺網	なし	シラウオ	2, 4	水深が浅い砂地
ハエナワ	なし	ウナギ フナ	通年	特になし
オダ	なし	コイ	10～3	特になし(9)
ササビタシ	なし	エビ	5～12	特になし

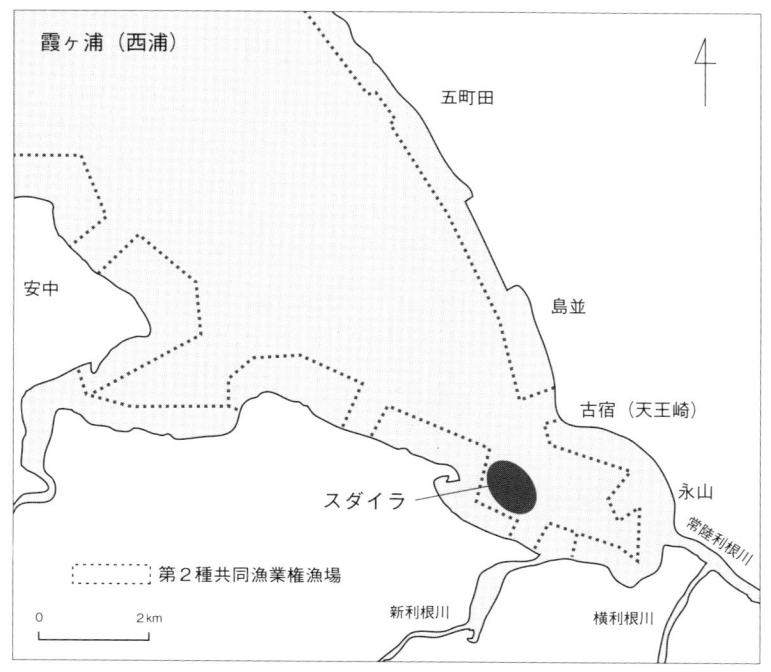

図4-7　古宿地区の沖の自然環境（坂本さんへの聞き取りより宮﨑作成）
　　　　原図　霞ヶ浦北浦の漁場概要図（霞ヶ浦北浦水産事務所 2005）

では，沿岸の分析と同様に漁法間での漁場の重なりについて見ていこう。まずは，「スダイラ」における漁場利用について記述し，次に「スダイラ」以外の漁場利用について述べることにする。

「スダイラ」における漁場利用（イサザゴロ曳き網と刺網の漁場利用）

　スダイラにおいておこなわれた漁法は，イサザゴロ曳き網とシラウオの刺網であった。イサザゴロ曳きがスダイラでおこなわれたのは，6月頃になると，スダイラに水草が生え，そこにゴロが産卵のために多く集まったこと，湖底が泥の漁場を曳く際に手間がかかったことが理由であった。一方，シラウオの刺網がスダイラでおこなわれたのは，2月頃，シラウオが産卵のために砂地に集まったためである。このようにゴロとシラウオがスダイラに集まる時期が異なったため，これらの漁法は，共にスダイラを漁場として利用することができた。

「スダイラ」以外での漁場利用（沖全般での漁場利用）

　次に，「スダイラ」以外での漁場利用であるが，図4-8を見ると，漁場利用の特徴として，次の3点が挙げられる。1点目は，異なる漁法間での漁場の重複である。具体的には，帆曳き網，ハエナワ，オダ，ササビタシの漁場の重複がみてとれる。2点目は，同じ漁法における地区間の漁場の重複である。帆曳き網の漁場をみてみると，他の地先まで範囲が広がっていることから，帆曳き網の場合，隣接する他の地区とも漁場が重なることが予想される。3点目は，同じ漁法における個人間の漁場の重複である。帆曳き網では，先に漁場について帆を揚げた漁師の漁獲量が多かったので，集落内の帆曳き網漁師の間において，漁場の競合が生じていたことも考えられる。以上の3点について順に詳細をみていくことにする。まずは，帆曳き網と他の漁法との漁場の重なりについてみていこう。

帆曳き網と他の漁法の漁場利用

　図4-8をみる限り，ササビタシと帆曳き網の漁場は重なっている。まず沖において，ササビタシは，「ササビテ場」と呼ばれる区域にまとめて設置されて

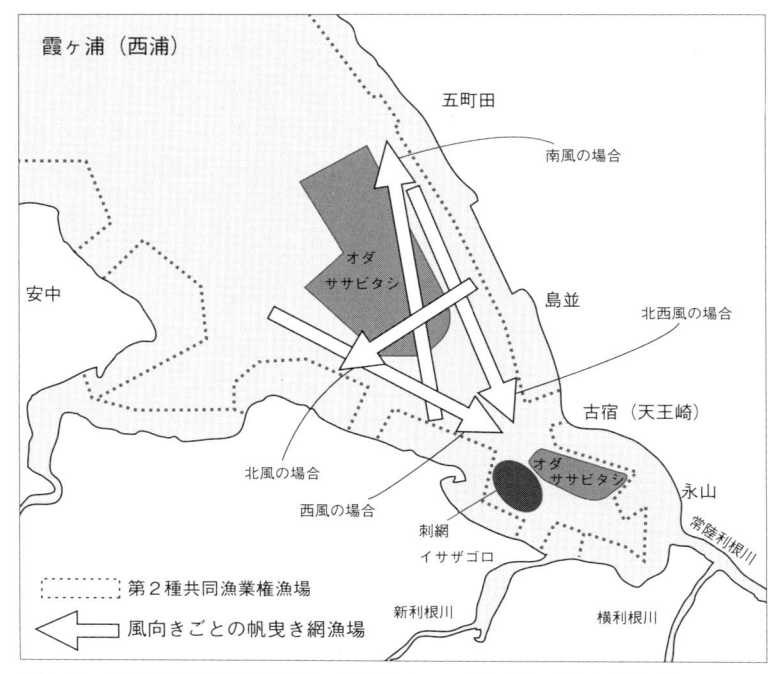

図4-8 古宿地区の沖の漁場利用（坂本さんへの聞き取りより宮﨑作成）
原図　霞ヶ浦北浦の漁場概要図（霞ヶ浦北浦水産事務所 2005）

いた。またオダは，ササビテ場の中に設置されることもあったが，個別に沖に設置されることもあった。オダは，コイが溜まるのを待って漁がおこなわれたため，他の漁師に気づかれにくい場所に設置することがあったのである。

そして帆曳き網がササビタシを網で曳いてしまうと，網が傷んでしまった。そこで旧麻生町の帆曳き網の漁師は，ササビタシに網がかからないように網を曳くことによってササビテ場で漁をおこなったそうである。ササビタシは，湖底に設置されている漁法である。そこで，帆曳き網の漁師は，ササビテ場において，網を曳く高さをササビタシより高く調節し，網を曳いたのである。この網を曳く高さの調節は，網を入れる際にダボ（浮き）を取り付けることによりおこなわれた。

一方，帆曳き網でオダを曳いてしまうと，網が切れ，帆曳き船が転倒する可能性もあった。これは，オダがササビタシと異なり，太い木の幹をいくつも重ねた構造をしていたからであった。そこで帆曳き網の漁師は，オダカキを用いて，オダを避けた。漁師は，網を曳いている最中にオダカキによってオダに気づくと，帆を操作し，網を曳きながらオダを避けたのである。

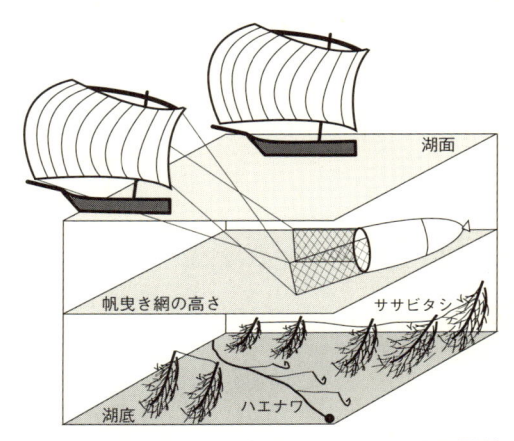

図4-9　帆曳き網，ササビタシ，ハエナワの位置関係

　ところで，図4-8には示すことができなかったが，ハエナワは，沖のあらゆる場所に縄を設置することが可能であった。しかし，帆曳き網で縄を曳かれると，縄が切れてしまう可能性があった。そこで帆曳き網の漁期には，縄をササビテ場の中で，ボッチの間を縫うように仕掛けたのである（図4-9）。ササビテ場では，帆曳き網が湖底を網で曳くことはなかったので，ササビテ場に設置することによって縄を切られずに漁をおこなうことができたのである。古宿地区の北に位置する五町田地区の武田さんは，風が吹いていない時間帯を見計らって，縄を設置することもあったという。しかし風が吹き始めたら，たとえ夜中であっても縄を回収しに行かなければならなかったそうである。

　またオダとササビタシの漁獲は，風が吹かない時におこなわれたために帆曳き網の漁獲とは重ならなかった。オダは，風が吹くとオダが揺れコイが逃げてしまう可能性があり，ササビタシでは，船が揺れるとボッチを揚げる際にボッチからエビが落ちてしまった。これらの理由からオダとササビタシの漁獲は，帆曳き網の漁獲と重ならなかったのである。

帆曳き網における集落間の漁場利用

　では集落の異なる漁師の間で，漁場をめぐる競合は生じたのだろうか。この問題を考える際，重要なことがある。第1点目は，帆曳き網では，自分が住む地先から漁に出て，かならず1度地先に帰らなければならなかったことである。これは，魚の鮮度を保つために1回ごとに地先に帰り，船から魚を降ろす必要があったためである。[12]

　まず漁師は，風が吹くと地先の漁場から船を漕いで漁場に向かった。その際，風向きは，時間の経過と共に変化する可能性があった。ここで，風向きが変化すると，地先に帰ることができなくなるため，漁師は，ある程度の距離までしか櫓を漕ぐことができなかった。そして漁場に着くと帆を揚げ，風を受けて網を曳いた。この時，地先に向かって網を曳くか，網を曳いた後，櫓をこいで地先に戻ることとなった。帆曳き網をおこなう漁師がおり，集落が隣接していた古宿地区と島並地区において，この一連の流れを模式的に示したものが図4-10と図4-11である。

　ふたつの図を見ると分かるように，帆曳き網では，地先を出て地先に帰ること，さらに風向きに従って網を曳くことによって，他の集落と網を曳き始める段階で漁場が重なることはほとんどなかったのである。

　しかし，図4-11の北西風の場合，島並地区の帆曳き網の漁師は，古宿地区の漁師の漁場まで網を曳くこともあった。さらに図4-8の南風の際は，櫓を漕いで帆を揚げ，漁を終えてから櫓を再び漕いで地先に戻ったため，島並地区の漁師と漁場が重なることが想定される。帆曳き網では，帆曳き船が1度曳いた漁場では，漁獲量が少なかった。このことに関して，島並地区と古宿地区の間では，「すねんの功」[13]と呼ばれる配慮が存在したそうである。これは，島並地区と古宿地区の漁師の漁場が重なる北西風と南風の際に，互いに，網を曳く漁場を少しずらして漁をおこなったことを言うそうである。北西風の場合，主に島並地区の漁師が，漁場の岸側で網を曳き，古宿地区の漁師が，沖側で網を曳いたそうである。一方，南風の場合も，主に古宿地区の漁師が沖側で網を曳き，島並地区の漁師が岸側で網を曳いたそうである。すなわち，風上の地区の漁師が，曳くと考えられる漁場に合わせ，風下の地区の漁師は，その漁場を避けて

網を曳いたと考えられる。このように，漁法の特性に加え，このような暗黙の了解が存在したことで，集落間でうまく漁場をすみわけることができていたのである。

さらに，帆曳き網においては，網を曳く際に船の速度に差が出たため，他の帆曳き船に追いついてしまうことがあった。その際，前の船に後ろの船が追いついてしまうと，前を進んでいる船の帆と後ろの船の帆が風向きに対して重なると，前の船の帆が風を受けられなくなり，バランスを崩し，転倒してしまうことがあった。1度帆曳き船が転倒すると，船を元に戻すのに手間が掛かるだけでなく，帆が水を吸い，再び帆を揚げられなくなることもあった。よって集落の異なる漁師の間でも，これをなるべく起こさないということが，暗黙の

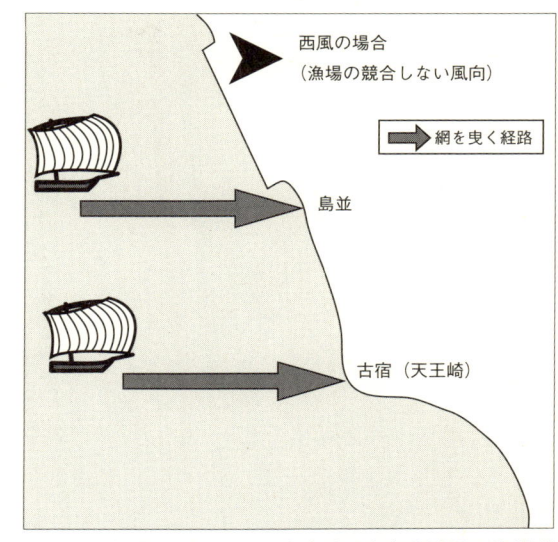

図4-10　帆曳き網における古宿地区と島並地区の漁場利用の模式図①

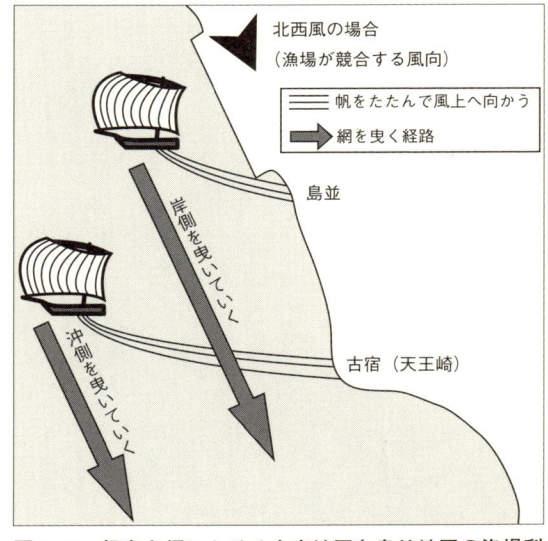

図4-11　帆曳き網における古宿地区と島並地区の漁場利用の模式図②

第4章　漁場の利用と漁業技術………099

了解になっていたという。帆曳き網では，この他にも風の向きが急に変わることにより，帆が風を受けられなくなることや，帆曳き船の操作の失敗によって，船が転覆することもあった。そして，転覆している船を発見した場合に集落に関係なく助けることも暗黙の了解となっていた。

集落内の帆曳き網漁師の漁場利用

　帆曳き網において，集落内の漁師は，いい漁場で網を曳くために競って櫓を漕ぐこととなった。漁師は，風が吹くと櫓を漕ぎ，一番先まで行った漁師が帆を揚げ，網を曳き始めた。その際，その漁師が網を曳いてくるのに合わせ，櫓を漕ぐのが遅い漁師も帆を揚げなければならなかった。なぜなら，ワカサギが帆曳き網から逃げる習性があり，隣の漁師が網を曳いた後，その横の漁場を曳いても漁獲量が少なかったからである。こうして帆曳き船は，ほぼ一列に並んで網を曳く形となった。したがって，腕のいい漁師と悪い漁師では，隣の漁場で同じ時間網を曳いても，漁獲量が5，6倍違うこともあったそうだ。このように帆曳き網においては，いち早く漁場に着くことが，漁獲量を得るために不可欠なことであった。また，図4-8で示した北風の場合のように，網を曳く距離が短い場合は，1日に数回網を曳くことになった。

　ところで，行方市古宿地区では，夜風が吹くと，風に一番早く気づいた漁師が集落の他の帆曳き網の漁師を起こして回ってから漁に出たという。つまり集落内の漁師がほぼ揃って漁を始めることになったのである[14]。その一方で，日中は，ほとんどの漁師が農業をおこなっていたので，風に気づいた人から漁に出たそうである。

5　沖における漁場利用の仕組み

　行方市古宿地区とその周辺地域の沖における漁場利用について見てきた。その結果，沖においても沿岸と同様に，魚に合わせて漁獲をおこなったため，漁期が異なり，同じ漁場を利用することが可能となっている漁場があったことが分かった。

また，沖でおこなわれていた帆曳き網は，風を受けておこなう漁法であったため，帆曳き網をおこなう集落間で競合することは少なく，それでも漁場が重なる場合は，「配慮」がなされ，うまく漁場がすみわけられていた。
　一方で，帆曳き網，ササビタシ，オダ，ハエナワは競合する形となった。この点に関して，帆曳き網は，ササビタシに対してはボッチの上で網を曳くことで対処し，オダに対してはオダを避けて網を曳いて対処した。つまり沖においては，帆曳き網が湖底に漁具を設置しておこなう漁法を避ける形で漁をおこなっていたのである。
　また，ハエナワは帆曳き網を避けるために，ササビテ場の中に設置されていた。このことからササビテ場においては，ササビタシ，ハエナワ，帆曳き網が，水深の差を利用することによりうまく漁場をすみわけていたとも考えられる。
　しかしながら帆曳き網の漁師からすると，ササビタシやオダは障害物と考えられる。また先ほどのハエナワが帆曳き網を避けてササビテ場のみに設置されたことも含めると，これらの漁法は，他の漁法によって，漁法が漁場利用に関し制約を受けていたとも考えられる。
　ところが，沖において様々な漁法が漁場を利用することは，かならずしも漁法に対し，制約を与えることばかりではなかった。なかには，他の漁法に対し恩恵を与えることもあったのである。具体的には以下のような2つの事例，すなわち①ハエナワとササビタシの間の関係，②帆曳き網と張網の関係が挙げられる。
　まず，ハエナワとササビタシであるが行方市五町田地区では，先ほども述べたように，ハエナワはササビテ場に設置することが多かった。それは帆曳き網の漁期に帆曳き網に縄を曳かれるのを避けるためであった。しかしながらハエナワは，帆曳き網の漁期以外にもササビテ場に縄を設置することがあった。それは，ウナギが障害物に集まる傾向があり，ササビタシによく集まったからである。漁師はハエナワをササビテ場に仕掛けることによって，多くのウナギを獲ることができたのである。このようにササビテ場は，たんに帆曳き網からハエナワを守るだけでなく，ハエナワ漁にとって，ウナギが集まる格好の漁場となっていたのである。
　次に，帆曳き網と張網であるが，出島地区の帆曳き網と稲敷郡美浦村木原地

区の張網の事例として以下のようなものがある。張網では，多くの地域で冬場に産卵に来るワカサギを捕らえていたが，夏場や秋も沖に張網を張って，ワカサギを漁獲した地域があったのである。しかし，霞ヶ浦では大半のワカサギは帆曳き網によって獲られていたので，その事実を見る限り，帆曳き網と張網は，同じ魚を獲る競合関係にあったと考えられるのであるが，張網にとっては，かならずしも競合相手というだけではなかったのである。

美浦村木原地区の塚本さんによると，この地区では東風や北東の風が吹いたとき，最もワカサギが張網に入ったそうで，これにはワカサギの習性と関わっている。ワカサギは，泳ぐ速度が速い魚であり，網を察知して逃げることもしばしばあった。だからこそ帆曳き網は，様々な技術を駆使し，速度を上げてワカサギを追ったのである。しかしながら，帆曳き網は，張網が設置されている漁場まで入ることができなかった。したがって，木原地区では東風や北東の風が吹くと，対岸の出島地区の漁師が帆曳き船で対岸からワカサギを追ってきたために，ワカサギが張網に大量に入ったのである。

このように様々な漁法が存在することは，漁法間で互いに漁場を制約することもあった一方で，漁法間で相乗効果が生まれることもあったのである。

6　漁場の重層的利用

本章では，霞ヶ浦を沿岸と沖に分け，それらの漁場利用についてみてきた。この分析から以下の3点が指摘できる。

第1点目は，沿岸，沖の漁場利用に共通して，様々な漁法が漁期，漁場をすみわけて漁がおこなわれていた点である。これは，各漁法が目的魚種に合わせておこなわれたことにより，漁場や漁期が重なることなく漁をおこなうことが可能であったと考えられる。また当時の漁具や漁法には，漁具の構造や強度，方法に限界があり，さらに自然環境の規定を受けたため，漁場が限られていたともいえるであろう。

第2点目は，沿岸において，まず免許漁業が漁場を優先的に利用し，その他の漁場を他の漁法がうまくすみわけて利用していた点である。とくに定置式漁

具の漁場では，長く設置される漁具ほど優先的に漁場を利用していたようである。また，定置式漁具では，その設置方法を工夫することで，他の漁具と隣接して漁場を利用していた。さらに漁場により漁獲量に大きな差が出る大型張網や網代では，漁師間の格差をなくすための様々な工夫がおこなわれていた。

　第3点目は，沖において，各漁法が他のそれぞれの漁法に対して互いに影響を与えながら，漁場が利用されていた点である。つまり，沖で多種の漁業技術が存在することは，漁業技術同士が互いに制限を加えるだけでなく，恩恵を与えることもあったのである。また移動式漁法である帆曳き網においては，集落間の帆曳き網漁師の間で，漁場が重なることは少なかった。そして，風によって漁場が重なる可能性もあったが，その際は，集落間で暗黙の了解となっている漁場で網を曳くことにより，漁場をめぐる争いはほとんど生じていなかったのである。つまり漁法の特性による漁場の制限と集落間での暗黙の了解により，集落間の帆曳き網の漁場がうまくすみわけられていたのである。さらに帆曳き網では，集落内の漁師は，風が吹くと，互いに起こしあい，ほぼ同時に漁師は櫓を漕ぎ出すこととなっていたのである。

　このように霞ヶ浦では，各魚種に合わせて漁法が発達してきたことに加え，集落内や集落間で漁獲量の格差をなくす工夫や配慮が存在したことにより，漁場を重層的に利用することが可能だったのである。

【注】
1）なお，本章で出てくるさまざまな漁法の技術や漁具の説明は，枚数の関係でここでは十分に紹介することができない。
2）この表の漁場の排他性の分類は，以下のようにおこなっている。大型張網，小型張網は，第二種共同漁業権を指し，一定の水面において，排他的に一定の漁業を営む権利を有している。オダは，知事許可漁業であるが，湖底に設置し続ける漁法であるため，許可の中で漁場が定められている。
3）漁場の条件の中の沖側/湖岸側は，第二種共同漁場内の中の沖側か湖岸側のことである。
4）霞ヶ浦の漁師は，網の目を縦に100個積み重ねたものを1反と呼ぶ。これは，網の

大きさを示す単位として用いられている。
5）オダは，魚が集まる漁礁を人工的に造り出し，そこに集まった魚を獲る漁法である。湖底に木の幹や枝を縄で束ねたものを積み重ね，固定する。オダには，漁獲の際，粗朶をそのままにして周囲を網で囲んで，魚を追い出すことで漁獲をする「とめオダ」と，粗朶を揚げる「揚げオダ」とがある。
6）ササビタシは，道縄，手縄，ボッチからなる。構造は，太い道縄に間隔を空け，手縄が付き，その手縄にボッチが付いたものとなっている。ボッチとは，両腕で抱えられるほどのナラやクヌギの木の枝を束ねたものである。
7）『茨城県霞ヶ浦北浦漁業基本調査報告第1巻』によると，エビは，湖底が泥質の場所に棲み，浅い場所には生息しないということである（茨城県水産試験場 1912：123）。
8）稲敷郡安中地区の中泉さんによると，安中地区では，ササビタシを同じ場所に3年設置し続けると，その漁場はその漁師のものとなったという。これは，第二種共同漁場内では，限られた人が漁をおこなっていたので，漁具を設置し続けることによって，漁場がその漁師のものであると認知されるために，このようなことが生じると考えられる。
9）大須賀津地区において，オダは波が穏やかな漁場に設置されていたが，オダを強固に固定することにより，沖に設置することも可能であった。同様にササビタシも様々な場所に設置された。
10）このようにササビタシが昔から沖においてまとめて設置されたのは，帆曳き網に縄が切られるのを防ぐためであったと推測される。
11）しかしながら，行方市古宿地区の坂本隆一さんによると，帆曳き網では，風が弱いと船の速度が出ず，網がうまく張れないこともあり，このダボの調節も難しかったということである。
12）時期や距離により，2回以上網を曳く漁師がいたことも考えられる。坂本隆一さんによると，帆曳き船の動力化後は，夏は，2回続けて網を曳き，さらに冬場は，1日の漁を終えるまで岸に帰らなかったこともあったそうである。しかし坂本彦八さんは，櫓を漕いで船を進めていた時代は，1回の漁に時間がかかったため，毎回網を曳くたびに岸で魚を降ろしたそうである。
13）坂本さんによると，年の功と同じ意味合いの言葉であるという。
14）行方市古宿地区の帆曳き網では，集落内の漁師が同時に櫓を漕ぐことがおこなわれていた。他の地区では，風待ちがおこなわれることもあった。かすみがうら市牛渡地区の帆曳き網漁師は，帆曳き網の漁期には，問屋や大きな家に集まり，風が吹くといっせいに櫓を漕ぐ形となった。行方市島並地区においても同様に，集

落で帆曳き網をおこなう漁師が,皆で集まり風待ちをした。特に島並地区では,祭りに行くときは,その仲間全員で祭りに行き,祭りに行かない時は,全員が行かないというほど,集落内の帆曳き網の漁師が共に行動することが徹底されていた。このように帆曳き網が盛んな地区では,集落内の漁師が同時に漁に出ていたのである。これは,沿岸における張網や網代の漁場の利用の際に見られた,漁師間の漁獲量の格差をなくす工夫に似ている。つまり帆曳き網の場合,実際に漁が始まれば漁師同士は競いあうのであるが,漁の開始に関しては,漁師間での格差をなくしていたのである。

＜参考文献＞

秋道智彌,1995,『なわばりの文化史』小学館.
————,1997,「なわばりと共有思想－1890年代日本の内水面における水産資源の変動と環境問題－」『環境社会学研究』3:86-99.
秋道智彌・田和正孝,1998,『海人たちの自然誌』関西学院大学出版会.
茨城県霞ヶ浦北浦水産事務所編,2005,『霞ヶ浦北浦の水産 平成17年度』.
茨城県水産試験場,1912,『茨城県霞ヶ浦北浦漁業基本調査報告 第1巻』.
嘉田由紀子,1997,「生活実践からつむぎ出される重層的所有観－余呉湖周辺の共有資源の利用と所有」『環境社会学研究』3:72-85.
松井 健,1998,『文化学の脱＝構築－琉球弧からの視座』榕樹書林.
宮内泰介,2001,「コモンズの社会学－自然環境の所有・利用・管理をめぐって」鳥越皓之編『講座環境社会学第3巻 自然環境と環境文化』有斐閣:25-46.
篠原徹編,1998,『現代民俗学の視点1 民俗の技術』朝倉書店.
篠原 徹,2005,『自然を生きる技術』吉川弘文館.

第 5 章

水辺コミュニティにおける水利用史
―― 水利用のあり方と湖との距離感 ――

鳥越皓之

1　霞ヶ浦への関心の低さ

　霞ヶ浦の環境を考えるとき，現在の霞ヶ浦の大きな社会的特徴のひとつが霞ヶ浦周辺のコミュニティ住民は霞ヶ浦そのものに関心が弱いという経験的事実である。日本の湖沼の岸辺のすべてにかなりの密度で人が住んでいるわけではないが，歴史的にかなり古くから岸辺に集落や町があった湖沼がかなりある。霞ヶ浦もそのひとつである。そのような人びとの居住の歴史をもっている湖沼のなかで，かなり特徴的に霞ヶ浦のコミュニティ住民は霞ヶ浦への関心が低い。とりわけ，琵琶湖を長年調査してきた者の目からするとそれを実感するのである。現在，霞ヶ浦の水質悪化が多くの人びとの関心の的になっており，茨城県をはじめ関係自治体はその浄化に努力し，そのための専門の部局や研究センターを設置している市町村もある。また，全国的にも知られているほど活発な活動をしている環境NPOも霞ヶ浦にいくつか存在する。しかし，住民の基本的単位であるコミュニティは沈黙しているといっても過言ではない(1)。この場合のコミュニティとは，地元の地域組織を意味しており，イメージ的にハッキリするのは，集落や都市の小学校区，また，自治会などのことである。本章では江戸時代の村や丁(ちょう)，いまの大字の範域を典型的なコミュニティと措定している。

　ただ，コミュニティが沈黙をしていると指摘するだけでは意味がない。その理由はなんであろうか。もちろんその答えはひとつではないだろう。ただその主要な理由は水利用のあり方であろうと想定してほぼ間違いがなかろう。なぜなら，人間にとって湖ともっとも繋がりをもつのは，その水利用であろうと思われるからである。水利用の根幹は飲料水としての利用であり，それ以外に用水など農業生産に関わっての利用，洗うことなどの生活に関わっての利用，また舟運などの交通としての利用などが含まれる。湖との関連を考える場合，水利用に近い意味としての，魚の取得，水生植物の採取がある。さらには，外部的・娯楽的利用として，観光事業に繋がる景観や水泳などの湖利用がある。また，調査プロセスで気がつき，3章で集中的にとりあげたが，湖との関連性を考える場合，幼児期からの遊びの場としての水辺というものが人びとの記憶さ

れている関連性として根強いようである。この遊びは先にあげた項目，魚の取得や水泳などが中心である。なお，この論考のフィールド調査のすぐ後で，霞ヶ浦周辺の居住者を対象にアンケート調査を実施したが(2)，その結果でも霞ヶ浦を身近に感じる程度と子供時代の遊び経験との間に正の相関（Pearsonの相関係数 0.432***）がみられた。

　この章は霞ヶ浦の集水域でも，水辺にすぐ接しているコミュニティを取り上げて，コミュニティ内での水利用の環境史的な分析をすることを目的とする。前記のコミュニティの霞ヶ浦への関心の低さを知るためのひとつの手法として，水利用の変遷を分析することにより明らかになる事柄もあるのではないかと想定している。霞ヶ浦に接して代々生活をしてきた人びとはどのような水利用をしてきたのであろうか。以下の記述はやや煩雑な印象をもたれるかも知れないが，将来，どなたかが同種の研究をすることもあるため，資料として残す必要を考えて，この章ではその詳細な事実を記述することにかなりの比重をかけようと思っている。

　また，水辺に接しているコミュニティといっても，霞ヶ浦周辺のコミュニティ（集落）は伝統的には，居住部分を高台に置き，田畑は湖周辺をも含めたやや底部に設置するという布置をとっているのが典型である。湖の水位が上がって，住宅そのものが水害に遭うのを防ぐためである。したがって，コミュニティの範域が霞ヶ浦に接していて，居住地が高台にある集落を分析の対象にすることにした。その結果として，鉾田市の二重作集落を選んだ。このような布置の集落は霞ヶ浦周辺には数多く存在するのだが，とくに二重作集落を選んだ理由は，この集落の江戸時代の名主文書を入手することができたので，環境史的分析にとって便利であるからである。最終的にはこのような便宜的理由でこの集落を選定した。この集落は，江戸時代は二重作村という行政村であった(3)。江戸時代末期から明治のはじめの頃の二重作の集落の生産・生活を起点にして，どうして現在見るような集落になっていったのかを考えることにする。

2 江戸末期を起点としての二重作の状況

二重作集落の歴史・地理的特徴

　歴史的に見て霞ヶ浦の周辺にはたいへん古くから人びとが住んでいた。その事実は,湖畔に立地する多くの集落遺跡や貝塚から知ることができる。また『常陸風土記』にもこの霞ヶ浦周辺の記述が見られる。霞ヶ浦そのものが海とつながっていたために海の幸をもたらしたし,霞ヶ浦の水辺の土地で田を開くこともできた。また,霞ヶ浦は利根川と結びついていて,水運としてもきわめて重要な位置を占めていた。

　霞ヶ浦は西浦と北浦という隣接したふたつの湖から成り立っているが,二重作は**冒頭の地図**にみるように,北浦の東岸,湖全体の北の方にある。大きな町は鉾田市であり,鉾田市は北浦への北からの大きな流入河川,巴川が北浦に流入する地点にある。二重作は行政的には2005年(平成17年)に鉾田市に合併した大洋村の中のひとつの集落であった。江戸時代は常陸国鹿島郡二重作村である。

　この集落の歴史は石碑の教えるところによると,連続した村の居住は中世に遡ることができる。ただ,村内に4か所,縄文中期の遺跡が見つかっており,そこから炉跡や石皿,石斧,土師器などが見つかっているため,居住の始まりは縄文期に及ぶ(大洋村史編さん委員会 1996：5-52)。それほどに人間が居住してきた歴史の長い村である。先に述べたように基本的には,霞ヶ浦のすぐ近くの水辺に位置する集落は歴史が浅い。そこは水害の危険があるからである。そのやや後方の台地に人びとは住んできた伝統がある。この二重作も集落の住居地のほとんどがこの台地にあり,台地と水辺との間は田となっている。ただ,この水辺の近くに江戸時代から現在に至るまで,ほんの数軒の家がつねにあるが,江戸時代にかれらが専業の漁業をしていたという明確な史料はいまは見いだせていない。二重作は河岸をもっており,その河岸の仕事を主にする人たちがそこに住んでいた。この二重作を含めて,北浦の北の端の方は,江戸時代でも後期になると水深が浅く,底引き網のような大規模な漁業はできなかったことは史的事実として示されている。したがって,漁業はいわゆる「おかず獲り」

と，軽い賃稼ぎの漁業であり，それならば，水辺にしがみつくほどに近づいて住む必要がなかったのである。

村落の構造

　江戸期の人口と戸数については1848年（弘化5年）時点の数字が分かっている。戸数55軒，人口264人である。ついで，明確な数字がでるのは，1872年（明治5年）で，戸数65戸，人口は321人である。**表5-1**に示すように，1882年（明治15年）の史料によると，二重作村は戸数75軒，人口375人とやや増加する。耕地と山林反別も同じ表に示しておいた。現在の二重作の戸数は69戸なので，戸数は昔からあまり変動はない。おおよそでいうと，江戸末期で，戸数60数戸ぐらい，人口300人強ほどである。

　江戸時代は二重作の村の範域は4人の旗本の所領と，天領としての代官支配の所領とで5分されている。そのため，村は支配的には5つに分断されており，5人の名主がいる形式になっている。ただ分断といっても空間的に5つに分けられていたというよりも，人（家）で5つの組に分けられている。名主は，吉左衛門家を筆頭としていくつかの名前が出てくるが，その家の戸主の名が変わっても，家はかなり固定されていたであろうと思われる。

　この旗本知行下の年貢などを徴収するいわば経済的・政治的支配としての名主と，村として二重作全体の事柄に対応する組織の代表者（ふつうの村でいう名主や庄屋にあたる）との関係については明瞭ではない。可能性が高いのは，5人の所領別名主が，順番で村の代表者を務めたであろうという考え方である。その推測を支える史料としては，この5人の名主が順番に月番を務めており，その記録である「月番帳」が残っている。1843年（天保14年）の月番帳によると，4月が源右衛門，5月が伝右衛門，6月が仁右衛門，7月が吉左衛門，

表5-1　二重作の概要（1882年）

戸数	75軒
人口	375人
耕地・宅地	90町7反1畝12歩
山林反別	155町9反6畝11歩
神社	1か所
回漕店	2か所

なお，1880年（明治13年）の史料によると，村の反別90町5反4畝8歩のうち，田が54町8反17歩，畑が29町3反4歩，宅地が6町3反4畝17歩で，収穫は，米と麦を合わせて，710石2斗8升8合となっている。

第5章　水辺コミュニティにおける水利用史............111

8月が忠七郎となり，9月に再び源右衛門というように，この5人で月番をまわしている。自分が月番のときが，二重作村全体の代表者ということであろう。1か所だけであるが，月番名主という表現をしている文書もある。

　ところで，このような旗本が地方知行している村落を日本史の研究者の間では「旗本相給村落」とよぶ習わしがある。その研究の教えるところに従うと，旗本の地方知行は元禄時代の「地方直し」を代表とする何度かの地方直しの一環として行われた御蔵米地方直しによって創出されたもので，次の2点の特色をもつという。すなわち，第1にそれが関東地方に集中していること，また第2に，1か村において複数の旗本との分給形態をとっていることである。その意味で関東に位置して，4人の旗本が分給していることから，この二重作村は旗本相給村落の典型ともいえる形をとっている。「相給」とは，この分野の研究者以外には聞き慣れない用語だが，それは一村を複数の領主で分割して支配することを意味する。相給村落は複数の領主が一村を支配するわけだから，領主相互が競合し，また判断も異なるため，村の支配の仕方が複雑になる。他方，村方の百姓にしてみれば，同じ村のなかで支配者が異なるから，水利の問題や祭祀など一村をあげての判断や行動をする場合は，相互の連携の課題が出てくる。つまりあるひとりの領主の支配下にある名主のAさんは，その支配下の組（各領主は村内に百姓たちを構成員とするそれぞれの組をもっている）のメンバーとしての判断と，ときに村全体の判断の二重性のなかで対応をしていくという難しさがある。この分野の研究史を繙いて分かったことだが，この相給領主というものの知行地支配のあり方については，近世史の旗本研究として一定程度の蓄積があるが，支配される側の相給村の中での百姓たちの対応については研究がほとんど進んでいない。研究が進まないもっとも大きな原因のひとつは，支配領主ごとに文書が作られているから，村内において同年代の全領主の書類が現在まで残っていることは皆無のようで，その結果，統合・比較しての分析ができないためである。この二重作においても，百姓ごとの石高を示す高帳や家族構成が分かる宗門人別帳が残っているが，それはひとつ（ときにふたつ）の組のもので，村全体の姿がなかなかつかめないのである。明治初期になると村全体の書類になるため，はじめて村全体の姿が明瞭につかめるようになる。[8]

二重作村における相給領主の名前と石高は分明している。すなわち，1843年（天保14年）の史料によると，御代官古山善一郎御料所（83石8斗），飯高七左衛門知行所（83石8斗），阿部大膳知行所（83石8斗），鵜藤新三郎知行所（162石8斗），岡田福次郎知行所（200石），そして村高は600石4斗となっている。最初は代官であるので，代官の姓名が時代によって変わる。この場合の代官とは幕府直轄地，いわゆる天領の支配者を意味する。

　二重作村は北浦に面しているが，このような湖や川の水辺の土地は，江戸時代の用語でいうと「流作場」にあたる。そこはすぐ下で述べる理由によって幕府直轄地になっているようである。したがって，二重作に旗本以外に代官がいることは理にかなう。

　すなわち，水辺の流作場は，この霞ヶ浦ではヤハラ（埜原）とよばれることが多く，そこはヨシの採集地であったり，秣場であったりする。享保の改革（1722年）でそのような場所の多くが田になり，幕領に編入されたのである。すなわち，幕府勘定奉行所内に新田方が設置され，利根川流域開発などがおこなわれたのである。流作場が新田になったのであるから，ひとつの村で見れば，細長い少しの地片にすぎないが，たとえば利根川全域を考えたら，かなりの新田が生まれることになり，幕府の年貢収入は大きく増大することになる（千葉県 2004：24-27）。

　地図5-1に示しているように，鉾田市郷土文化研究会会長の大沼信夫氏のご教示によると，二重作のもっとも北浦に面している旧堤の外の田がそれにあたるだろうという。このような土地はいうまでもないが，不安定な土地である。そこは湖の水位が上がるとすぐに水腐れを起こすような場所である。これらの田が旗本の知行地ではなくて，二重作代官支配の土地であったということを直接に証拠立てる史料が現在のところないが，北浦の村々についての大沼氏の多年に及ぶご研究から推してほぼ正しいであろう。

　江戸時代の村組は，この旗本および代官の支配にあわせて，組構成をしていたらしい。御料所組（江戸末期の史料では本所組），青山組，牛込組，小石川組，駿河台組という構成となっている。旗本や代官の名を直接冠する非礼を避けて，旗本などの居住地の名前を冠したらしい。

第5章　水辺コミュニティにおける水利用史……………113

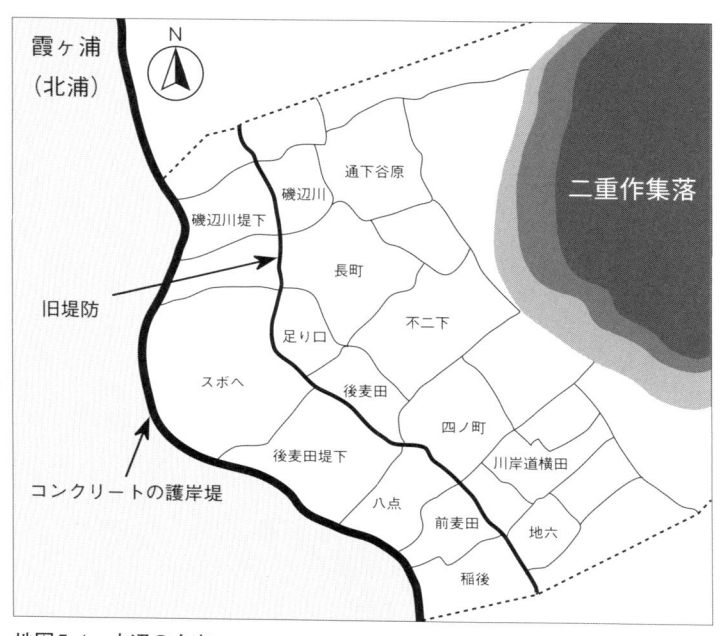

地図5-1　水辺の小字
この小字地図は旧大洋村所管文書によりつつ，その作製にあたっては大沼信夫氏のご教示を得た。

　また，この支配組と異なったものとして，五人組が構成されていた。1844年(天保15年)時点でいうと村内において9つの五人組があった。支配組と五人組との両者の組の重なり具合は不明であるが，これらの組は類似の機能をも具備しているため，かなりの重複をしていたと推測される。明治になって，組は地域割りの組の色彩が順次強くなり，現在はいわゆる村組として3つの常会に分かれている。そのうち，第1常会が村の範域の中心部分にあり，江戸期からの古い屋号をもつ本家が多い。

生産構造

　1873年(明治6年)の史料からこの頃のこの村の生産品が分明している。米が720石，大麦が300石，小麦が8石7斗，菜種が3石2斗，大豆が17石4斗，

小豆が3石2斗，粟が13石，稗が33石2斗，清酒が600石，薪が2万束，それに加えて，1877年（明治10年）の史料から，蕎麦が13石8斗，甘藷が12,500斤，真綿が300斤であることが分かっている。米と麦は二毛作と伝えており，その田からの作物以外に豆や甘藷のような畑作物がある。また，薪はいうまでもなく山から得るものである。このような作物は基本的には江戸時代も同じであったろうし，第2次大戦後あたりまではあまり変わらなかったのではないだろうか。ただ，清酒の製造は江戸期からはじまったものであるが，大正期で終わったことを聞き取りで得ている。江戸時代の名主のひとり吉左衛門家が醸造業にも従事していたのである。また，聞き取りでは養蚕を行っていたことが分かっている。ただ，明治のこの頃はまだ行っていなかったのであろう。

　検地帳はなく，先に述べた相給村落のため，江戸時代の高帳が一部あるものの揃っていないため，村内の各家の持ち高全体を示すことができない。また，明治以降の村落内居住者の地主と小作の割合などを明示できる史料が見つかっていない。ただ，聞き取りによると，戦前時点で，特定の地主による土地集積はかなり進んでいて，村落内に多くの小作がいたようである。そのため，かれらは村内だけではなく，他村への賃稼ぎをしていたという。たとえば，この村（のち集落，歴史的に異なるので，以降は混乱を避けてこの両者ともムラと記述する）からかなりの数の男たちが同じ北浦湖畔の隣村の梶山ムラや数か村先の札ムラへ漁業の賃稼ぎをしていたという。したがって，この村の書類には残らないが，漁業収入もあったのである。また，江戸末期には馬が村内にかなり増えており，明治以降もそれがつづくが，それは薪を河岸まで運んだりする駄賃稼ぎであった。

3　二重作における水利用

飲料としての井戸利用

　地図5-2の二重作全図の南が北浦に接しており，北が小高い山となっている。この小高い山の間にいくつかの谷があり，二重作ではそこをヤツ（谷津）と呼んでいる。関東地方ではヤツとかヤチ（谷地）という用語はかなり一般的に使

われている言葉である。二重作の北にはいくつかのヤツがあり，そこから水が湧き出ている。1か所からチョロチョロと出ると言うよりも，ヤツ空間の各所から少しずつ滲み出る感じである。それを合わせるとその水量はかなり豊富となり，枯れることはないと地元では言っている。ヤツの一番奥は湿原となっている場所が多いが，池となっている場所，またそれらがなく直ちに田となっている場所など多様である。ともあれ，湿原や池のすぐ下から田がはじまり，両側が小高い山となり，その隙間の狭い平地のすべてが田となり，その間を灌漑に使う小川が流れている。そして南に向かいやや平地が広くなるとともに山の部分が小高い平地となっているところが居住する村となっている。また，この小高い山の各所の平たい部分が畑となっている。この小高い山が終わったところから北浦の水辺ともいえる平野が広がっており，その先が北浦である。これが二重作全体の空間的な構図である。

　飲料水は過去に遡っても，小川ではなく，井戸を使っていたことはほぼ間違いはない。もっとも井戸といっても，明治期になると各地でよく見られるような掘り井戸ではなく，泉（湧水）に近いイメージの井戸がここの本来の形であ

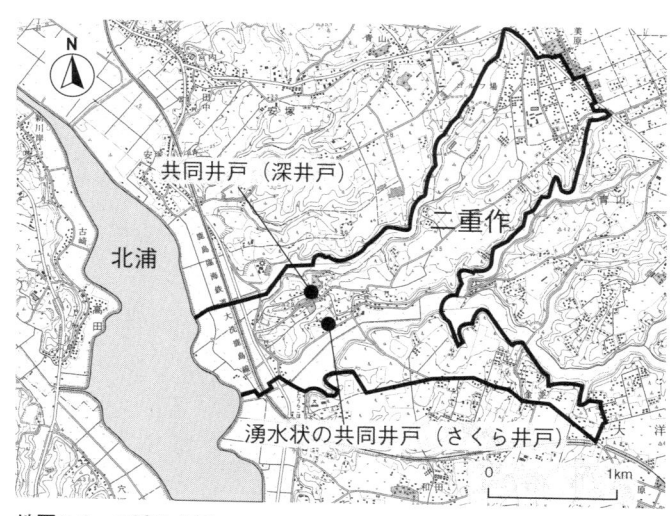

地図5-2　二重作全図
　　　　国土地理院発行1:25,000地形図「鉾田」に加筆して作成

ると想定される。井戸は個人井戸と共同井戸に分かれる。個人の屋敷地に井戸があるのは，この村の草分けともいえる家々であり，そうでない家は共同井戸を使う。共同井戸の始まりはふたつであったという伝承とひとつであったという伝承があり，どちらが正しいか不明である。共同井戸も技術革新で新しい井戸が掘削されたりして場所が変化している。もっともふるい共同井戸のひとつと伝承されている井戸が残っており，**写真5-1**に見るとおりである。村の住居地区の中の小高い山の端から湧き出た水がこのように2mほどの幅の池状の溜まりをつくっている。深さはあまりない。1m弱である。残った水はせせらぎとなってつねに流れ出ている。草分けの家々の個人井戸の場合も基本的に同様の形態である。それらの家々の多くは，屋敷の背後が小高い山で前面が田の位置に配置されているので，水が得やすいのである。言葉を換えれば，このような水の得やすい場所に屋敷地を設けたともいえよう。

　おそらく明治中期以降のこの地方に上総掘りが広まった頃と想定されるが，いわゆる深く掘る井戸がこの村でも普及する。その結果，村の各所に共同井戸ができることになった。昭和30年代中頃以降にこの共同井戸からモーターを使って，各戸に水が行き渡る形をとるようになり，各家の蛇口から水が出るようになる。それまでの水運びの労働がなくなるとともに，井戸に蓋がかけられたり，埋め直されたりして，そこでの伝統的な井戸を使う姿が消滅する。現在，行政が上水道の使用を働きかけており，一部では稼働しているが，地元では上水道はまずいので飲み水は井戸の水，車などを洗うのは水道の水というような使い分けをしている。なお，モーターで汲み上げる共同井戸となっても，現在もその組織である井戸組合は存在する。1つの井戸に対し，20〜30軒ほどの数で井戸組合が成立している。井戸のメインテナンスの組織である。井戸につい

写真5-1　共同井戸

ての簡単な儀礼行事をしている井戸組合もある。

　井戸の使用は飲用が中心であるが，昔から洗い物なども井戸水を使っていたという。洗い物は共同井戸付近と家庭でしたと伝えている。天秤の前後に桶をつけて共同井戸から自宅まで水を運んだ。一度に運べる量は30ℓほどである。それは女性や子どもが中心であるが，男性も運んだという人もいる。洗濯は井戸水が中心だったようだが，一部では小川で洗濯をしたという人もいた。また，農作物などの泥ものは近くの小川で洗ったであろうと推察する。

　なお，昔からの言い伝えであるが，共同井戸さえも枯れてしまう水飢饉のときは，村の居住地区はやや小高いので田のある下の方に降りていき，そこで水を得る「水溜め」（小高い丘の裾の傾斜から湧き出る水を溜める）があり，それも井戸と呼んでいたというが，その場所は特定できていない。山からすぐに田圃になる山裾に複数あったという人もいる。

水田の水利用

　地図5-2にも見えるように，地図上の細い糸になっている川を遡ると，馬蹄状にみえる数か所のヤツから水が発していることが分かる。写真5-2はそのヤツのもっとも奥まった場所で，ヨシの茂っているところが水の滲出場所である。その手前から田圃が広がることになる。この辺りの田圃はヤツダともよばれている。この辺りの山の壁面からの流出や平面からの滲出の水が小川となって水田地帯を流れ，最終的には北浦に流入するようになっている。地元の人たちは異口同音に水田の水に困ったことはないと言っている。すなわち，ヤツから流れ出る水が枯れることがないということだ。これがこの村が古くから存在しつづけた理由でもあろう。もっともたいへん豊富であったかというとそうでもなく，夜中にこっそり自分の田に水を引いて水争いになったことはあるというが，水番のようなものを置くほどに水の分配について配慮する必要はなかったようである。それに対し，山番はいて，薪や落ち葉の監視をしていたというから，水資源よりも山資源の方が逼迫していたと思われる。

　この用水としての小川の整備・掃除を地元ではミズアライ（水洗い）と言っており，年に一度，田植えに先立って4月に村で一斉に行っている。地元では

水の流れをよくするためにするという言い方をしている。小川が浅くなるからであろう。このミズアライ全体を指揮する人をオヤカタ（親方）と呼んでいる。昔からオヤカタは，村の指導者から選ぶと言うよりも，田の世話をするのが上手な人が選ばれたという。

写真5-2　ヤツのもっとも奥

　なお，水田は北浦の水辺近くまで存在するが，水辺と水田の地帯を区切るために堤が築かれている（10章に写真を出しておいた）。築堤時期は分からないが，少なくとも江戸時代には存在していた堤である。いうまでもなくこの堤の目的は，湖の水位が上がって田が水面下に沈むことを防ぐためである。

　この堤よりは外側の北浦の水辺のすぐ近くの水田は「ウミタ」と呼ばれ，それに対し，堤で守られている内側は「オカダ」と呼ばれている。この区別は字名からも簡単に読みとれる。たとえば，地図5-1で示しているように，オカダである「後麦田」の水辺よりのウミタは「後麦田堤下」，同様に「磯辺川」と「磯辺川堤下」という命名になっている。その場所で田の作業をしていた人に訊ねてみると，「ウミタ」は「オカダ」のほぼ半分の収量であったと答えてくれた。また，「ウミタ」のある字のひとつスボへは江戸期の史料によると「秣場」という記載がある。現在は，「ウミタ」と湖との間に巨大なコンクリート造りの湖岸堤があり，両者の区別はほとんど意識されなくなった。

舟運としての水利用

　江戸時代でいうと，二重作村は北浦に河岸をもっていた。昭和期に入っての河岸の衰退，そして，1968年（昭和43年）からはじまった霞ヶ浦総合開発の一環としての霞ヶ浦全体の湖岸堤の築堤で，水辺の景観はすっかり変わった。聞き取り内容に少しばかりの錯誤があるが，おおまかには次のような景観

第5章　水辺コミュニティにおける水利用史…………119

を呈していた。二重作の河岸はふたつあって，その間は20〜30m離れていた。ひとつを「小室（おむろ）河岸」（村河岸）とよび，もうひとつを「中根河岸」とよんだ。「前河岸」「後河岸」という表現もあったようだ。また，人によるが，河岸全体を中根河岸だと指摘する人もいる。その指摘はすぐ後で述べるように中根源右衛門家が，問屋として手広く河岸を使っていたからであると思われる。河岸は霞ヶ浦ではエンマ（淵間という漢字があてられることが多い）とよぶもので，陸地に深いU字型に切り込まれていて，そこに舟をもやう。河岸のあった場所はヤナギが植わっている景観であったが，30年ほど前の湖岸堤の築堤で河岸は埋め立てられた。現存する水神の石碑がその辺りが河岸であったことを思い出させるだけである。埋め立てられる直前の頃は，河岸が衰退して，田舟をもやう程度の使われ方をしていたようだ。

　江戸期にまで遡ると，この河岸がけっこう盛んであったことが知れる。物資を運ぶ高瀬船が江戸まで薪などを運んでいた。たとえば1856年（安政3年）の「真木（薪）積出し調帳」には，「阿玉川治郎兵衛船」とか「梶山七右衛門船」というような地名と個人名をもつ船の記載があり，積み荷として圧倒的多数の薪の他，米，大豆，小豆，麦などが，たとえば「本所の大和屋」など江戸へ運ばれている。それらの帳簿をめくると，たいへんな量の薪が江戸に運ばれていたようで，村内の山での薪の権利をめぐる書類も散見する。それらの史料によると，中根河岸と呼ばれていた二重作の河岸の近くに中根源右衛門という江戸時代の表現でいうと「積問屋」があり，この問屋を通じて多量の薪が二重作村から運び出されている。この時点で，すでに二重作村は個人所有の山となっており（もっとも史料に残っていないだけで共有地がなかったとは断言できない），その作業の記録も残っている。また，この河岸における「見張り番」や「月番」の史料も残っており，多くの人がこの二重作の河岸を通過した事実を知ることができる。この河岸は他の交通手段の発達，東京における薪以外の燃料の使用にともない順次衰退する。現在では昔の河岸の近くにあった中根源右衛門の家は，家屋の跡もなく，ただ屋敷地を囲んでいた垣根の木々が残っているだけになっている。

余業と遊びの空間としての北浦

　二重作は一貫して主要生業は農業である。また，山からの薪や馬を使っての運搬は江戸時代末期には盛んであり，主要な現金収入であった。ただ，主要な生業や現金収入にはならないが，日々の生活の中では生活を潤す大切な余業的活動があった。北浦はなんといっても大きな湖であるので，そこから得るものは少なくない。もっとも値打ちのあるものは魚のコイであったようだ。これは商品として出していたわけではないようであるが，少なくとも親戚や友人へのお裾分けの対象にはなった。湖からとれるもののお裾分けは，聞き取った限りではコイだけで，他は畑の作物や山や野でとれるワラビ，タラの芽，ノゼリ，ヨモギなどである。畑の作物はサツマイモなどであるが，基本的にはそれをつくっていない家にお裾分けをすることになる。たとえばトマトをつくっていない家があればトマトをという具合である。

　湖でとれる魚はコイ以外に，ライギョ，ソウギョなど，またタンカイやシジミなどの貝類，水辺のウシガエルなどであり，それらはすべて食用としている。(14)湖に限らず，小川や小溝なども含めたところで，ウナギ，ドジョウ，フナ，タニシなどもとっている。また，やや山の方の清水にはサワガニやメダカがおり，用水路にはザリガニがいたが，この辺りになると単に子どもたちによる遊びの色彩が強くなる。小川には湖からサギ（セイ）という比較的大きな魚が数多く上ってきたが，それは小骨が多いので食用にはしなかったという。

　湖は子どもたちの水泳の場所ともなり，子どもの頃に湖の対岸まで泳いだことを自慢できる経験をもつ古老もいる。

　また，漁師はいなかったが，いまから60年ほど前までというから，おそらく農地改革前までと想定されるが，この集落は小作が多かったので，その小作の人たちが北浦で投網をしていた。それで捕れる小魚をこの集落からさほど遠くない佃煮屋にもっていったという。小さな収入になったであろう。

第5章　水辺コミュニティにおける水利用史…………121

4　湖との距離感

水利用の変化

　前節でこの集落の水利用の実態について見てきた。水は多様な利用のされ方をしている。飲料水や洗いの場としての井戸，ヤツ（湧き水）からの流出水に頼る田を中心にした生産活動，湖の河岸を使う舟運，コイなど多様な魚のおかず獲りの場や，少しの現金収入としての漁獲活動の場としての湖，子どもの水泳などの遊びとしての湖とその水辺などである。江戸末期の頃からのこれらの水利用の実態が明確になったが，最近になって，その実態が大きく変化をしたものがこの中にある。ひとつは飲料水や洗いの場としての井戸水の水利用であるが，大きな傾向でいうと，水道水に変わりつつある。ただ，聞き取りによると井戸水の方がおいしいという人がほとんどで，とりわけ飲料水としてはモーターで水を汲み上げる形で井戸水が利用されている。また，おいしさに加えて，井戸は水道と違ってお金がかからないという理由をあげた人も少なくない。ただ，あと10年ほど経つと，除草剤が地下水に行き渡るので井戸は飲料水として使えなくなるかも知れないという行政からの指摘もあるそうで，その不安感から水道に頼る気持ちが強くなってきているという。車を洗うなどの噴出力が必要な洗いなどに現在は水道水を使っているという。

　生産活動としての田への水利用はヤツからの湧き水依存に変化がない。ただ，ほんの一部であるが，北浦の水辺に近い田で揚水灌漑による湖の水を使うようになった。もっとも，アオコがビニールシートのように田の表面を覆ってしまったというような噂もあり，評判はあまりよくない。

　湖利用の舟運は完全になくなった。河岸の場所を特定するのに，かなりの時間をかけなければ分からなくなっていたほどに地元の人たちの関心から遠ざかったし，また，現場が湖岸堤の建設と圃場整備にともない大きく変化をしたことで，いっそう人びとの意識から遠ざかってしまった。

　この湖岸堤の建設で，水辺での多様な魚のおかず獲りの場は完全に失われてしまった。したがって，そのような活動は存在しない。子どもたちを主にした

湖での水泳も完全になくなった。霞ヶ浦の主要なNPO団体が霞ヶ浦を再び泳げる湖にすることをスローガンとしていることからも明確なように，現時点では，水泳ができるほどの透明度を霞ヶ浦はもっていないのである。聞き取りによると，戦後の1946年（昭和21年），1947年（昭和22年）ぐらいの頃の記憶では北浦の水はたいへんきれいで透きとおっており，水底は砂であった。そして貝が口を開けている様子まで見えたという。湖岸堤の建設は大きな変化であったが湖岸堤だけでなく，水質も大きく変化した。

このような変化をみると，明確な事実がある。それは湖を利用する活動が明確に消滅しているという事実である。したがって，二重作の人びとが湖への関心をもたなくなったのは至極当然のこととも言える。本章の冒頭の問いの答えがこの単純な事実であった。

水利用から見た霞ヶ浦の特徴

他の研究者によるこの種の先行研究が見つからないので，経験的な言い方をせざるを得ないが，筆者自身，日本に限らず，世界のいくつかの国々の湖の水利用を調査した結果，暫定的に，次のような指摘ができるように思っている。すなわち，湖に流入する川を飲料水とする湖周辺住民と，泉（井戸）を飲料水とする湖周辺住民に分けられ，前者の川型の湖周辺住民は伝統的に湖から遠くないところに住み，湖に対する関心が強く，他方，泉（井戸）型住民の方は，湖を利用するとしても，できるだけ湖から遠くに住み，湖への関心が弱い。いうまでもなく，二重作は後者の泉（井戸）型であり，集落の中を山からの小川が流れているが，それを飲料水とした形跡はない。

その理由については複数の理由があるかもしれないが，少なくとも水質の分析結果からも説明ができる。表5-2は集落内14か所におけるCODとチッソ，リンの測定結果であるが，意外と上流の水源（①②）のCOD値が高く（ふつう飲料では1.0以下），さすがに共同井戸など（⑫⑬⑭）はその値が低い。他方，ここでは数値を示せないが，琵琶湖でわれわれが測定した限りでは集落に流入した小川でも1.0を切っている。二重作では，川に流入する水を飲料水とはできないのだ。

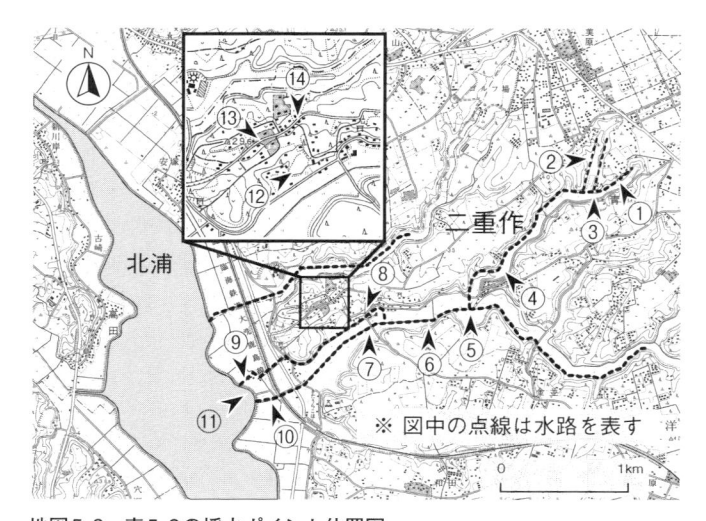

地図5-3　表5-2の採水ポイント位置図
国土地理院発行1:25,000地形図「鉾田」に加筆して作成

　この類型でみると，琵琶湖は川型であるのに対し，霞ヶ浦は井戸（泉）型となる。そうすると，琵琶湖周辺コミュニティに比べて霞ヶ浦周辺コミュニティの湖に対する関心の弱さはこの暫定的な仮説に適合することになり，一応の説明はできる。この霞ヶ浦と似ている井戸（泉）型はイギリスの湖水地方の農民がそうである。かれらは原則として霞ヶ浦と同様に湖から遠いところの泉の出る高台に住み，湖に対する関心が弱く，また湖に流入する川そのものも不自然と思えるほど使わない。もっとも，このふたつの飲料水利用型の類型はたんなる仮説に過ぎず，他の要因が関心の強弱を決めている可能性も十分にある。たんなる考えるヒントとして位置づけるものだろう。
　ただ明らかなのは，二重作では，すでにみたように生産・生活活動のうち，湖を利用する活動だけが消滅しており，湖辺の高台に住んでいる住民はいっそう関心が消滅してしまうことになったことである。二重作住民からの聞き取りでは，意外と湖岸堤への評価は低く，湖岸堤ができたから，湖へ魚を取りに行くこともできなくなり，湖へ行く興味がなくなったという指摘を聞いた。もっともむずかしいのは，たしかに湖岸堤の評価は低いものの，湖岸堤の存在が水

表5-2 水質分析結果表（分析日2006年7月14, 15日〈上段〉, 8月21日〈下段〉）

採水ポイント	T-COD (mg/L)	T-N (mg/L)	T-P (mg/L)	水温 (℃)	採水ポイントの説明
①	2.6	5.68	0.000	20.5	水源地帯付近
	2.0	6.35	0.000	18.0	
②	3.9	2.63	0.000	20.5	水源地帯から少し下ったところの水路
	2.0	4.50	0.007	18.0	
③	1.0	5.26	0.000	21.5	水源地帯①と水源地帯②の合流地点
	1.8	7.01	0.000	18.0	
④	2.1	4.53	0.017	22.0	本流
	1.3	6.37	0.000	16.5	
⑤	2.7	4.04	0.010	22.0	金並地区より流れる小川との合流地点手前
	1.8	5.89	0.000	18.0	
⑥	1.4	2.80	0.016	22.0	第5加圧機場から20mほど下流の地点
	1.8	5.92	0.000	19.0	
⑦	1.3	4.10	0.018	22.5	本流
	1.7	5.51	0.010	18.0	
⑧	1.4	4.06	0.037	22.5	本流から分岐して，家々の横を流れる水路
	1.9	5.93	0.000	19.0	
⑨	2.8	3.17	0.052	23.0	分岐した水路の湖口手前
	2.3	5.07	0.047	21.0	
⑩	2.6	3.04	0.050	23.0	本流の湖口手前
	2.2	4.17	0.040	22.0	
⑪	4.5	3.01	0.051	26.5	北浦（舟溜り付近）
	4.2	4.21	0.066	29.0	
⑫	0.0	5.01	0.002	23.5	以前使用されていた共同井戸（さくら井戸）
	1.4	6.25	0.033	19.0	
⑬	0.6	7.09	0.000	22.5	現在利用されている東組簡易水道（Tさんのお宅の蛇口から）
	0.2	3.38	0.012	22.0	
⑭	0.9	2.31	0.013	22.5	現在利用されている西組簡易水道（Kさんのお宅の蛇口から）
	0.3	9.09	0.000	20.0	

（サンプリング日2006年7月11日〈上段〉, 8月21日〈下段〉）

第5章 水辺コミュニティにおける水利用史

位の異常な上昇による二重作の水辺の水田を「水腐れ」から救っていることは確かである。ただそのことについては，すでに稲作そのものが経済的価値をかなり低めており，湖岸堤がかつてほどの価値をもたないという反論もあった。

　地元の過去の新聞をめくると，この強固なコンクリート造りの湖岸堤は，経済成長期の公共事業の典型的な産物であるという指摘が簡単にみつかる。他方，同じ類型に入るイギリスの湖水地方が，この種の湖岸堤をまったくつくっていないという事実がある。その差異を考慮に入れると将来的に工夫の余地があることが分かる。イギリスでは，この種の加工を湖に施さなかった最大の理由は，まちがいなく湖水地方を主な活動の舞台とした環境NPOのナショナル・トラストの存在だろう。その結果のプラス面としては，ふるわない牧畜に代わって観光による経済的収入がこの湖水地方を潤している。霞ヶ浦総合開発計画の頃から言われていることではあるが，コミュニティ住民やNPOが霞ヶ浦の将来設計に参与してくれば，この湖岸堤だけではなく，常陸川の逆水門についても柔軟な発想が生まれてくるだろう。河川法の改正により住民参加が当然のこととなった時代状況が現在の霞ヶ浦の環境政策に反映できればと願う。

　この二重作の定性的調査で明らかになったことは，二重作というコミュニティの住民たちは明らかに霞ヶ浦に関心がない[16]，それは明確に霞ヶ浦に関わるものがすべて消滅したからである。そのことをふまえての政策が必要だろう。たんに意欲がないとか環境意識が弱いという批判的言辞は生産的とは思えない。

【注】

1）「沈黙している」という指摘は，絶対的なことではなく比較的なことを意味する。たとえば琵琶湖周辺のコミュニティと比較すればその差は明確である。また，沈黙といっても，例外的にだが，ある程度の活動をしているコミュニティが見いだせないわけではない。

2）霞ヶ浦の湖辺から5km以内に居住している住民を対象に2006年5月27日〜29日に実施した。2,106票を配布し，1,310票を回収した（62％）。本調査結果の詳しい内容は9章で述べている。

3）とくにことわりがないかぎり，依拠するデータは「二重作名主・吉左衛門家文書」（早

稲田大学人間科学部環境社会学研究室保有）による。約200点あり，この文書には明治前期の史料も含まれている。
4）現在，霞ヶ浦は西浦と北浦から成り立っているが，この地域の伝統的な言い方では，西浦を霞ヶ浦とよび，北浦を霞ヶ浦とよばずに北浦とよんできた。その伝統にしたがい，伝統的な記述のところでは北浦という表現をする。
5）現在の村の中心ともいえる集落センターの横に元文5年（1740年）の宝篋印塔がある。
6）なお，現在，二重作集落の領域の北側の山林が住宅開発され，いわゆる「新住民」が多く住んでいるが，かれらは別の自治会をつくっており，伝統的な二重作の自治会とはほとんど関係がないので分析から外している。
7）屋号に近いニュアンスで同じ名を嗣ぐ家と，名を変える家があるため。たとえば，「松之助」の次の代が「松太郎」というように名を変える家がある。
8）旗本相給村落の研究の代表的なものとしては，川村優，2004，『旗本領郷村の研究』岩田書院がある。最近の本なので，この著作から相給村落の過去の研究史を追える。なお，村運営を分析したものとしては，秋山悟，1988，「旗本相給村落における村運営」『茨城県史研究』63号，茨城県立歴史館がある。
9）前記の5つの所領地の合計は614石2斗となり，記録されている村高と少しばかりズレがあるが，その理由は不明である。他の史料と付き合わせてみると，知行地には見取という記載のものがあり，それが村高に反映されていないのかも知れない。これらの5つの所領地の家や石高の変化は少ない。明治初期の記録では以下のようになっている。すなわち小川達太郎（代官）（80石2斗2升8合4勺），鵜藤預五郎（150石4斗6升2合），岡田勇之丞（203石3斗9升6合），飯高七之丞（80石2斗2升2合），阿部大膳（80石2斗2升2合），合計，594石5斗3升である。
10）収穫の数値は同じ年代でも文書によって異なっている。計算の基準の違いかと想定される。あくまでも目安として理解いただきたい。なお，聞き取りによると，昭和の農地改革前で反あたり5俵の収量であり，小作の場合，そのうち3俵半を年貢としてとられた（地主に渡した）と伝えている。現在の収量はおよそ10俵である。
11）見た目でもこの井戸の水質が落ちているのはあきらかであるが，この井戸は集落の中の小高い山の裾に位置していた。その小高い山は1970年代の湖岸堤の建設にあたって土が必要になり掘削されてなくなり，水量が細ったことによる。
12）中根河岸ともうひとつの河岸は宮下河岸という人もいたが，小室さんの家の屋号が宮下なので，別名としてその名を使ったのであろう。
13）また，二重作の江戸時代の名主，吉右衛門家では清酒を製造しており，それがやはり，河岸を通じて出されていたが，本文でも述べたようにそれは大正期で終わる。また明治期以降，養蚕もなされており，河岸から繭を運び出していたと伝えている。

14) ソウギョは「電柱が浮いている」と言われたほど大きなものがおり，夜にランプの灯を使って捕獲したという。
15) このような型の分類はあくまでも相対的なものであり，特徴を強調したものに過ぎない。琵琶湖周辺でも井戸を使っている住民を簡単に見つけることができる。また，霞ヶ浦では川を伝統的に飲料水としていた住民は現在の調査時点では，きわめて限られているが，霞ヶ浦の高瀬舟を操っていた船人は，霞ヶ浦そのものを飲用していた事実があるので，多数の例外を含んだ仮説的分類である。
16) この「明らかに関心がない」という言い方については，後の9章の環境意識の章で知り得た事実と比較して，少し丁寧に補足しておいた方がよいだろう。この地域ではかつては霞ヶ浦がないと生活が成り立たないと言えるほど霞ヶ浦と日々関わってきていた。それに比べると格段に関わりがなくなったことで，霞ヶ浦が遠くなったとこの集落の人たちが言い，霞ヶ浦のことを考えることもほとんどなくなったという言い方をしている。けれども，やはり心の底で霞ヶ浦と関わっているという面もあると言っておくのがよいだろう。ここしばらく霞ヶ浦（の湖岸）に行ったことがないという人も，霞ヶ浦について実に詳しいのである。

＜参考文献＞

秋山　悟，1988，「旗本相給村落における村運営」『茨城県史研究』63，茨城県立歴史館.
川村　優，2004，『旗本領郷村の研究』岩田書院.
大洋村史編さん委員会，1996，『大洋村史』.
千葉県史料研究財団編，2004，『千葉県の歴史』資料編，近世5，千葉県.

第 6 章

霞ヶ浦の水神信仰と祭祀の担い手

五十川飛暁

1　水の神と水神

1.1　水の神に対する信仰

　霞ヶ浦の湖岸を少し歩いてみるだけで，われわれはそこにたいへん多くの祠や石碑がおかれているのに気づく。なかでもとくに目につくのが，水神を祀った祠，すなわち水神宮の存在である。

　この水神たちは，霞ヶ浦そのものと，霞ヶ浦に住む人たちにとってどのような意味をもっているのであろうか。この章では，水神信仰を通じて，霞ヶ浦と人びととのパートナーシップ，また人と人とのパートナーシップを考えてみたい。湖と人との関係をパートナーシップとやや擬人化して呼ぶのは不自然に聞こえるかもしれない。けれども，霞ヶ浦周辺に住む人たちにとっては，後で引用するように「最近は霞ヶ浦と自分たちの縁が切れた」と「縁」という表現をつかっているように，湖を擬人化するほどに親しさ・身近さを感じていた歴史があるのである。

　ただ，水の神は必ずしも広く理解されている神ではない。それゆえ，最初に簡単に水の神の性格について述べ，ついで，本書の対象地である利根川流域と霞ヶ浦で水神(スイジン)と呼ばれている水の神について検討をすることにしたい。

　まず，水の神とはいったいどのような性格の神なのであろうか。この分野の研究史を繙くと，次のようなことが明らかになる。すなわち，藪敏晴（1992）は，平安初期に景戒によって編された『日本霊異記』のなかで仏教の呪力がことさらに強調されたのは，「土着の信仰を克服・吸収してゆかんとする」（藪 1992：42）意思が強く介在したからだと述べた。これは，当時それだけこの「土着の信仰」が広く信じられていたということを示している。さらに，この書物の批判対象が「特に土着の水神に向けられて」（藪 1992：42）いたということから，それだけ水の神の力が民衆の間に深く浸透していたのではないかと推測している。つまり，外来信仰であった仏教に対置する土着の信仰の代表格のひとつとして，水の神が位置づけられていたのである。

　しかもこのような水の神への強い信仰は，ただ古くから存在してきたという

だけでない。平安期から時代は大きく下るが、民俗学が少し古い過去から現在にいたる水の神の性格を明らかにしてくれている。それによると、われわれの社会の水にかかわる多様なところに水の神は存在してきたのである。たとえば小野重朗（1979）は、もっとも基本的な水の神として日常の生活用水のほとりに祀るものと、稲作のための用水のそばに祀るもののふたつを指摘している。前者の生活用水のほとりの例としては井戸（宮本 1958 = 1976）をはじめとして、集落の共同の洗い場など、われわれの生活に身近な水辺があげられる。他方で後者は、農業生産のための水量の確保という目的に結びついている。それゆえ、個別の集落の範域を超えて、水路をさかのぼった山の方にも水の神を見いだしうるし、逆に下流の水田地帯にも水の神は祀られてきた。たとえば、もっとも人里離れた場所である高山についても、宮田登（1993）は山岳開基の縁起に竜が登場することに注目し、「その場所は山神が支配するところであろうが、同時に水神の力も働いて」（宮田 1993：8）おり「これを蛇体とみるのは、水神と考えているから」（宮田 1993：9）であったとしている。つまり、人びとにとって高山は死霊の行きつく場であるだけでなく、水源地でもあったのである。山の神が田の神になるという信仰についても「あるいは、水の神が、その媒介となって成立したものかもしれない」（池上 1979 = 1959：152）と指摘する研究者もいるのである。

　このように水の神は山にも里にも存在することになるが、その存在の時間や時代の長さ、地理的分布に加え、さらに他の土着神や祭祀のなかにさえ、その根底には水の神の機能が備わっている場合があるといわれるほどである（大森 1985, 吉成 1991）。

　それでは、このような広がりをもつ水の神をどう捉えればよいのだろうか。環境民俗学者である野本寛一によると、そもそもある神観念を厳密に規定することは容易なことではないという。というのも、人びとは自らの置かれた環境条件の違いによって異なる環境観をもっているからである。そのため、神観念といったときにも「具体的な環境空間から遊離することは許されない」（野本 1999：88）という。そのうえで野本は水の神の多様さについても触れ、それは水をめぐる環境の多様さがあるからであり、「環境構成要素のなかには、人に

たいして恵与的側面と阻害的側面の両方を示すものがあるのだ」(野本 1999：103) と指摘するのである。いまここで，環境構成要素の「恵与的側面」と「阻害的側面」を，人びとが水の神を信仰する心持ちというところにポイントをおいて分かりやすくいえば，水の神に対する＜恵み＞と＜恐れ＞と言いなおすこともできるだろう。つまり，人びとは自らの生活する自然環境やさまざまな社会的条件に応じてそれぞれに水に＜恵み＞を求め，＜恐れ＞を抱く。しかしながら課せられた条件は自らの自由にはならないものである。そのとき，人びとはこの条件を差配しうる「超自然的存在」(宮田 1983：423) に対して，水の＜恵み＞への寄与や＜恐れ＞の解消を願うのであろう。

　以上，水の神は多様であるものの，人びととの水の神に対する信仰の心持ちとしてみれば，＜恵み＞と＜恐れ＞の存在へと収斂できるのではないだろうか。それは他の土着神にもまったくみられないわけではないものの，＜恵み＞と＜恐れ＞という相矛盾する要素が水の神の基本的な性格としてあるという研究史上の指摘をふまえておくことは必要である。

1.2 利根川流域・霞ヶ浦の水神と機能の類型

　そのような水の神一般の特徴をふまえたうえで，次に利根川流域・霞ヶ浦の水の神である水神について検討を加えていこう。

　たとえば銚子地方は，かつて海運と利根川水運の接点として栄え，水運関係者が多く就労していた。その「河岸や船溜まりには例外なく水神宮が祀られている」(榎本 1992：212)。そして，その信仰を担ってきたのが水運関係者であったという。というのも，「水神信仰を決定的なものにしたのは，銚子川口が難所であったという特殊事情」(榎本 1992：224) が環境条件としてあったからである。また，水神宮の由来を記した文書のなかから榎本は「高瀬船，五大力船の船中安全と興楽，繁昌の願い」(榎本 1992：217) を見出した。つまり，信仰の担い手たる船乗りたちは，水難に対する＜恐れ＞の解消とともに，水運という生業の＜恵み＞への寄与を水神に求めてきたのである。

　また，利根川の中流域，手賀沼のある千葉県我孫子市ではすべての地区で水神を祀っている。なぜすべての地区かというと，我孫子市はその環境条件から

いうと，洪水により多大な水害を被ってきた土地であるからであり，とくに水害の頻発した水域の周りに水神が多いという。そこから柳利佳子は水神の置かれた「ここまでは水がこないようにという願い」（柳 1996：28）の存在を読みとっている。その背景には，水害に対する人びとの＜恐れ＞があったといえるだろう。ただ，治水事業等の進展による洪水の激減によってその信仰も変化し，いまでは「水神の信仰はほとんど忘れられようとしている」（柳 1996：28）ともいう。つまり，環境条件の変化によって＜恐れ＞の解消という機能が求められなくなった水神は，その存在自体が希薄になっているというのである。

　このように，同じ利根川流域で河畔に位置する2か所の事例をみただけでも，そのおかれた自然環境の条件や水神信仰の担い手により，まったく異なった機能を水神に求めてきたことが分かる。また，その機能というのもけっして固定的なものではなく，環境条件が変化するのにあわせて変化していくという特徴をもっていることも推測できる。

　他方，直江広治（1971）は利根川流域を広範に調査した結果にもとづき，流域に住む人びとの水神信仰を次の7つに類型化している。すなわち，①飲料水の守護神としての水神，②灌漑用水にかかわる水神，③筏乗りや船頭が信仰する水神，④漁民の祀る水神，⑤水難よけ・防水の神としての水神，⑥河童の伝承，⑦椀貸淵・竜宮淵の伝承，である。この類型は，信仰対象による分類と信仰の担い手による分類，また祭祀と伝承が混合しているなど分類基準がひとつではないためにやや分かりにくい面があるものの，この地方の水神の機能の全体が見渡せて便利である。また前出の野本と同様に「それぞれの地域の自然的・歴史的条件のちがいにより，また職業のちがいによっても，ここに取り上げた水神信仰の諸相のどのような面にアクセントがおかれるかが異なってくるらしい」（直江 1971：298）と述べていることにも注目しておきたい。

　いま，この直江の7つの類型を，＜恵み＞と＜恐れ＞という先ほどまでみてきた水の神信仰の基本的な性格をもとにしつつ，流域の環境条件（自然環境・担い手・生業）を加え，水神の機能として分類し直してみることにする。そうすると，①生活用水の恵みへの寄与，②農業用水の恵みへの寄与，③漁業の恵みへの寄与，④水運業の恵みへの寄与，⑤水難の恐れの解消，⑥水害の恐れの

解消，とすることができる．

次の節では，この新たな分類を用いつつ，霞ヶ浦湖岸域における水神の分布や機能について分析をしていくことにしたい．それにより，霞ヶ浦湖畔に住みつづけてきた人びとの，湖に対する考え方とその変化を少しなりとも明らかにすることができるだろう．

2 霞ヶ浦湖岸域における水神の分布と機能

2.1 分布と機能からみた水神の性格

さて，霞ヶ浦流域には，湖岸域に限っても200以上の水神の石祠があるといわれている[1]．それを個別の地域，たとえば現在ではかすみがうら市の一部となっている旧出島村でみても，30基の水神の石祠が確認されている（出島村教育委員会編 1978：386-388）[2]．冒頭でも述べたように，それほど霞ヶ浦流域には水神が多いのであるが，本章で対象とするのは，そのなかでも筆者たち自身の調査による57か所の水神である[3]．これらの水神は霞ヶ浦（西浦）の湖岸域を中心としたものであるが，それに加え，流入河川の上流部で調査をおこなった2か所と北浦湖岸域の1か所を含めた．その結果を，分布状況としては図6-1に，また個別の情報については表6-1にまとめておいた．以下に，これらの資料をもとにしながら，分布の全体から読みとれる水神の性格について押さえていくことにしよう．

はじめに，水神信仰の機能については，＜漁業の恵みへの寄与＞をその機能としてもつ水神がとくに多い（18／30か所）．ついで＜水難の恐れの解消＞となっている（17／30か所）ことを指摘できる．これらは＜恵み＞と＜恐れ＞という対照的な機能にもかかわらず，地元の聞き取りでは両方の機能を併せて説明されることも少なくない（10／30か所）．また，これらの機能については地域的偏りがみられず，まんべんなく分布しているのが特色である．

他方で，＜水害の恐れの解消＞の機能を担った水神に関しては，かつて霞ヶ浦が洪水常襲地帯であったことから考えれば予想外に少ない数にとどまっている（11／30か所）印象をもつ．さらに，＜農業用水の恵みへの寄与＞につい

ては1か所で語られるにとどまっており，＜生活用水の恵みへの寄与＞や＜水運業の恵みへの寄与＞にいたってはその機能をもっている水神を見つけだすことはできなかった。

　これらのことから何が読みとれるだろうか。

＜漁業の恵みへの寄与＞の機能

　まず，＜漁業の恵みへの寄与＞の機能についてであるが，この機能がまんべんなく地域的に広く分布しているという事実については，水神を祀る主体，つ

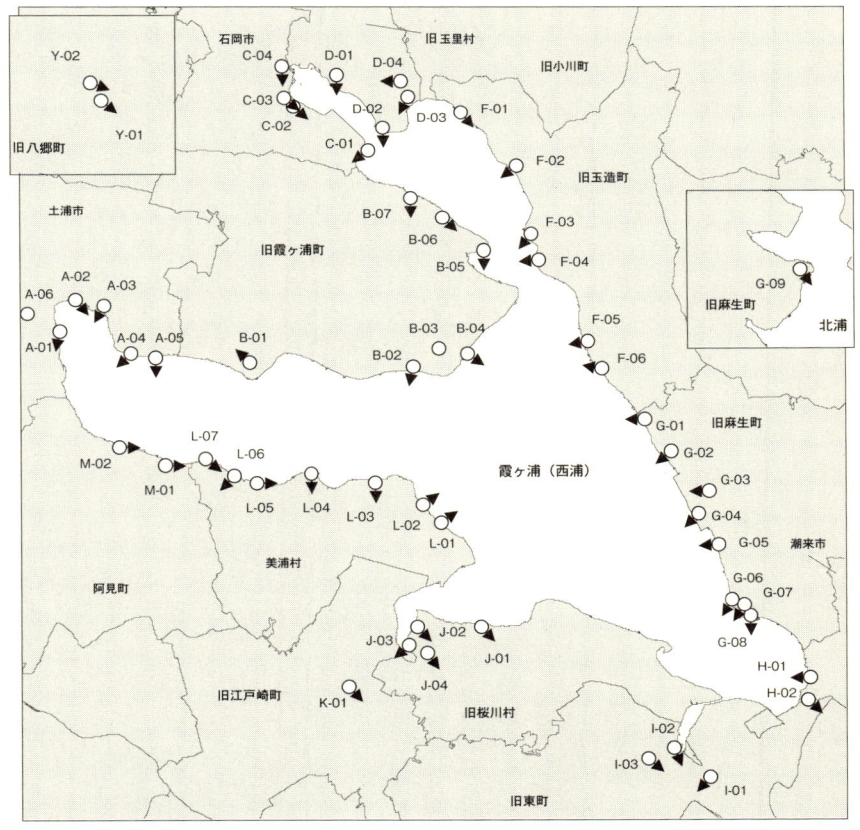

図6-1　水神の分布状況　　　　　　　　　＊矢印は水神の向いている方向を指す。

表6-1　水神の所在と諸情報

番号	所在地		個数	水面との関係	移動	機能	担い手	備考
A-01	土浦市	川口町2丁目、川口運動公園入口横	3	湖の入江に正面を向く				水神宮と水天宮がある。水神祭にて神輿の浜降りがおこなわれる。
A-02		手野町、石田集落（堤防上）	1	湖に正面を向く	○	漁業	船頭→漁師	高瀬舟の船乗りが拝んでいた水神を漁業組合が譲り受けた。鳥居は湖水中にある。水面から拝む。
A-03		手野町、田村川水門横（堤防上）	1	湖に正面を向く				「手野の水神さま」と呼ばれる。
A-04		沖宿町、第一機場と第二機場の間（湖水中）	1	湖に正面を向く		漁業	漁師	湖水中にコンクリート製の支柱の上に立つ。湖からは拝めない。沖宿の漁業会が管理し、船上で祭りをおこなう。
A-05		沖宿町、旅館よしきり近く（堤防内側）	2	湖に正面を向く		漁業／水難		沖宿の漁業組合が管理。左水神宮に「舩持中」と銘記がある。
A-06		大字虫掛（桜川下流）		かつて川の中に位置				現在のところ行方不明。かつて水神祭では水中に神輿が降りた。
B-01	旧霞ヶ浦町	大字加茂字崎浜、八坂神社境内	1					八坂神社境内に安置されている。
B-02		大字牛渡字柳梅、有賀ふれあい橋横（堤防内側）	4	湖に正面を向く				1か所に4基の水神宮がある。奥の1基は3か村連名の銘記がある。
B-03		大字坂字二ノ宮（水田地内）	1			農業		以前は島になっていてまわりが池であった。
B-04		大字坂字志戸崎（堤防内側）	3					左の水神宮には「村内安全」と銘記がある。鳥居は漁業組合による建立。
B-05		大字柏崎字崎浜、柏崎舟溜りそば（堤防内側）	1	湖に正面を向く	○	漁業	漁師	移設以前も湖に向いていた。漁師が祀るが祭りはない。水神宮に「柏崎村中」と銘記されている。
B-06		大字安食字小津、小津舟溜り近く（堤防内側）	1	日の出の方角を向く	×	漁業／水難	集落	堤防建設の際に移設せず、集落費から土地賃貸料を払っている。現在地は以前は湖に突きだした砂州で舟の入口となっていた。
B-07		大字安食字高賀津、高賀津舟溜りそば（堤防内側）	2	湖、舟溜りとも逆を向く	○			どのように移動したのかは不明である。
C-01	石岡市	大字井関、八木集落地先（堤防内側）	1	湖と逆を向く		水害	集落	堤防建設の際に移設したが、禍いを避けるため舟溜りには移動しなかった。漁師は昔からいない。
C-02		大字石川字坂井戸、第一排水機場敷地内	1			水難／水害	集落	以前は水路の中はどにあった。屋号「西河岸」であった水運業者が奉納したものである。
C-03		大字三村字坂井戸、第二排水機場敷地内	1		○	漁業		親世代の漁師が祀っていたが、現在は何もしていない。
C-04		大字高浜、高浜舟溜り敷地内	1	恋瀬川に正面を向く		水難	個人／漁師	貸し舟業を営む個人のものだった。堤防工事の際に漁業者が受け口となり現在地に移された。
D-01	旧玉里村	大字高崎字下高崎、恵比寿神社境内	1			水難／水害	漁師→集落	以前は漁師が主に祀っていたが、その数も減り、いまは漁師だけが祀っているふうではないという。
D-02		大字下玉里字平山、平山公園敷地内（堤防内側）	1	湖に正面を向く	×	漁業／水害	集落	平成16年の改修は農家も含め6集落の合同で建て直したものである。
D-03		大字川中子字城之内、城之内排水機場近く（水田地内）	1					周囲は水田に囲まれている。
D-04		大字川中子字火の橋、農村集落センター敷地内	1					石祠には「火の権坪」という銘記がある。
F-01	旧玉造町	大字沖州、沖州舟溜り（堤防突端付近）	1	舟溜りに正面を向く				6〜7人で講に入って祀る。
F-02		大字八木蒔、問屋の敷地内（堤防内側）	2	湖に正面を向く	○	水害／農業	集落	水神講があり、漁師が漁のない日などに集う。新しい水神宮も漁師が建てた。他方、祭りは集落で当番制にておこなう。
F-03		大字浜、湖岸から伸びる道沿い	1	湖に正面を向く		漁業	集落	かつての水路沿いに位置する。漁師が主体となって祀っていたが、水神様は部落のもの。水神の講には漁師が入る。
F-04		大字玉造甲字高須、梶無川河口近く	1	湖に正面を向く		漁業／水害	漁師→集落	平成8年建立の鳥居は高須51軒中の漁業組合で奉納した。漁師が減ったため部落で祭りや管理をする。
F-05		大字西連寺、西連寺水神下舟溜りそば（堤防内側）	1	湖に正面を向く		漁業／水難	漁師	水神様は漁師・カワの神様。水神宮の所まで舟がきて荷物をあげた。漁師は現在2軒。
F-06		大字手賀、手賀第一舟溜りそば（堤防内側）	2	湖に正面を向く				水神宮と水天宮の石祠が並ぶ。
G-01	旧麻生町	大字五町田（堤防内側）	1					大正時代に漁師によって再建されたものを、平成3年に改めて再建した。
G-02		大字於下字今宿、今宿第二舟溜り近く（堤防内側）	1	湖に正面を向く		漁業／水難	漁師	「水神神社」だが鎮守とは別である。明治31年に湖が荒れた際、祈願して漁民の安全が保たれたという。
G-03		大字橋門、集落内（旧湖岸沿い）	2	湖に正面を向く	×	水難		漁師の減少とともに水神宮への心遣いが減ったという。水神宮に「橋門村中」や「橋門村」との銘記がある。

番号	所在地		個数	水面との関係	移動	機能	担い手	備考
G-04		大字榎門、小高埋立排水機場横（堤防内側）	1	湖に正面を向く				干拓地の湖岸沿いにあり、湖水中には竹が2本刺されている。
G-05		大字島並、島並舟溜り近く（堤防内側）	3	湖に正面を向く				中央の石祠には「水神宮／水天宮」と銘記。
G-06	旧麻生町	大字麻生字古宿、八坂神社境内左	1					古宿の神社境内にあるが、新田集落の水神宮である。
G-07		大字麻生字古宿、八坂神社境内右	1					古宿集落の水神宮。石祠や鳥居には「水神宮」、灯籠には「水天宮」と銘記されている。石祠の傍らに錨と鯛の置物が置かれる。
G-08		大字麻生字蒲縄、古宿舟溜りそば、漁協敷地内（堤防内側）	1	湖に正面を向く		漁業／水難	漁師	以前は湖の入口にあった。蒲縄の元漁師50軒（現在は3人）のまわり持ちで祭りをおこない、各自の自宅にも水神の石塔をもつ。
G-09		大字白浜、北浦大橋と北浦漁港の間（堤防内側）	2	かつての渡船場を向く	×		集落	集落の人びとが広く水に関する無事を祈る水神宮。
H-01	潮来市	大字永山字梶内、食品工場敷地脇（堤防内側）	1	湖に正面を向く		漁業／水害		漁の神であるとともに、塩気の水がくることから水害の神でもあるという。
H-02		大字永山、二ツ家集落（北利根横堤防沿い）	1	常陸利根川に平行方向を向く		水害	集落	水戸宮の石碑によると、水戸藩は工事のたびに各地に水神を祀ったとある。この水神宮は集落全員参加で祭りをおこなう。
I-01		大字上之島、新川幹線排水路沿い	1	用水に正面を向く				水神社。上之島全体の神社である。
I-02	旧東町	大字上須田字押堀、押堀公民館敷地内	1	新利根川に正面を向く				集会所脇に、神輿などとともに置かれる。
I-03		大字上須田字水神、集落内	1	新利根川に正面を向く				水神集落の水神社。
J-01		大字飯出字野中、地先の湖岸沿い	1	湖と逆を向く				堤防土手の内側に裸で置かれている。
J-02	旧桜川村	大字古渡字大坪、大坪用排水機場敷地脇（堤防内側）	1	湖と逆を向く				大坪集落の水天宮。
J-03		大字古渡字下宿、旧古渡橋近く（堤防外側）	1	小野川に正面を向く	○	漁業／水難	漁師	下宿の漁師で祀ってきた水天宮。漁師の当番制で祭りをおこなっていたが、漁師の減少により講を解散した。
J-04		大字古渡字田宿、須賀神社境内	1		○			須賀神社境内に合祀された祠のひとつ。
K-01	旧江戸崎町	大字江戸崎字天王（水田地内）	1		×	漁業／水害	漁師個人	水田地内だがかつての水際。塚のようになっているのは、祭りの際に山から土を持ってきて、盛っていたからである。
L-01		大字大山、大山舟溜り敷地内（舟溜りの堤防突端）	1	湖に正面を向く				一般人立入禁止の舟溜り内の堤防の先端に位置する。
L-02		大字馬掛、安中漁港敷地内（舟溜りの堤防突端）	2	湖に正面を向く				一般人立入禁止の舟溜り内の堤防の先端に位置する。
L-03		大字根火、根火排水機場脇（堤防内側）	1	湖と逆を向く				堤防下に裸で置かれる。根火の地先だが湖岸近くには根火の集落はない。
L-04	美浦村	大字大須加津、大須加津排水機場東（堤防外側）	2	湖と逆を向く				岬の突端部分の堤防外側にある。
L-05		大字木原字浜、木原漁港東隣り（堤防外側）	1			漁業／水難	漁師	石祠はかつて舟溜りにあった。漁協木原支部が管理。木の社は業者への土地提供の見返りとして希望したものである。
L-06		大字舟子字下舟子、古屋集落、古屋排水機場敷地内	2		○	水難	漁師	以前は排水機場沿いに河岸があり、その縁で水神もあった。2人の漁師で管理する。
L-07		大字舟子字下舟子、川端集落（清明側川口横の堤防外側）	2	清明川に正面を向く	○	水難	集落→漁師	漁協が管理をしており、祭りは当番制。集落の水神であり、漁協が祀っているのは戦後に祀る余裕があったのが漁師だったから。
M-01		大字島津、島津第二機場敷地内	1			漁業／水難		以前は集落と湖を結んだ水路岸にあった。石祠の向きは以前と同じ。
M-02	阿見町	大字大室、大室舟溜り東（堤防内側）	1			漁業／水難	漁師	漁業組合で祭りをおこなう。元は湖中に位置していた。
Y-01	旧八郷町	大字柿岡字高友、高友橋近くの恋瀬川堤防沿い（堤防内側）	2	かつての恋瀬川本流に逆を向く		水難／水害	船頭→集落	恋瀬川と小川の合流地点にある。かつては大正始めまであった河岸の水運関係者によって祀られていたが、現在は集落で祀る。
Y-02		大字柿岡字長堀、稲荷神社境内	1		○	水害	集落	以前は恋瀬川沿いに位置していたが、河川改修の際に現在地に移された。

※旧霞ヶ浦町は2005年（平成17年）3月28日よりかすみがうら市に、旧玉造町・旧麻生町は同9月2日より行方市に、旧東町・旧桜川村・旧江戸崎町は同3月22日より稲敷市に、旧八郷町は同10月1日より石岡市に、旧玉里村は2006年（平成18年）3月27日より小美玉市に移行している。

写真6-1　J-03の水天宮（正面）

写真6-2　J-03の水天宮（堤防から）

まり担い手(4)とかかわらせて理解する必要があるだろう。それはすなわち，水神は漁業者によって祀りを担われてきたものが多いということである。

水神の祀りが漁業者によって担われていることが確認できたのは14か所（28か所中）であるが(5)，そのうち11か所で＜漁業の恵みへの寄与＞の機能がみられる。これらの水神では，たとえば，旧桜川村（現稲敷市）のJ-03で漁師が「そりゃいっぱい魚をとらせてもらったのも水神さまのおかげ」と語るように，漁業者自身の経験からこの機能が述べられることもあるし，あるいは漁業組合が祀りをおこなっているから漁業の神だ，との説明がなされることもある。しかも，このような現在の担い手からだけでなく，地元では人びとの過去の経験や記憶にまでさかのぼってこの機能が思いおこされるものなのである。そのため，現在は集落(6)が主とした担い手となっている水神（13／28か所）においても，たとえば旧玉造町（現行方市）のF-04の住民が「昔はほとんどの家が漁業だったから」ということを理由として語るなど，話者の記憶の範囲で＜漁業の恵みへの寄与＞の機能が付与されていることがあるのである（4／13か所）。また，現在は担い手のいない，その意味では放置されている石岡市のC-03水神宮や，

現在は個人がその担い手となっている旧江戸崎町（現稲敷市）のK-01水神宮においても，親世代の漁師が祀っていたという記憶から，同様の機能が説明されている。

ところで少し時代をさかのぼると，戦前から昭和30年代半ばまでにかけて，霞ヶ浦湖岸域において漁業を営む者の数が相当に増えた時期があった。たとえば旧麻生町（現行方市）のM-09においては，最盛期には農業と漁業の集落における割合が，実感として「4分6分」にまでなったという。それは漁業がとくに儲かる業種であったからである。他にも美浦村のL-05においては，当時の平均賃金の倍は楽に漁業で稼ぐことができたというのである。その当時，漁業者たちにとっては，この＜漁業の恵みへの寄与＞が水神に対して願う重要な機能となっていたと想定される。[7]

＜水運業の恵みへの寄与＞の機能と水神の機能の変化

他方，前出の榎本（1992）が銚子地方の水神に見いだしたような，＜水運業の恵みへの寄与＞を水神に託してきた船頭の記憶はすでに人びとの間にはほとんどない。たとえば土浦市にあるA-02の水神宮は，かつては高瀬舟を使っ

写真6-3　A-02の水神宮　　　写真6-4　A-02の湖水中にある鳥居

第6章　霞ヶ浦の水神信仰と祭祀の担い手…………139

写真6-5 A-05の水神宮

て水運をおこなってきた人たちによって祀られてきたものを，漁業者たちが譲り受けたものなのだという。けれども，＜水運業の恵みへの寄与＞についての説明は聞かれず，あくまで＜漁業の恵みへの寄与＞を祈るものなのだという。また，同じく土浦市のA-05にある2つの水神宮の祠のうちのひとつは1877年（明治10年）に建立されたものだが，その側面には「舩持中」と銘記されている。ところが，ここでも現在は＜水運業の恵みへの寄与＞の機能をみることはできない。1896年（明治29年）に常磐線が開通し(8)たことによって霞ヶ浦湖面の運輸としての利用が急速に衰退し，現在の人びとにとっては具体的に経験している人ももはやいないことが，＜水運業の恵みへの寄与＞の機能を言及する人がいないことの理由と思われる。(9)

　このようなことからは，水神信仰の担い手の変化と記憶の継続／切断によって，その機能も変わっていくことが十分に想定される。ゆえに，現在の水神のもつ機能が過去から不変であったと判断するのは早計であるといえる。

　したがって，現在は広く分布している＜漁業の恵みへの寄与＞の機能についても，けっして将来にわたっての固定的なものと考えるべきではないだろう。現在では各地で漁業者の減少が著しく，漁師をしているのは60歳以上の人間ばかりだともいわれる状況にある。実際のところ，すでに漁師が集落に数人しかいなくなってしまったことによって，数年前に祀りの組織である水神講を解散した旧桜川村の事例（J-03）もある。また，先にもみた石岡市のC-03では，父親世代の漁師たちが祀っていたことの記憶を鮮明にもちながらも，現在は担い手をなくして水神に対する世話もなく，放置されたままなのである。

　それら地元において関心が弱まっている水神は，依然として＜漁業の恵みへの寄与＞の機能を保ちつづけているものの，このような条件の変化がさらに進

めば，そもそも何の石祠なのかさえ分からなくなってしまう可能性もある。たとえば潮来市にあるH-01水神宮では，関係者の5人をたどっていくことでようやく水神であることが判明した。ある住民はその水神宮をもともと誰々の家の氏神であったと説明し，祠のそばにあった木を切ったら漁師に怒られた経験を不思議がっていたりするのである。そのような水神のひとつの行き着く先は，神社の境内への合祀となる（たとえばJ-04，Y-02）。

写真6-6　J-04の合祀された水天宮（左から3番目）

＜水害の恐れの解消＞の機能

　さて，＜水害の恐れ＞については，かつての水害の記憶，たとえば洪水がくるたびに水稲を刈ったという記憶は地域的にまんべんなく広く聞かれるのだが，必ずしもそれが水神の機能としては反映されていないようにも思われる。(10)とはいえ，地域的な分布からみれば，それが石岡市，旧玉里村（現小美玉市），旧玉造町という霞ヶ浦の北部に比較的多くみられると指摘することはできる。加えて，霞ヶ浦の最下流にあたる潮来市の2か所（H-01，H-02），小野川下流域にあたる旧江戸崎町の1か所（K-01），また流入河川である恋瀬川の上流部にある旧八郷町（現石岡市）の2か所（Y-01，Y-02）があり，湖岸というよりも川岸において，より水害が意識されている。そのなかでもとくにK-01については，現在は周囲が干拓されて田んぼのなかにポツンと存在しているが，かつては荒れ川であった小野川近くの水辺に位置しており，祭りの際には山から土を持ってきて水神宮の回りに盛っていたのだという。そのため，水神宮のある場所が周囲よりも高く，山のようになっている。現在は土を盛るという行為はおこなわれていないというが，＜水害の恐れの解消＞の機能が祭りでの儀礼と

第6章　霞ヶ浦の水神信仰と祭祀の担い手…………141

写真6-7　K-01の水神宮

結びついていたことが分かる。

　ただここでは、このK-01の水神宮を除き、＜水害の恐れの解消＞という機能はすべて集落で担われている水神において説明されていることに注目しておきたい。その理由については、現状では明確に述べるだけのデータをもちあわせていない。ただ、これまでみてきたように担い手がその性格に強く影響を与えるという水神信仰の特徴から推定して、集落の成員すべてが関係する居住や農業ともかかわって、＜水害の恐れの解消＞という願いが出てきているのだと解釈できないだろうか。

その他の機能

　他方、広く分布している＜水難の恐れの解消＞という機能については、かつて盛んであった湖上交通や水運業がなくなっても、湖にかかわる人がいるかぎり、経験としても記憶としても顔を出す可能性をつねにもつ機能だといえる。たとえば、これは流入河川の上流部である旧八郷町のY-01であるが、かつてそこに河岸があったという記憶をもとに水運業関係者の安全が語られるが、そのことと同列に、集落の人びとが現在まで川とかかわる機会までを含めて＜水難の恐れの解消＞という機能が説明されるのである。[11]

　加えて、＜農業用水の恵みへの寄与＞の機能が現れているのは2か所にすぎない。実際のところ、農業用水のほとんどは河川水が利用されており、その確保が湖に対してとくに求められていないことが分かるし、またそれが現状である。[12]

　また、＜生活用水の恵みへの寄与＞という機能がみられないことからは、人びとが湖に対して、飲用・水洗いなどの生活用水として必要な水の清浄さをとりたてて求めていないことがうかがえる。このことは、現在の湖水が上水道と

いう間接的な利用を除き，直接的な飲用や生活用水には供されていないということから考えれば，肯首できるところである。このような事実も，昨今の霞ヶ浦の水質に対する関心とかかわらせて注目してよいだろう。

　ともあれこうしてみてみると，水神信仰というものは，いうまでもなく，物に書かれた固定的なものというよりは代々口伝えされていくものであり，伝承的性格をもっているということができる。それを言い換えるならば，それゆえにこそ，それぞれの時点での水神の機能をみることで，その時々の人びとの湖とのかかわりのありかた，すなわ

写真6-8　Y-01の水神宮（祭礼）

写真6-9　Y-01の水神宮（祭礼）

ちパートナーシップの様相を理解できるということもできるだろう。

2.2　集落の入口の象徴としての水神

　水神の分布の全体から読みとれることは，これまでみてきた水神の機能に関することばかりではない。それがどの場所にどのように存在しているかということから以下のようなことも指摘できる。

　ひとつには，湖岸域にある水神の多くが湖面を向いていることが注目される。もちろん，霞ヶ浦では少しずつ時期をずらしながらも，全周にわたって堤防建

第6章　霞ヶ浦の水神信仰と祭祀の担い手…………143

設の工事がおこなわれ、水辺の環境がつくりかえられてきた。また、土地改良事業の進展により、陸地の地形も大きく変わった。そのため、ほとんどの水神が移動を経験しているといってよい。けれども、あらためて設置される場合においても水面を向いて設置される例が多いのである。たとえばこれは極端な例であるが、土浦市にあるA-04の水神宮は、もともと水際にあったものが、堤防工事にともなって現在地の湖水中に移動された。しかし、それは依然として湖のほうを向いているため、陸地からはどうやっても正面から拝むことができない。けれども地元では「舟から拝むのが本来だから」と言ってそのままにしているのである。

一方、現在は水面を向いていない水神にも、それなりの理由のあることが多い。たとえば石岡市のC-01水神宮は、現在は堤防の土手の内側の、周囲には田んぼしかないようなところに水面を向くわけでもなく設置されている。その集落の住民によると、堤防工事の際に新しく設置された舟溜りに移すかどうかで議論にもなったそうだ。しかし、かつてこの水神宮は集落の鎮守の神社とその鳥居とをむすんだ直線上に並ぶかたちで今より陸側に設置されていた。また、当時はもともと水神宮があったところまで水面がきていたのだとい

写真6-10　A-04の水神宮

写真6-11　C-01の水神宮

う。集落での討議の結果，この一直線上に鎮守と鳥居と水神宮が並んでいるという位置関係を崩すと禍いが起きるのではないかと考えられたため，同じ線上で同じ向きのまま，現在の位置まで移動されたというのである。つまり，この場合は水面の方が動いたので不自然な向きになっているのである。

　他にも，現在は堤防付近に設置されている水神のなかにも，もともとはかつての舟溜りの入口で水面を向いていたという所も少なくない。その場合，移動しても向きだけは変えられていないことも多いのである（たとえばL-05）。さらに，今までまったく移動を経験していない，移すことを拒まれてきた水神にいたっては，周囲の地形が変わったのだから現在は向きが水面を向いていないことも当然である。堤防の内側で陸のほうを向いている旧霞ヶ浦町B-06の水神宮なども，以前は砂州の岬の先端部分にあったというのである（他にも，G-09）。

　もうひとつ，水神は現在の担い手いかんにかかわらず，基本的にはあくまで集落に帰属するものと考えられているように思われる。それが象徴的にあらわれているのが石岡市のC-02とC-03の両水神宮の関係である。これらの水神宮は，どちらも湖から伸ばされた水路脇にあったものだというが，土地改良事業の際にそれぞれ排水機場の敷地内に移動された。そして，お互いの位置は100mほどしか離れていない。ところが，その間に集落の境界線が走っている。そのため，それぞれの水神の存在する集落の人びとは，自分の集落に位置している水神についてはその記憶や機能を語るものの，隣接しているもうひとつの水神については，ほとんど何も把握していないのである。同様に，他の多くの地域においても，基本的には「この水神さまは○○（集落名）

写真6-12　C-03の水神宮

第6章　霞ヶ浦の水神信仰と祭祀の担い手

の神さま」という説明のされかたが一般的なのである。

　これら，湖面を向いている水神が多いこと，かつて舟溜りや陸地の先端部分に水神が置かれていたということ，水神が基本的には集落に帰属していること，という3点から考えられることとして，湖の側から集落に上陸する者たちにとって，水神が集落の入口を象徴する存在であったのではないか，という推測をすることが許されるかもしれない。水神は，湖面からみたときの集落の〝玄関〟脇に存在してきたからである。このことは，移動を経験していない水神の，そのほとんどの傍らに大きな木があったし，また現在もあることが少なくないことについても，それがある種の目印であったのではないかと考えることで，なおその印象を強める。[13]

3　水神をめぐる人びとの祀りとその変化

3.1　集落の神としての水神

　では，水神がこれまでみてきたような機能や性格をもつ存在であるとして，実際のところ人びとにどのように祀られているのであろうか。というわけで，次にここではひとつの水神宮に焦点をあてて，具体的な祀りのありようを押さえていくことにしたい。とりあげるのは旧麻生町（現行方市）白浜集落に位置するG-09水神宮である。

　その白浜集落は，本章で主としてとりあげた霞ヶ浦（西浦）沿岸部ではなく，東隣の北浦のほとりに位置する世帯数120余りの集落である。かつて近世には，「いまでは到底考えられないような湖全体を管理する巨大な自治組織，広大な霞ヶ浦・北浦に生きるすべての湖の民の組織」（網野 1998：240）があり，それぞれ霞ヶ浦四十八ヶ津，北浦四十四ヶ津と呼ばれていた。白浜は，その北浦における津頭を務める集落であった。現在でも，北浦全体を統括する漁協の事務所が置かれている。集落の湖沿岸には他の地域と同様に堤防が連なっているが，その堤防の内側に，G-09水神宮がある。

　この水神宮の敷地内は，現在にいたるまで丁寧に手が入れられ続けている様子がうかがえる。ここには水神を祀る石祠が2つ安置されているが，古いほう

の水神宮は1722年（享保7年）の建立である。また，水神宮の手前には常夜燈が2つ置かれており，右の常夜燈は1800年（寛政12年）に奉納されたものである。一方，新しいほうの水神宮の石祠，また左の常夜燈はいずれも1984年（昭和59年）に設置されたものである。さらに，1990年（平成2年）

写真6-13　白浜集落G-09の水神宮（祭礼）

には以前水神宮のそばに生えていたというサルスベリを再び植樹し，2000年（平成12年）には石造りの新しい鳥居が奉納される，といった具合である。

　このうち，1800年（寛政12年）の常夜燈には「舩中安全／魚漁□□（□は判読できず）」との銘記がある。この銘記や白浜の歴史的な位置づけからは，水神宮のもつ機能として，＜漁業の恵みへの寄与＞および＜水運業の恵みへの寄与＞，一方での＜水難の恐れの解消＞があることをただちに予想させる。実際のところ，かつて白浜では漁業および水運業に従事する者を成員とした講組織として水神講をもっており，旧暦9月28日の水神宮の祭礼はこの水神講を中心として担われてきた（三宅 2004：267）。住民も白浜が漁場であり続けてきたことをふまえ，漁業の神であることに一定の重みをおいているのだという。

　ところが，住民たちはこのような＜漁業の恵みへの寄与＞や＜水難の恐れの解消＞という水神の機能を認めつつも，けっしてそれだけが水神の性格ではないのだという。白浜の住民たちに共通する水神の説明は，水神さまは水に関するあらゆる神である，だから，漁業者だけでなく集落の住民全体にかかわる重要な神なのだ，というものである。[14]ある住民の実感では，漁業の最盛期であった戦前から昭和30年代にかけての際には，集落における農業と漁業の割合が「4分6分」にもなったという。ただ，その時にも人びとは田や畑を耕してきた。白浜には鎮守として稲荷神社があり，農耕全般に関する神としては稲荷神社の

第6章　霞ヶ浦の水神信仰と祭祀の担い手…………147

ウェイトが高いという。しかし，それでも田や畑の水が枯れては困るのであり，この水を差配するのが水神だとするのである。つまり，＜農業用水の恵みへの寄与＞という機能も担っているというわけだ。また，白浜集落の屋敷地は若干高い土地にあるため床上まで水に浸かった記憶はないというが，それでも霞ヶ浦下流に逆水門ができるまでは庭まで水がきたといい，田畑はさらに土地が低いので水稲を刈った経験もあるのだという。白浜の水神は「洪水の際には龍の長い体を使って堤防になると信じられている」（三宅 2004：267）。だから，＜水害の恐れの解消＞の機能も担うものだというのである。

　このように，白浜では，水に関するさまざまな機能を水神はもっていると考えられている。だからこそ，集落すべての住民にかかわる神であるとされているのである。それは，水神祭祀の現在の担い手が集落となっていることとも結びついており，集落の神としての水神の性格が読みとれる。

　実際，1984年（昭和59年）になされた新しい水神宮や常夜燈の設置等の改修は，集落の講員全体によって担われた(15)。これは，堤防建設工事にともなって水神宮の再配置がおこなわれた際に，集落のほうからおこった動きであった。

　以前の水神宮周辺の湖岸沿いは，砂浜が続いていたといい，砂州のようになっていたという。また，水神宮前を通る道はかつてのメインストリートであったが，これは水神宮の前方の渡船場につながっていた。かつて湖上交通が盛んであったころは，大きな町に出向くといえば，この渡船場から北浦対岸の掛崎に渡るのが主であった。さらに，集落の住民たちの多くは舟をもっていたが，これも砂浜に揚げていたといい，まさに水神宮は湖面からの玄関にあたる位置にあったといえる。

写真6-14　水神宮と湖との位置関係

　その水神宮が，堤防設置

の際には堤防の内側になってしまうことが分かった。そこで，水神宮からカワ（北浦）が見えなくなっては水神さまに申し訳ない，また，カワを見ずに祭りをするとは何事だ，ということになり，堤防工事の責任者である水資源開発公団に水神宮の敷地を土盛りして高くさせたのだという。一方で，集落でも講員からの寄付金を集め，先にみた改修をおこなった。敷地内に置かれている，当時の重立ちによって「白浜乃水神宮の御社を黄金つどいて改築ぞ成る」と詠われた石版も，この改修が集落によって大がかりに担われたことを表明している。

3.2 水神宮の祭礼と日常のかかわり

　ここで，この白浜集落における水神宮の祭礼を概観しておきたい。水神宮の祭礼は現在も旧暦の9月28日であり，これに合わせて毎年の期日が決まる。ちなみに2004年（平成16年）は11月10日であった。現在の水神宮の祭礼は集落の講員で当番をまわりもちしておこなっており，当番は毎年，通りにほぼ沿ったかたちで5軒ずつが担当になる。祭礼参加者は，区長2人，神社総代5人，当番5人，次年の当番である下当番5人，それに禰宜を加えた18人からなる。祭礼に際しては，前日に幟が立てられ，新しい注連縄が巻かれる。祭礼当日は水神宮前にゴザが敷かれ，そこに参加者が座って神事をとりおこなう。ちなみに水神宮への供え物は果物・スルメ等の乾物・米・大根・水・酒である。また，生きたままのコイがハラアワセで供えられる。祭礼は午前9時ごろから開始され，禰宜が祝詞を奏上，また参加者全員が玉串を奉納する。神事自体は45分ほどで終わるが，その後，同地にて御神酒が場に降ろされ，ナオライがとりおこなわれる。なお，以上の祭礼の神事は限定されたメンバーで執行されるが，その後，集落センターではナオライの祝宴と呼ばれるふるまいもおこなわれ，そちらには集落の誰もが来てよいことになっている。[16]

　祭礼における役割の分担と費用については，前日に幟を立てたり当日のナオライ，ナオライの祝宴に出される料理等を準備，また祭礼の後片づけをするのは当番の役割である。白浜では毎年，水神宮の祭祀料として講員である各家より500円を徴収しており，これが費用にあてられる。また，当日巻かれる注連縄は祭礼の10日ほど前に神社総代たちが集って編んだものであり，注連縄を

写真6-15　神社総代による注連縄の準備

写真6-16　水神宮の祭礼

写真6-17　ナオライの祝宴

巻くのも神社総代である。祭礼の際の供え物も神社総代によって用意されるが、これも祭祀料からまかなわれる。ただし、ハラアワセのコイだけは、当番が用意するものである。さらに、禰宜の祈祷料は白浜の祭りという位置づけがされていることから、区費でまかなわれている。

　以上からは、集落が水神信仰の担い手として湖とかかわってきたことがよく分かる。加えて、このようなフォーマルな側面だけでなく、人びとは日々の日常のなかでも、水神とのインフォーマルなかかわりをもちつづけてきた。たとえばある漁師は、区長や神社総代も務め、祭礼にも深く関わってきた経験があるという。だが、普段はとりたてて水神宮に手を合わせるようなことはない。それは、水神宮を通りがける際に「オッ」と挨拶することで水神と通じているからなのだという。その挨拶のなかでは、水神と「水神さま、今日はご苦労さん、オヤジ（漁師のこと）、ご苦労さん」というやりとりがあるのだといい、

このようなやりとりの結果として，水神が「オレを守ってくれる」のだという。しかもこれは漁師が漁に出るときだけに限らない。田んぼを耕すときにも同様であるし，水にかかわる際の，漁師のいっさいの健康を守ってくれるのだという。つまり，この漁師は祭礼などのフォーマルなかかわりだけでなく，それに加えて，水神と心持ちの水準で通じているがゆえに，水に関するあらゆることから水神が守ってくれるのだ，と考えているのである。

　他方，水神に対する鮮明な記憶として残っている経験を語る住民もいる。ある男性は，戦時中に召集命令がきて出征することになった。戦地に向けてまさに白浜を出発するというそのとき，男性は鎮守である稲荷神社にて武運祈祷をしてもらい，それから見送りの人びととともに渡船場に向かって歩いていったのだという。渡船場の手前には水神宮がある。そこで男性たちは歩を止め，水神宮にもういちど手を合わせ，それから見送られながら舟に乗ったということを覚えているという。その男性の家では3人の息子たちが戦地に赴いたというが，両親はその間じゅう，鎮守の稲荷神社とともに毎朝，水神宮に参りつづけたというのである。

　結果として白浜に帰ってこられたのは兄弟のうちでこの男性だけであったというが，ここで男性が出征に際して祈った水神，また両親が息子たちの帰還を願いつづけた水神とは，もはや普段求められるような機能を備えた存在を飛びこえているのである。このように水神は，出発した湖から再びこの地に戻ってこられるようにとの祈りまでを含めて，住民たちの願いを受けつける存在となってきたことが分かる[17]。

4　水神信仰を支える〝有志〟の存在

4.1　祭りの変化と祀りの担い手

　このようにみてくると，白浜集落の水神はフォーマルにもインフォーマルにも人びととのかかわりが色濃く堅持され，昔からの祀りのあり方が変わらず伝承されてきたように受けとれる。だが，霞ヶ浦湖畔に多数ある水神のなかでも相対的にかなりキチンと祀りつづけられているこの白浜の水神にしても，けっ

してずっと同じ姿を保ってきたというわけではない。そのことは、ここ数十年という近しい過去をさかのぼってみるだけでも容易に看取することができる。

ここで注目したいのは、かつて水神宮の祭礼と同日におこなわれていたジンジという行事の存在である。このジンジは各家庭でそれぞれにおこなわれていたが、その内容は盆や正月と並ぶ1年でいちばんのご馳走をつくり、集落外の親戚や友人を呼んで賑やかにすごすというものであった。ジンジは白浜だけでなく周辺の集落でもおこなわれていたのであるが、集落によってジンジの日は異なる。そのため、ほうぼうの集落のジンジに呼ばれ、また呼ぶことが白浜の人びとにとっての楽しみになっていたのだという。かつての水神の祭りとは、集落外の人びとにまでオープンな側面をもっていたのである。

このジンジは昭和20年代まではおこなっていた記憶があるという。けれども、戦後の生活改善運動によって多くの祭りの期日が同日になってしまい、よその集落に呼ばれて訪ね歩くということができなくなってしまった。また、そのような祭りのあり方というのは後進的なものとみなされてとりやめる方向での行政の指導がなされるにおよび、ついえることになってしまったのである。

そのような事情から、その後はもっぱらナオライの祝宴に住民たちが多く集うようになっていったというが、これも北浦対岸での鹿島開発などを経て集落の産業構造が変化し、勤め人が多くなると、次第に参加者も減っていく。たとえば、2004年(平成16年)のナオライの祝宴では、集落の漁業者などから酒の奉納が多数おこなわれていた一方で、祭礼参加者以外で祝宴にやってきたのはただひとりであった。(18)当然ながら、祭礼のあり方についての議論が巻きおこったりもする。実際、この年のナオライの祝宴でも、当番を担う若い世代から総代長(神社総代の代表)に、今後も水神宮の祭礼を担っていくためには祭礼日の休日への変更や準備の簡略化も考慮すべきなのではないかという相談がもちかけられていた。

このように、一見堅固にみえる白浜の水神をめぐる祭祀も、その祀りの担い手たちの位置づけやその内容までも時々に変えながらおこなわれてきたのである。そして現在も、さきにみた若い世代からの議論のように、水神の祭りはふたたび不安定な存在になってきているようにもみえ、祭礼のあり方がさらに変

化していく可能性をみてとることもできる。この点について，若い世代の要求を一身に受ける総代長は「伝統を維持しながら祀りをかえていくのも難しい」とその苦労を表現するが，ここで注目したいのは祭礼に当番として参加していた70代の住民（勤め人の息子の代参として参加）の反応である。その住民は若い世代と総代長とのやりとりをみて，いまや要求を受ける側になってしまったけれども，自分たちが若かった数十年前にも，同じように当時の長老たちに対して祭礼のあり方についての議論をしかけたものだと述懐していたのである。つまり，水神の祭りに対しての変化の要求というのは生活改善運動のような集落の外側から暴力的にふりかかってくるようなものだけではなく，集落内部においても過去からつねに繰りかえされてきたようなものであり，そこでの時々の変化というものも含めたところで，地域における水神信仰は伝承されてきたのだ，ということなのである。

4.2 水神信仰を伝承する〝有志〟への注目

　ここで白浜集落から目を転じ，霞ヶ浦全体に戻って水神信仰を考えてみても，その役割にはすでに大きく変化が起こってきた／いるようにも思われる。本章の前半で検討してきた水神の機能群に関しても，その＜恵みへの寄与＞という側面については就業可能な業種の増加や交通における代替手段が普及し，また＜恐れの解消＞については堤防設置などの条件整備により緩和されるなど，全体としては弱化しているようにもみえる。そこで検討を加えた水神の〝ムラの入口論〟にしても，水上交通が途絶え，漁師が減り，地形が変わったいまとなっては，すでに玄関としての役割もさほど重要ではないということも可能であろう。

　そのようにして地元からの関心を弱めた水神のひとつの行き先が，神社への合祀であるということはすでに述べたとおりである。また，土地改良や堤防建設の際に新たに設置された排水機場の，フェンスに囲まれたクローズドな敷地内に移された水神が多いという事実も興味深い。たとえば美浦村のL-06水神宮は，かつては湖からつづく河岸の脇に位置していたが，堤防ができた際に河岸を埋めて，水辺から遠ざかってしまった。現在までこの水神の世話をしている漁師によると，そのとき「人は霞ヶ浦と縁を切ったんだ。そして，水神宮は

湖と縁切りをしたんだ」という。つまり，その時点でこの水神宮は，人びとと湖とをつなぐ，象徴としての意味を失ったと認識されてしまったのである。それでも，その後しばらくは蓮田に囲まれながら同じ場所に置かれていたというが，昭和50年代後半の土地改良事業にともなっていよいよ居場所がなくなり，現在の排水機場内に移されたのである。[19] この漁師が世話をできなくなったとき，このL-06水神宮の記憶としての縁も切れることになるのかもしれない。

だが，このように役割を弱めていく水神が確かにある一方で，水神信仰がその担い手や機能を変えながらも継承されてきている事例も数多いということに注目したい。前出の例でいえば，土浦市のA-02水神宮などは，かつては水運にたずさわってきた者たちによって祀られていたものが漁業者に譲られたものであり，現在の水神の機能も＜漁業の恵みへの寄与＞とされるようになっているのはすでにみたとおりである。

また，美浦村のL-07水神宮では，戦前までは集落によって祀りがおこなわれていたというが，それが現在では集落内の漁師たち（現在は8人）によって祀りが担われている。ある漁師はこのことについて，戦後，集落のみなの生活が苦しい時分に祀る余裕があったのは漁師の方だったからだという説明をおこなう。[20] なぜなら「この水神宮はあくまで川端の部落の神さまだから」というのである。ちなみにこのL-07水神宮は地元では〝荒れ神さま〟と認識されており，水難によって土浦あたりで溺れた人が，ここによく流れついていたのだという。このように，死人がたどりつく場所であるので，ないがしろにするとバチがあたる。だから，誰が祀るにしろキチンと祀らなければならないというのである。その意識は現在までもつづいており，たとえば1995年（平

写真6-18　L-07の水神宮

成7年）には鳥居等の改修に50万円をかけたというが，その費用もすべて漁師たちによってまかなわれているのである。

　さらに，この担い手を転換しての継承というのはL-07のような集落の水神というだけでなく，たいへん個別的な水神に対してもおこなわれてきた。個別的というのは，個人によって祀られていた水神という意味である。石岡市にあるC-04水神宮は，現在は舟溜りに設置されているが，もともとは恋瀬川の岸辺にあったもので，昭和のはじめごろ現地で貸し船業を営んでいた女性によって建立され，釣り客の安全を祈って個人的に祀られていたものなのだという。それが，昭和50年代後半の河川改修の際に移動させる必要に迫られたのであるが，当時すでに女性は亡くなっており，担い手が存在しなくなっていた。処遇に困った現場の工事責任者が区長をとおして地元に相談したところ，その女性のことを知っていた漁師たちがこの水神宮の管理を引きうけることになり，現在地の舟溜りにあらためて設置しなおされることになったのである。しかも，祭りもその女性がおこなっていた期日（12月12日）を受けついで現在まで継続的になされているのである。

　これらの事例と，水神が基本的に集落に帰属するものではないかとの推測とを考えあわせると，現在のところ，漁業者たちが集落の〝有志〟として祀りを担っている場合が多いと考えられる。それは，水神の機能において＜漁業の恵みへの寄与＞が広く分布していたのと同様，現在，湖に関係している主な人びとが漁業者であるということが理由であろう。しかし，これは今後の顕著な傾向になっていくかもしれないが，漁業者もだんだんと少なくなっている昨今では，逆に漁業者たちが水神の世話を担えなくなることで，集落がその世話を引きうける場合もみられだしているのである。たとえば旧玉造町のF-04水神宮がそうであるし，旧玉里村のD-01もそうである。もちろん同様の事情によって放置されるにいたる水神も数あるとはいえ，このようなことからは，白浜集落の水神でみたような祀りのあり方の変化というだけでなく，その時々の条件によって水神信仰の担い手さえ変わっていくこともやむをえない，あるいは当然だと人びとは考えていることがうかがえるのである。

　すなわち，これまで人びとは水神という象徴を媒介とした霞ヶ浦とのパート

ナーシップを一貫してとり結んできたけれども、つねにそのパートナーシップの中身というのは変化をともなうものでありつづけてきた。それが霞ヶ浦流域における伝承のありかたということができるであろうが、その伝承に際して鍵となってきたのが集落の〝有志〟たちの存在であった。そしてこの〝有志〟たちは、いまも、人びととの間にさまざまなかたちでのパートナーシップを結びつつ（あるいはあるパートナーシップは更新されたり解消されたりもしながら）、新たな伝承の方途を模索しているのである。

5　おわりに

本章では、霞ヶ浦湖岸域に点在する水神宮をめぐる信仰の分析を通じて、水辺に住む人びとと霞ヶ浦とのパートナーシップについて考えようとしてきた。ここで最後に、得られた知見をまとめておこう。

まず、水神の機能の分布状況から、霞ヶ浦（西浦）全体の特徴として、水神信仰には＜漁業の恵みへの寄与＞という機能や＜水難の恐れの解消＞という機能が地域的に偏りなく広く分布していることが分かった。それは、現在湖に関係している主な人びとが、記憶や想起も含めた広義の漁業者であることによると思われる。他方で、＜生活用水の恵みへの寄与＞や＜農業用水の恵みへの寄与＞、また＜水運業の恵みへの寄与＞といった機能はほとんどみることができなかった。ここからは、湖の現在の利用形態として漁業が強く認識されている一方で、水そのものの利用についてはあまり意識されていないことが分かる。したがって、湖の水質に対する現在の人びとの期待というのもほどほどのものと解釈できる。

さらに、湖面を向いて設置されている水神が多いこと、かつての舟溜りや陸地の先端部分に水神が置かれていたこと、そして水神が基本的に集落に帰属するものであるということの3点から、水神が集落の入口を象徴する、湖面からの玄関としての役割をもっていたのではないかと推定した。すなわち、湖にかかわる自治組織としては伝統的に集落がその単位組織となってきたといえる。現在のところ、多くの地域で、湖との直接的なかかわりをもつ漁業組織が集落

を代表する〝有志〟としてそのかかわりを支えているということもでき，湖とのパートナーシップを代表する主体は，その意味でもちこたえているという現状にある。

　ただ，本章の検討によって，集落の〝有志〟たちは人びとの間にもさまざまなかたちでのパートナーシップを結びながら，霞ヶ浦とのパートナーシップをそのときどきの条件に応じてつねに模索してきた／いるのだということも明らかになってきた。つまり，集落という地域コミュニティと霞ヶ浦を結びつける媒介項のひとつとして，水神信仰はいまもその可能性を失ってはいないのである。このことは，たとえば今後の霞ヶ浦をめぐって地域コミュニティを出発点にした施策を考えようといったときにも，現場の発想を理解するためのひとつのヒントとして活かすことができるように思われる。また，その際には，水神信仰そのものの把握もさることながら，そこでパートナーシップの担い手たろうとする〝有志〟たちの生成や転換にこそ注目し捉える必要がある，ということも指摘できるだろう。

【注】

1）たとえば佐賀泉（1999）は，霞ヶ浦（西浦）と北浦の湖岸沿いで81か所の水神宮を確認している。

2）また，土浦市では14基の水神の石祠が確認されている（土浦市教育委員会編 1985）。他にも，たとえば旧潮来町（現潮来市）では33基（潮来町史編さん委員会編 1991），旧江戸崎町（現稲敷市）で8基（江戸崎町史編さん委員会編 1988），美浦村では20基（美浦村史編さん委員会編 1986），旧北浦村（現行方市）で23基（北浦村教育委員会編 1989）などの所在が明らかになっている。

3）調査は主として2004年7月〜11月の間におこない，そこに適宜，追跡調査を加えた。ただしこのうち，個別の水神の機能について明確に確認できたのは30か所，祀りの担い手について確認できたのは28か所にとどまる。本章で論じるのは，この30か所および28か所の事例から読みとれることに限定されていることを断っておく必要がある。なお，同じ場所に複数の水神の石祠が祀られている例が多数あるが，本章では複数の場合でも1か所というように，場所ごとにまとめるかたちをとっている。それは水神信仰の現在の担い手に注目するためである。

4）本章でいう担い手とは，水神宮の祭礼や日ごろの世話を主として引き受けている主体，という意味で用いている。
5）ちなみに，集落が主とした担い手になっているのは13か所，個人が担い手となっているのは1か所が確認できた。
6）ここでいう集落とは，人びとの集落意識に応じて現実には旧村から坪単位まで多様なかたちをとるが，本章では一括して集落と表記する。
7）旧霞ヶ浦町（現かすみがうら市）のB-06水神宮について調査した仲田安夫（1975）は，集落の十人組と呼ばれる組織によって漁業豊饒，水難防止を願ってはじめられた水神宮の祭りへの参加者が，1873年（明治6年）に16人だったのが，1952年（昭和27年）には181人，1955年（昭和30年）には193人にもなったことを当地の水神祭帳から明らかにしている。
8）土浦－田端間に開通した，当時の日本鉄道会社土浦線のことである。ちなみに，翌年には銚子－東京間に総武鉄道も開通している。
9）今回の調査では押さえていないが，井坂教（1975）は旧小川町（現小美玉市）の旧小川河岸にある水神宮をとりあげ，かつて50余りの舟が河岸に常時停泊していた大正時代まで，水運業者たちによって水上生活者の安全と商売繁盛の神として盛んに祀られていたことを記述している。ちなみに水神の機能は「河岸がさびれると専ら水禍防止を祈願するように変った」（井坂 1975：91）ということであり，井坂の記述した1975年（昭和50年）の時点ですでに「現代子からは邪魔物扱いされている」（井坂 1975：91）ような存在になってしまったという。
10）ただし，たとえば旧潮来町（現潮来市）を中心に調査した藤島一郎（1995）は，水神の祠の建立年と実際に洪水のおこった年の関係から「水神の祀られている年代は，水害があった年の次の年あたりに多く見受けられる」（藤島 1995：25）という報告をしており，注目に値する。ただ，現在の手持ちデータからは，この藤島の報告結果と現在の＜水害の恐れの解消＞の機能とに，明確な関連を見いだすことはできていない。
11）なお，つい先ほど＜水運業の恵みへの寄与＞を水神に託した船頭の記憶はすでに人びとの間にほとんどないと述べたが，このY-01においては話を聞いた住民の祖父が大正のあたりまで舟運に従事していたという。それによると，当時は川の水が増える時期になると舟の通行に都合がいいため，農作業を放りだして舟運に従事したのだといい，それゆえ家族はその間，祖父の顔をちっとも見ることができなかったのだという。ちなみに，そのころの舟はふたり乗りで，水神宮の位置する恋瀬川上流から霞ヶ浦にいたるまでを夫婦ふたりで行き来していた。また，そのころの恋瀬川の行程は「クジュウクマガリクリハッチョウ（九重九曲九里八丁）」

とよくいわれたものだといい，＜水難の恐れの解消＞という水神の機能が大いに求められていたことが推察される。

12）水の神が水利とかかわって信仰されていることは，研究史の節であげた小野重朗（1979）も指摘するように，全国的には広くみられる現象である。となると，湖岸域だけではない河川域での水神信仰のありようを見る必要も出てくるだろうが，現在のところ，霞ヶ浦周辺の河川域における水神信仰については，まだ十分な研究蓄積がなされていない状況にある。

13）もっとも，いうまでもないことだが民俗学の研究の成果として，石祠よりもその後ろの樹木が，本来の神の象徴であったという指摘を知らないわけではない。前述したH-01水神宮で，ある住民がそばにある木を切ったところ漁師にたいへん怒られたという事例なども，端的にそのことを物語っているといえる。しかし，他面，目印でもあったであろう。実際，保立俊一（1994）によると，土浦市のA-01水神宮では岸から10ｍほどの湖中に鳥居が建っていたが，そのさらに100ｍほど沖に，注連縄を張った大きな一本松が立てられていたという。これは「水神様の御神木としてもあつかわれ」（保立 1994：80）たというが，さらに沖には二本松，三本松も立てられ，これらは土浦に入る際の舟の航路を示す存在として大切にされていたという。

14）ただし，このような説明は水神宮をよく知る年輩の住民たちのものであり，集落内の水神に関する認識には当然のことながら濃淡がある。たとえば，2004年（平成16年）の水神宮の祭礼で当番を担った50代はじめの男性は「俺たちは水神宮の祭りはなんでやっているのかまったく知らなかったから」といい，当番をするにあたって神社総代をはじめとする長老たちにさまざまな相談事をしていた。

15）集落との関係でいえば，集落の鎮守である稲荷神社の氏子組織は稲荷講と呼ばれ，これは集落内を5つの組に分け，それぞれが組織をもっている。また，それぞれの組から神社総代が選出される。水神祭祀における現在の講員は，これら5つの組の氏子を合わせたものと同一となっている。

16）ちなみにナオライの祝宴は，以前は当番宅でおこなわれていたという。当番宅から集落センターでの祝宴，という形態の変化について，ある住民は住居の間取りの変化と，当番の負担の軽減という2つの理由をあげていた。

17）五十川飛暁・鳥越皓之（2005）では，このような人びとの心持ちの水準での水神とのかかわりについて，〝無事〟という概念を用いて検討をおこなった。それは内山節の論じた「無事な関係」（内山 1998：47）という考え方に通じるものである。

18）このただひとりの人物がやってきたのは，同い年の友人が3人当番にあたっているからであった。また,座においては「毎年顔を出している○○さんが来てないな」

という声も聞かれた。このように，傾向として，ナオライの祝宴にはいつも来るような人物がいて，さらに当番の友人たち，また漁業者がよく顔を出すものなのだという。
19) ただし，その移設に際しては「曲がりなりにも筋を通さなければならないから」ということで，漁師や土地改良区の立ち会いのもとに，禰宜を呼んでキチンと儀式をおこなったのだという。少なくともこの漁師にとっては，水神を排水機場のなかに移動させるという行為が曲がったこととして意識されているということが読みとれる。
20) 実際，たとえばある漁師は「当時の平均賃金が300〜500円であったころに，少なくともその倍の1000円は楽に稼ぐことができた」記憶があるという。

＜参考文献＞

網野善彦，1998，「海夫と湖の世界」『中央公論』113（10）：238-245．
出島村教育委員会編，1978，『出島村史（続編）』出島村教育委員会．
江戸崎町史編さん委員会編，1988，『江戸崎の石仏・石塔（二)』江戸崎町史編さん委員会．
榎本正三，1992，『女たちと利根川水運』崙書房．
藤島一郎，1995，「潮来町の水神社」『水郷の民俗』水郷民俗研究会：25-36．
保立俊一，1994，『水郷 つちうら 回想』筑波書林．
池上廣正，1959＝1976，「自然と神」『信仰と民俗』平凡社：137-156．
井坂　教，1975，「旧小川河岸の水神宮」『茨城の民俗』14：90-91．
五十川飛暁・鳥越皓之，2005，「水神信仰からみた霞ヶ浦の環境」『村落社会研究』23：36-48．
潮来町史編さん委員会編，1991，『潮来の石仏石塔』潮来町史編さん委員会．
北浦村教育委員会編，1989，『北浦の民俗』北浦村教育委員会．
美浦村史編さん委員会編，1986，『美浦村石造物資料集』美浦村教育委員会．
三宅哲平，2003，「麻生町白浜における信仰形態の諸相──寺院神社とその祭りと習俗から」筑波大学民俗学研究室編『フィールドへようこそ！2003──北浦の民俗』筑波大学民俗学研究室：261-277．
宮本常一，1958＝1976，「井戸と水」『生活と民俗』平凡社：165-187．
宮田　登，1983，「呪ないの原理」『日本民俗文化大系4 神と仏──民俗宗教の諸相』小学館：417-428．
────，1993，「霊山信仰と女人禁制」『山と里の信仰史』吉川弘文館：3-28．
仲田安夫，1975，「水神さまについて」『茨城の民俗』14：103-104．

直江広治，1971，「利根川流域の水神信仰」九学会連合利根川流域調査委員会編『利根川――自然・文化・社会』弘文堂：288-298.
野本寛一，1999，「環境観と神観念」『大地と神々の共生――自然環境と宗教』昭和堂：84-113.
小野重朗，1979，「水の神」『講座・日本の民俗宗教3 神観念と民俗』弘文堂：210-224.
大森恵子，1985，「稲荷と水神信仰」『日本民俗学』157：117-132.
佐賀　泉，1999，「霞ヶ浦の水神宮」『筑波の友』158：10-11.
土浦市教育委員会編，1985，『土浦の石仏』土浦市教育委員会.
内山　節，1998，「近代的自由観からの自由」内山節ほか編『ローカルな思想を創る――脱世界思想の方法』農山漁村文化協会：46-88.
藪　敏晴，1992，「『日本霊異記』行基関連説小考――水神零落譚試論」『説話文学研究』27：33-43.
柳利佳子，1996，「我孫子市の水神」『西郊民俗』157：26-31.
吉成直樹，1991，「七夕，盆行事にみる水神祭祀としての性格」『日本民俗学』187：31-66.

本章は，五十川飛暁・鳥越皓之，2005，「水神信仰からみた霞ヶ浦の環境」『村落社会研究』第12巻3号（通巻23号）の筆者執筆部分をもとにしつつ，新たな事例も加えて書きあらためたものである。

第 7 章

水質浄化のボランティア

荒川　康

1 問題の所在

1.1 環境ボランティアの特徴

　環境問題が広く人びとの関心を引くようになった現代の日本において，身近な環境に目を向け，そこに存在する課題の解決をめざす取り組みは次第に広がりを見せている。なかにはそうした取り組みを組織化し，NPOやNGOとして大規模に展開する例も見られるようになってきた。霞ヶ浦にもそうした比較的大規模な環境NPO／NGOが存在する。第1章で取り上げたNPO法人アサザ基金や社団法人霞ヶ浦市民協会が代表的な例といえるだろう。

　しかし，こうした大規模な組織や公的機関（国県市町村などの行政機関やその関連団体）による精力的な環境保全活動のほかにも，活動の規模は小さいながら自発的な取り組みを続けている人びとが存在している。本章では大規模NPOなどの活動の陰に隠れがちなこうした人びとの地道でボランタリーな活動に焦点を当てながら，これら諸活動のもつ社会的意義について考えてみたい。

　ところで，環境保全に関わる自発的な活動やその担い手を「環境ボランティア」と呼ぶならば，この環境ボランティアには，福祉など他の分野のボランティアと比較したときに，特徴的なことがらがある。それは，福祉ボランティアが「する側」と「受ける側」がともに人間であり，人間相互の複雑な感情や社会関係が問題となるのに対して（西山 2003），環境ボランティアの場合は活動対象が「物言わぬ自然」であるために，1対1の人間関係に深入りすることが比較的少ないのである。

　ただし，だからといって環境ボランティアが手放しで活動を実施できるかといえばそうではない。なぜならば，環境ボランティアが活動対象としている自然環境は社会から切り離された存在ではなく，所有者がいるのはもちろん，通常は当該自然環境を利用・管理する人たちが存在するからである。とりわけ，入会地や集落地先の漁場など伝統的に自然利用がなされてきた場所の場合には，特定集落や組織が深く関与している。そのため環境ボランティアが考える「望ましい環境」を実現しようとすれば，活動対象となる自然環境に関わる他の組

織や人びととどのような関係をもつかが活動に大きく影響することになる。言い換えれば、環境ボランティアは自然環境を活動対象としているために、1対1の人間関係に深入りすることは少なくても、一方で活動をはじめようとした途端に、地域社会をはじめとする様々な人間関係を避けて通ることはできないのである。

1.2 環境ボランティアの落とし穴

　環境ボランティアのもう一つの特徴は、比較的組織立った活動がしやすいということである。「物言わぬ自然」を相手にするために、現場におけるその場その場の判断よりは、科学的知識に裏打ちされた計画に基づいて、システマティックに活動を企画、実施しやすい側面があるのである。そのため、活動が大規模化する誘因が他の分野に比べてより大きいということができるだろう。

　この組織的な活動になじみやすいという環境ボランティアの特徴にはしかし、ある落とし穴が潜んでいる。それは環境ボランティアが高度に組織化、大規模化すればそれだけ、実際に活動する人びとは事前に計画されたシステムに則って、そのごく一部を担当することしかできなくなるというジレンマである。そのことは二つの面においてとくに注意を要する。一つは組織のもつ求心力の低下である。高度に組織化された巨大組織は次第に役割が細分化され、結果として官僚制に近いものになる。そうなると、自発性に基づいて組織化されていたはずの環境ボランティアが、次第に組織内の力学に振り回され、組織に所属していることが重荷に感じられるようになってくるのである[1]。

　もう一つは、ボランティア本人が無自覚のまま組織に動員されるという危険性である（中村・金子 1999）。「環境保全活動は良いこと」なので「自分も何かしてみたい」という思いで大規模な環境ボランティアに参加した場合、自らの環境観を反省することなく、当該組織に備わっている環境観が後付けで参加者に与えられることになりがちになる。すると、自らの自発的な考えに従って行動することがボランティアの本来的な姿だとすれば、自らの行動や考え方が組織によって常にコントロールされるこうした事態は、本末転倒であるだけでなく、危険ですらあるといえるだろう。

1.3 本章の目的

そこで本章では，以上のような落とし穴に陥ることなく活動が可能となる環境ボランティアのあり方を，霞ヶ浦に流れ込む小河川における水質浄化の取り組みを事例に分析的に論じていきたい。

本章で取り上げるこの取り組みの特徴は，組織が大規模化する際に見られる負の要素をできるだけ避けるように組織化されている点である。たとえば，最小の組織構成（2名）を核としながらその都度参加者が変化することや，自らの活動が私事であり，あくまでも自分たちは素人であると自認している点，さらに当該河川周辺で暮らす住民との関係に最大限の敬意を払っている点などである。これらのしくみを備えることによって，なぜこの取り組みはボランティア本来のもつ自発性・創造性を損なうことなく活動が可能となったのであろうか。以下ではそのカラクリを，関係者へのインタビューによって得たデータをもとに，できるだけ活動している人たちの目線に近づきながら論じていきたい。

2 事例地の概要

2.1 水郷潮来というところ

潮来市は茨城県の東南に位置する人口23,000人あまりの小都市である。東部（北浦），西部（常陸利根川）および南部（外浪逆浦）が水で囲まれ，北部の僅かな台地を除けば広く低地になっている。ここは古くから水運による物資の中継地として栄え，また江戸中期以降は鹿島神宮，香取神宮，息栖神社への「三社詣」の遊覧客でもにぎわうようになり，遊郭もつくられた。しかし，明治に入り，しだいに輸送の中心が鉄道や車に移っていくと，この地を取り囲ん

写真7-1 前川の景観

でいる水は物資輸送の障害と考えられるようになっていった。

　潮来がふたたび脚光を浴びるようになるのは，戦後，観光に力を入れはじめてからである。「潮来出島の真菰の中に　あやめ咲くとは　しをらしや」と「潮来節」にも謡われるように，潮来の情緒は低湿地に咲くあやめを愛でながら船で遊覧することに象徴されていた。そこで，1950年代に入ると，町を挙げてあやめ園を開設したほか，街中を流れる前川に艪こぎ船を出して12の橋をくぐる「十二橋めぐり」が観光の目玉になっていった。1959年（昭和34年）には水郷筑波国定公園に指定され，現在では年間200万人を超える観光客が訪れる場所となっている。

2.2　巨大開発とその弊害

　こうした水郷観光が活況を呈する一方で，潮来では2つの巨大開発の波にも洗われることになった。そのひとつは隣町の鹿島開発である。1959年（昭和34年）に「首都圏整備法」が施行されると，翌年には鹿島灘に巨大コンビナートの建設計画が公表された。そこで潮来には，鹿島に隣接するという立地条件から，主としてコンビナートで働く人たちのための住宅供給が求められることになったのである。

　またもうひとつの波は，大規模な干拓事業である。潮来では市街の一部を除くと，現在でも広く田園地帯が広がっている。大きくは利根川と霞ヶ浦の合流地点にあたる潮来では，江戸時代から新田開発が盛んだったが，戦後も内浪逆浦干拓（約200ha：1950年完成）や延方干拓（約270ha：1966年完成）などの大規模干拓が行われてきた。こうした干拓が次々と完成することによって，「小さな笹葉舟に六，七〇瓲（キログラム）もある牛を中央に乗せ其の後と前に牛耕用の農具（犂砕土用鎌）を積み此の河川を往復」していたそれまでの暮らしぶりは大きく変化することになったのである（立野1971）。

　こうした変化はしかし，潮来にさまざまなゆがみももたらした。観光の目玉である遊覧船の浮かぶ前川では，延方干拓によって川の東半分の景観が一変し，ゴミ埋立地の前で船をUターンさせざるを得なくなった。さらに1960年代に入ると，農地における農薬使用が常態化し，また各家庭に上水道が普及するこ

とで,排水が直接中小河川に流れ込み,潮来を取り囲む河川の水質を急速に悪化させていったのである。

　こうした問題に対して,行政も各種の条例を設けて排水規制を強化するなど水質浄化のためのさまざまな取り組みを行ってきた。(2)たとえば潮来では,公共下水道事業に比較的早くから取り組んできた経緯がある。

　しかし,こうした取り組みにもかかわらず,潮来を取り巻く諸河川の水質は必ずしもよくなってはいない。それにはさまざまな要因が考えられるが,たとえば下水道事業が期待されるような成果を上げていないということも原因の一つである。下水道事業が水質浄化の実を挙げるためには,各家庭がそれぞれ下水管に接続する必要がある。ところが,下水管接続やその維持には少なくない負担を伴い,またその額は下水管からの距離や家屋形態などによって大きく異なってくる。そのために,現在でも潮来市では,下水道の接続率にかなりの地域差が生じているのである。(3)こうして,行政による水質浄化の取り組みはこれまで一貫して行われてきたにもかかわらず,一定の限界が意識されてきたのである。

3　水質浄化活動の地域的意味

3.1　炭焼きによる水質浄化活動(4)

　以上のように「水郷潮来」では,歴史的にも生活上も,水とのかかわりが常に意識されてきた。そこで1995年(平成7年)に,当時の国土庁が「水の郷100選」を選定するにあたり,潮来は候補地として名乗り出たのであった。しかし残念ながら,潮来は最終選考から漏れてしまい,このことによって地元では少なからず失望感を味わうことになったのである。

　この事件に接し,市内延方地区に住むOさんとKさん(ともに同地区でガス販売業,運送業を営む)は,以下のような取り組みを始めることにした。2人は小学校の頃からの同級生で,当時ともに52歳。しかし,この事件に接して顔を合わせるまで,2人は「普通の同級生」としてのつきあいだったという。

　2人が始めたのは,親戚の船を使った前川でのゴミ拾いであった。最初は5月の町の一斉清掃の際に試みにやってみようということだったのだが,あまり

にゴミの量が多く、結局その翌週からあやめの咲く時期を過ぎて夏祭りの終わり頃まで、日曜日ごとに続けることになったのである。

そしてその年の10月、テレビ番組の中で「木炭を川に置いただけで水がきれいになるという情報」を知り、2人は延方地区を流れるアンコウ川でそれを

写真7-2　アンコウ川

実際にためすことにしたのである。アンコウ川は前川に流入する3つの河川のうちでも当時もっとも汚れがひどく、周囲に臭いを発するほどであったという。そのため、かつては流域で定期的に行われていた「ドブさらい」も、すでに行われなくなっていた。川幅は1m40cmほどで両岸に凹凸があり、木炭を入れたカゴを固定したり、浄化の効果を確かめるのに都合がよいということで、この川で実験することにしたのである。

結果は思いのほか良好であった。しかしこの方法では、炭の調達にかなりの費用がかかる。そこで、炭を自分たちで焼くことを思いたったのである。幸い、近くに住むIさんから川沿いの土地を無償で借りることができたので、関係する業者から情報を仕入れながら、試行錯誤を重ねつつ、炭を焼き始めたのである。

3.2　活動をめぐる人びとのまなざし

しかし、彼ら2人の活動は、アンコウ川沿いに住む人たちにとって、必ずしも快く迎えられたわけではない。むしろ迷惑だと受け取る向きもないではなかった。

たとえば、台風で大水が出て、設置してあった炭が辺りの田んぼに流れ出てしまったことがあった。そのときに周りの家々からは、そうした浄化装置があるから流れをさえぎり、あふれてしまったわけだから、もうやめてほしいという要望が出されたのである。しかし、2人はそのときも、炭焼き釜のあった場所に川の本流から長さ5mほどのバイパスをつくり、そこに装置を設置しなお

すことで，ようやく了解を得ることができたのである。

このように2人の取り組みに対しては，常に温かいまなざしばかりが投げかけられてきたわけではない。「無意味だという人らもいっぱいいる」し，行政から「いくらもらってるんだ」と陰口をたたく人もいる。さらに政治家になるための売名行為ではないかと疑った人もあったという。つまり2人は黙々と活動を続けながらも，その背中に「実は何らかの見返りを期待してやっているのではないか」という人びとの疑念を常に感じていたのである。

一方で，2人の活動に対して，最大級の賛辞をおくる人たちもあった。たとえば，行政の目には2人の活動は住民主導による水質浄化の新しい取り組みとして魅力的に映る。そのため，OさんやKさんのもとにはこれまでに何度も市や県，あるいは議員を通じて，活動助成金などの誘いがあったという。また市の内外で活動する団体からは，協力の申し出や団体加入の誘いが続いたという。

しかし，OさんもKさんもこれまでそうした誘いに乗ることは一切なかった。このような態度は，第1章でも触れたように，パートナーシップによる環境保全活動に注目が集まる今日では，あまりに頑なだと評価されるかもしれない。しかし2人は，こうした態度を貫くことによってはじめて実現できることをめざして活動を行っていたのである。それを次に見ていきたい。

3.3　地域への働きかけの意味

OさんやKさんによると，2人には活動を続けるにあたって共通に心がけていることがあるという。その一つは，2人を超えた活動組織を作らないことである。炭焼き活動は，ときに数十人にまで参加者が膨れ上がることもある。しかし，活動の主体である「炭焼きの会」の会員はOさんとKさんの2人だけであって，今後も他のメンバーを入れる予定はないという。

また，金銭を介した恒常的な関係を結ばないことも大事だという。さきに言及した活動助成金の申し出も，「世話になっちゃうと自分たちが拘束される」と考え，手を出すことはない。しかしだからといって，一切の金銭や物品を受け取らないわけではない。「差し入れ」のように，反対給付を求めない申し出の場合には，自らや活動を縛るものではないとして歓迎するのである。

加えて，自分たちの活動が生活の則を超えないように常に気をつけているとういう。あまり活動にのめりこむと自らが縛られるだけでなく，活動自体もまた柔軟性を失って硬直化していくことを2人は十分知っているのである。
　このように，2人はともに，上のようなある種の「申合せ」の線に沿って活動を展開しているのである。行政や政治家からの助成をことわり，地域の有力者を入れて組織化もせず，また大きな団体の傘下に入って活動しないのも，この「申合せ」のゆえである。
　ところで，このような態度を2人がとり続けていくと，さきの疑念のまなざし，すなわち「見返りを求めた活動ではないか」というまなざしを，結果として払拭することにつながっていくことが理解できるだろう。もちろん一方では，活動を賞賛するまなざしも同時に拒否することになるのであるが。しかしそうなると，地域の人びとは，彼ら2人が「何かを行うだけではなく，何かを語ってもいる」(Leach, E. 1976=1981：18)と次第に考えざるを得なくなってくるのである。彼らはただ黙々と活動するだけなのであるが，逆にそのような態度で活動が継続されると，地域の人びとは彼らの活動を「アンコウ川の水質浄化」以外の意図（たとえば利己的な意図）に回収できなくなっていく。すると結局のところ，人びとは，彼ら2人の活動を指して，「水質浄化を純粋に／内心から／ボランティアでやっている」と解釈せざるを得なくなっていくのである。逆にいえば，彼ら2人は，互いが「申合せ」に忠実に動くことによって，活動のもっているメッセージを地域の人びとに送り続けているともいえるのである。
　もちろん当該地区に住む大多数の人びとにとって，彼ら2人の活動が純粋にボランティアであるかどうかはさして問題となる事柄ではない。しかし，アンコウ川沿いに住む人たちにとっては，少々事情が異なるのである。彼ら2人のメッセージはアンコウ川の水質浄化に向けられている。ところが，その水を汚しているのは，紛れもなくこの川沿いの人たちなのである。すると，川沿いに住む人びとが，彼らの活動の意味を知り，彼らの水質浄化に向けてのメッセージを受け取ったならば，それはそのまま自分の方にはね返ってくることになるのである。そのためになかには，彼らの活動を善意に判断すること自体に居心地の悪さを感じる人が出てきても不思議ではない。さきに示した大水のときの

対応も，あるいはそのような居心地の悪さをその底にもったものだったかもしれない。いずれにしても，彼ら2人がつねに「ボランティアで」活動を継続している限り，アンコウ川沿いの人たちにはますます，彼らのメッセージに対する判断が問われてくるのである[(5)]。

3.4　周辺住民の経験と活動へのかかわり

　ここで，彼ら2人の活動をどのように判断したのかの例として，アンコウ川沿いに生まれ育ち，彼らの活動をずっと真横で見てきたNさんを取り上げてみたい。

　Nさんは大工で身を立てていたが，現在は引退して，奥さんと二人暮らしを営んでいる。Nさん宅はアンコウ川の最下流に位置しているが，結婚前までは川を約30mさかのぼったところにある兄の家で暮らしていた。

　Nさんが子どもの頃，アンコウ川の水は米とぎができるほどにきれいだったという。ところが，結婚して現在のところに移ってからは，15mほど南方にゴミ埋立地ができていたこともあって，天気のいい夏は，大変臭かったという。

　またこの場所は，周りの集落から離れて建っていることもあってか，井戸水にも恵まれていなかった。それは鉄分が大量に含まれていたからで，「お茶入れるとコーラみたい」になり，「洗濯機なんて真っ赤っか」になったという。そのため，洗濯物はいちいち兄の家まで行ってすすいでいたのである。

　それでも飲用にはこの井戸水を用いてきた。その際，大きな甕を用意して，その底には，子ども時代から知っている「炭好きなおじいさん」が焼いた木炭を敷き，上に砂をかぶせて何層にもしたところへ水を入れ，濾しながら使ったという。それでも，バケツ1杯の水を濾すのに半日を要した。Nさん宅に水道が引かれたのは1980年代に入ってからである。

　このようにNさんは，きれいな水の確保や悪臭にたいへん苦労してきたのである。しかし，だからといって，行政や地区の人たちに苦情を持ち込んだことは一度もないという。なぜなら，上流に住むそのほかの家々では，水のことでNさんほどの苦労をしてはいなかったからである。「一軒だけで言ったってしょうがない」。Nさんはそう考えてきたのである。

　このような経験を通して，Nさんはアンコウ川を見てきたのである。炭焼き

の記憶は今もNさんの脳裏に鮮明に焼きついており，またこれまでの生活経験から炭の浄化能力には一定の信頼をもつことができた。そのため，OさんやKさんが炭を使ってアンコウ川の浄化を始めると聞いたときにも，別に驚くことはなかったという。

それでも，活動が始まったばかりの頃には，ただ「見てた」

写真7-3　新たに完成した炭焼き釜

のだという。その後しばらく経って，彼ら2人が炭焼き釜をつくるという段になってはじめて「これはいい考えだな」と思い，Nさんは一緒に活動に加わるようになったのである。

Nさんは活動をはじめてからこれまでに，彼ら2人の活動の真意について尋ねたことはないという。しかし，彼らの真意がどうであれ，この地区の誰よりもアンコウ川の水の汚れに苦しめられてきたNさんにとって，こうした取り組みは「いい考え」であることに変わりはないのである。

こうしてNさんは，活動をはじめた2人とともに，現在では実質的に炭焼き活動の中心人物の一人として活躍している。そして今度新しくつくっている釜に対しても，「ボランティアであれだけ立派な炭焼き釜をつくったんだ」と誇りをもって語るのである。

4　素人のもつ創造性

4.1　感謝を介した人間関係

現在では，このNさんをはじめとして，多くの人びとがさまざまな形で活動にかかわるようになっている。たとえば，さきにもふれたIさんは，炭焼き釜の場所を提供するかたわら，役場職員という肩書も生かして各種の情報をもたらしている。山を持っているGさんは炭の材料を提供し，教員のSさんは自分の所

属する学校以外にも呼びかけて子どもたちの炭焼き体験を企画したりしている。

　このほかにも，OさんやKさんらのメッセージに応える方法には，たくさんのやり方が考えられるだろう。しかし，彼らのメッセージに直接応えようとするのであれば，アンコウ川の水を汚さないことが第一である。そのため，活動自体には直接参加しない人びとであっても，たとえば浄化槽を新たに設置したり，ゴミためを作ったりすることも十分そのメッセージに応えたことになるのである。なかでも直接的なのは，公共下水道に接続することである。

　こうして，アンコウ川沿いでは，活動が始まって以来，下水道への接続率が急速にアップしていったのである。現在ではアンコウ川の水質は改善され，臭いも消えて，前川に流れ込む他の河川との差もほとんどなくなったのである。[6]

　では，このようなたくさんの人びとの参加や下水道接続率のアップに対して，OさんやKさんはどのように考えているのだろうか。

　　好きなことを皆が理解してやらせてくれている。それをわれわれは一番感じている。みんな大事なのよ。下水道を敷設してくれた人も。これを市のほうで評価してくれた。そういうことにおいてはよ，俺らが好きなことやったために迷惑かけちゃったかなと。（Kさん）

　　相手が自分のとこ入ってきてくれる，ね。それに対して，それなりの感謝の仕方があるわけだよ。（Oさん）

　このように，OさんもKさんも，直接活動に参加している人に対してはもちろん，下水道に接続した人や活動に関心を向けているすべての人に対して，感謝の気持ちをもって接しているのである。つまり彼ら2人は，原則として，自分たちに向けられた行為を，すべて自分たちの活動に対する是認であったり，自分に向けられた好意のしるしであったり，評価であると解釈し，受け取っているのである。このとき，人びとが実際にそのような意図をもって行為しているかどうかは問題とされない。あくまでも全面的に相手の行為を感謝して受け取っているのである。

こうした感謝は，地域の大人たちだけでなく子どもたちにも注がれる。たとえば，小学生が参加して炭焼きの学習会を公民館後援のもとで行った際も，弁当代を出すという公民館の申し出を断って，2人は食材の一切を自腹を切って調達しただけでなく，コンロや鍋なども提供，子どもたちは炭の材料となる竹の一部で自分の箸を作り，参加した親たちも食事づくりに加勢した。「理解してくれるんだから自分たちがご馳走するのは当たり前」という考えなのである。
　こうしてOさんやKさんは，参加者に対して感謝の気持ちを忘れない存在であり続けることを通じて，人びととのあいだに人格的なつながりを求めているのである。

4.2　試行錯誤を介した実践

　しかしこのようなOさんやKさんであっても，出会ってすぐに相手とつながりを築けるわけではない。「重要かなって思っていても，言わないでそこで止めておく場合」もあるし，相手があまりにも勝手なことを言っている場合でも，聞き流していればまた来てくれるという。そして何度も参加しているうちに，言った本人が自然と間違いに気づいていくというのである。こうして当初は少数者間から始まった関係でも，参加者に対する感謝を忘れずに活動を継続していけば，しだいに人格的なつながりが活動全体を覆っていくと2人は考えているのである。
　このように，ときには誤りをも受け入れつつ活動を展開していくためには，活動自体にある種の試行錯誤を含むことが必要になってくる。しかしだからといってその試行錯誤は，いわゆるサイコロを振って正誤を試すようなtrial and errorと同質のものではない。彼らが繰り広げる試行錯誤過程のなかで次々となされる新しい提案には，常に目の前の問題を「いい方向にもっていく」という価値が伏在しているのである。
　炭焼きに集まる人たちはもちろん，立派な炭を作ることに情熱を傾ける。しかしその努力は，焼かれた炭の商品的価値を上げるために専門性を磨き上げるといったものではなく，「こういう失敗もあるよ」というくらいの，敷居の低いものである。また，周囲に家がいくつも点在する場所で炭焼きを続けるため

には，煙がどの程度排出されるのか，あるいはどのような風向きや季節なら問題とならないかも重要になってくる。「煙ぐらいあたり前だろう」という発想だと，他の人に説得力がなくなってしまう。そこで，煙の量を少なくするための試行錯誤が始まるのである。

こうして参加者同士が行為に内在する価値を交換していくと，しだいにお互いの社会的絆（social bond）が強化されていくのである（Blau P.M. 1964=1974：13）。つまりこの試行錯誤には，常に「よりよいもの」に向けて力を結集していく過程を含みつつ，新しい価値創造に向かう志向性を内包しているのである。

以上のように，一連の「気づき」と試行錯誤のプロセス全体は，地域環境をテーマに，互いへの感謝を基底に据えた実践ということができるだろう。ただしこのプロセスは，従来の「専門家が教え，素人が教わる」といった一方的なものではなく，参加者相互がよりよいものを生み出そうとする創造的なプロセスなのである。

4.3 素人であるということ

これまでみてわかるように，この水質浄化活動が創造性を発揮できた背景には，活動に先鞭をつけたOさんやKさんのようなリーダーの存在が大きいといえる。しかしだからといって，彼ら2人がカリスマ性を帯びていたり，あるいは知識や技能の秀でた「その道の専門家」であったわけではない。むしろ彼らは，自分たちが常に地域の人びとと同じ素人であることが活動を創造的にしていく際に必要だと考えているのである。「専門家になったらば，自分が感謝されようとする気持ちが強くなっちゃって，相手のことに対して感謝する気持ち（が）なくなっちゃう」し，また「専門家になっちゃうと……自分がやってることが，すべてよくなっちゃう」（Kさん）。つまり，自らがいったん専門家だと思ってしまうと，周囲の人びととの間に格差をつくってしまい，ついには感謝を忘れて，自分のやっていることを参加者に押し付けるようになるというのである。すると活動は（失敗することのない）教える者と，（無知・無能な）教わる者との間に固定されて，それまで築き上げてきた人格的な関係や活動の

創造性は失われてしまうかもしれない。そうならないためにも，活動する自分たちは常に素人でなければならないというのである。

このように，活動の中心にいる彼ら2人が常に素人であることが，人びとの間に人格的な関係性をつくり上げ，活動を創造的にしていく原動力だったのである。大きな組織の傘下に入らない，あるいは恒常的な金銭関係を他と結ばないといった彼らの「申合せ」や，感謝を忘れない存在であり続けようとする姿勢もまた，彼らがこの地域で素人として活動を続けていくために必要な手段だったということができるだろう。

逆に言えば，彼らが素人であり続ける理由として，活動地域の人びととの日常性に分け入っていけるだけのある種の距離感を保てるということも含まれているだろう。独自の経験を持ちながらも，相互の心理的・社会的距離を考慮しながら身の振りようを判断する地域の人びとに自らのメッセージを届けるためには，自らもまたいったんは同じ素人の目線に立つ必要があったのである。[7]

5　親水公園建設とボランティア

以上のように，アンコウ川における水質浄化の取り組みは，創造性を保ちながら活動が展開されてきたのである。

ところが，これまでの取り組みを大きく揺るがしかねない事件が起こった。2003年（平成15年）にアンコウ川の最下流，前川との合流地点に，新しく親水公園が設置されたのである。「アンコウ川親水公園」と名付けられたこの公園は，茨城県の「霞ヶ浦流域等生活排水路浄化対策推進事業」の補助を受けて潮来市が建設したもので，アンコウ川からポンプで水を引き込み，炭を使った浄化施設に水をためて水質を改善した後に，再度ポンプでアンコウ川に戻すというしくみを持った親水公園である。この水質浄化の仕組み自体は，さきにOさんとKさんが手づくりしたものと考え方に大きな差異はない。ただし比較して規模が巨大になったことと，浄化装置に必要となる電源をソーラーパネルから供給し，基本的にすべて電動制御になったことが形態上の大きな違いであった。公園内には浄化された水に子どもたちが親しめるよう，浅い水流がつくら

写真7-4 アンコウ川親水公園

写真7-5 水質浄化施設
（右奥は給電用ソーラーパネル）

れ，公園脇には炭焼き釜を設置する場所も設けられた。このように県・市では，ボランティアで行われていた時よりも飛躍的に水質浄化能力を高めるだけでなく，環境保全の取り組みをより広く啓発する目的で，大型装置をともなった親水公園を設置したのであった。

しかしこの公園建設に，OさんもKさんも困惑を隠すことができなかった。形態をみても明らかなように，この公園を造った行政側の意図は，2人の長年の取り組みを支援し，さらに活動を活発化させることにある。しかし，2人にとってこの公園建設は，行政側の意図とは裏腹に，活動を崩壊させかねない危険を孕んだものとして映ったのである。

　まず問題となったのは，アンコウ川の水を公園に吸排水するポンプの管理と，ソーラーパネルでは賄いきれない電気代の負担であった。長く水質浄化の取り組みを行ってきたこの地域であれば，アンコウ川の水質浄化に直接寄与する装置の管理はもちろん，公園維持に掛かる電気代程度のものであれば地域で負担してくれるものと，市では期待していたのである。ところがこの期待は裏切られることになった。アンコウ川沿いで暮らす人びとは，公園維持にかかる電気代の負担を拒否したのである。そのため，アンコウ川から公園への吸排水は，平成22年現在に至るまで実現していない。現在公園内を流れている水は，

ソーラーパネルで動かせるだけの水を循環させているだけなのである。

　また公園内に炭焼き釜を設置することに関しては，設置場所は空けてあるとはいえ，あとはOさん，Kさんらによる自発的な取り組みに任されていた。それまでの狭い借地内におけるドラム缶を使った炭焼きを改めて，公園内の広い敷地を活用した堅牢な炭焼き釜の設置を行政側は期待していたのである。

　しかし，行政側のこの期待はOさん，Kさんらにとっては大変荷の重いものであった。この公園建設自体が，2人の取り組みをいわば「公認」したものと人びとに受け取られただけでなく，公園内へ炭焼き釜を新たに設置すれば，行政との結びつきをいわば自認したと取られかねないからである。そうなれば，私事の延長であるがゆえに築き上げることができた素人同士の創造的・人格的な結びつきは次第に崩壊し，公の目的に動員され，試行錯誤が許されない水質浄化システムの一部に活動が組み込まれてしまうかもしれないのである。

写真7-6　休止中の吸排水ポンプ

　このような活動の危機に直面して，2人は一時活動を休止せざるを得なかった。しかし熟考の結果，行政のペースに乗せられない程度に細々とではあるが，公園内でかつてと同じように炭を焼き，活動を続けることにしたのである。もちろんこうした決断によってもこれまで築き上

写真7-7　公園内の釜で焼かれた炭

第7章　水質浄化のボランティア…………179

げてきた人間関係が以前と変わっていないとは2人とも考えていない。とくにアンコウ川沿いで暮らす人たちとのつながりは，公園建設によってより複雑なものへと変化したことは間違いない。しかし，こうなった結果の一端は自分たちにもあると考え，2人はその責任を引き受けるためにも活動を続けることにしたのである。

6　結語

　本章では霞ヶ浦に流れ込む小河川の一つ，アンコウ川における水質浄化の取り組みについて分析を行ってきた。このような小規模な環境保全の取り組みは霞ヶ浦流域においても相当な数にのぼっていると思われるが，アサザ基金などの規模の大きな環境ボランティアの陰に隠れて，通常は注目されることも少ない。しかし本章では，こうした小規模ボランティアであるがゆえに達成することができる意義に焦点を当てながら考察を行ってきた。

　アンコウ川における取り組みの特筆すべき点は，河川の水質浄化という公共的目的をもった活動を「私事化」して担うということの，戦略としての有効性である。ボランティア活動は，目的を効率的に達成するために組織化された官僚機構とは異なって，様々な人たちがそれぞれの思いを抱きつつ実践するところにその特徴がある。言い換えれば，「活動」だけでなく，「気持ち」をより大切だと考えるのが，自発性を重んじるボランティア活動の特徴なのである。アンコウ川の取り組みでは，この人びとの「気持ち」レベルに最大限の配慮を払いながら活動できるように組織化が図られており，そのための戦略が「活動の私事化」なのである。

　河川の水質浄化という公共的目的を達成するためには，たんに目の前の川に自らが働きかけるだけでなく，流域の人びとの協力が不可欠である。そのため，同じ志をもって集まった人たちの気持ちを大切にするのは当然としても，河川流域で暮らす全ての人びとの気持ちにも十分な配慮が必要となる。そこで，これらの人びとの気持ちをただアド・ホックに思いやるだけでなく，組織的に自らをその位置に固定するための仕組みが必要であると，活動の端緒を築いたO

さん，Kさんは考えたのである。その結果が，自らの活動はあくまでも自分たちの都合で行われる「私事」であり，自らもまた素人であることの強調となったのである。

こうした戦略をとると，常に批判の矢面に立たされる可能性があるという意味で，自らを弱い立場に置くことになる。しかしこの「弱さ」は，金子郁容も指摘しているように，ある種の「強さ」をも併せもっているのである（中村・金子 1999）。自らをあえてこうした弱い立場に置くことによって，活動内外の人たちも自分たちと同じ目の高さから自らの考えを躊躇なく伝えることができるようになる。するとこの（感謝を介した）「気持ち」レベルの相互交換の中から，人格的なつながりとともに，官僚制的な組織には期待できない創造性が生まれるのである。

以上のような特徴を生かした取り組みは，比較的小規模な環境ボランティアである方がより実践しやすい側面があるといえるだろう。組織が大規模化すると，その場その場の活動よりも，組織の社会的意義，あるいは組織の掲げる存在意義（ミッション）の方により重点が置かれがちになる。通常ミッションは公共的問題の解決を掲げているから，いきおい実際の活動はその問題解決にどの程度貢献したかによって測られるようになる。しかしそうなると，本来ボランティアが立脚していたはずの「気持ち」よりも「活動」の方にウエイトが置かれてしまい，「活動」を効率的に組織した官僚制的組織との間に次第に差がなくなってきてしまうのである。とくに環境ボランティアの場合は，「物言わぬ自然」を相手にしているだけに，その傾向に一層拍車がかかる可能性が高いのである。

もちろん公的機関ではなく，環境ボランティアであるがゆえに設定できる活動目的もあるだろう。その場合は活動自体の性質が相互に異なってくるので，以上のようなことはさして問題にならないかもしれない。しかし，たとえば小河川の水質浄化のような身近な環境問題の場合は，公的機関・環境ボランティアのいずれもが活動を担うことが可能であり，それゆえ「気持ち」レベルと「活動」レベルの問題がしばしば混同されてしまうのである。アンコウ川で地道に活動を続けてきた2人が，親水公園の建設に困惑したのは，それまでの取り組

みが「気持ち」レベルではなく，「活動」レベルで評価されてしまったことが原因であった。そしてこうした混同が，結果として公的機関にはない環境ボランティア独自の創造性を失わせ，活動を困難にしてしまったのである。

　ではこのような落とし穴にはまることなく活動を創造的にしていく方法はないのであろうか。本章で取り上げた事例に照らせば，公的機関であれ大規模な環境ボランティアであれ，あるいは小規模なものや個人である場合も含めて，いずれもが同じ目線に立って活動できるようにすることが，ボランティアの持つ創造性をより生かす道であるといえるだろう。たとえば，ある環境ボランティアの活動に対して公的機関が支援を行おうとする場合，有効であるのは「差し入れ」であって，公共的目的に活動を縛る「援助」ではない。また，大規模なボランティアと小規模なボランティアがともに協働して活動を行う場合には，明確な指揮命令系統を形成したり，役割分担するよりは，両者の組織の枠を取り払ったなかで参加者同士が同じ目線で活動に参加できるようにすることの方が，動員に陥らず，人格的な結びつきも含んだより生き生きとした活動が可能になるであろう。

　もちろんこうした提案は，先にも述べたように，それぞれの組織を「弱い」立場に置くことになり，ときにはあからさまに批判の対象となる場合もないとはいえない。しかし，こうした「弱い」立場に自らを置く勇気がない限り，人格的つながりや自発性に基づく創造的な取り組みもまたなかなか生まれてこないのではないだろうか。

　パートナーシップによる環境保全が声高に叫ばれる今日，本章の事例が示した創造性のあり方は，活動規模の大小を超えて，一つの新たな可能性を拓くものといえるのではないだろうか。

【注】
1）小野奈々（2008）は類似の事態を「アマチュアのエキスパート化」として論じている。
2）茨城県は，1982年（昭和57年）には霞ヶ浦の富栄養化の防止に関する条例を施行したほか，1987年（昭和62年）には霞ヶ浦流域の水質目標値を定めて監視を強化

している。

3）水洗化率（供用開始世帯数／供用開始区域内世帯数×100）で市内地区を比較すると，新興住宅地や人口密集地区では軒並み90％を超えているが，農村景観が色濃い地区では10〜40％台にまで低下する（潮来市下水道課提供資料による）。

4）以下の記述は，2003年8月から2004年1月にかけて行ったインタビュー調査を中心に，その後の追跡調査や調査先で入手した統計資料を参照しながら構成した。なお，Oさん，Kさんの言葉の引用は2003年11月4日の調査，Nさんについては同年10月27日の調査にもとづいている。

5）以上のように，本章ではOさんやKさんの「真意」ではなく，周囲の人びとが彼らの行為を「純粋に／ボランティアで」やっているという社会的認知のほうを問題にしている。そのため，いわゆるボランティア論や純粋贈与論（矢野 2003）など，内心の純粋性そのものを問題とする議論については，ここでは触れることができない。

6）Nさんが住む集落の水洗化率は80.8％であり，隣接する集落の13.9〜37.8％と著しい対照をなしている（2003年3月31日現在。潮来市下水道課提供資料による）。またアンコウ川の水質は，活動が始まって約1年半後の1998年7月28日の調査によると，前川に流れ込む他の2河川よりも全窒素，全リン値，浮遊物質，大腸菌群数において最も低い値を示している。その後も調査時期によってばらつきがあるものの，おおむね他の河川と同水準で推移している（潮来町環境課提供資料による）。もちろん，各家は下水管からの距離や経済状況がそれぞれ異なるのであるから，下水道接続がそのままその家の水質浄化に対する熱意と考えることはできない。しかし，OさんやKさんの活動が，異なる生活条件下にある川沿いの人びとに水質浄化のための多様なアクションを促したことは，以上のことからほぼ間違いないと思われる。

7）嘉田由紀子は，10年に及ぶ参加型環境教育の取り組み「ホタルダス」にかかわった経験から，「クロウト」にはない「シロウト」の特長として，多様な意味の発見ができること，および，対象に感情移入して「自分化」できることの2点を挙げている（嘉田 2000）。またかつて夏目漱石も，「黒人」と比べて「素人」は「心の純なるところ，気の精なるあたり」が尊く，「一目の下に芸術の全景を受け入れるという意味から見て，黒人に優っている」と指摘していた（夏目 1995）。このような素人のもつ「こだわりのなさ」は，専門家にはない自由な発想ができるぶん，試行錯誤の中身を豊かにする可能性を秘めているといえよう。なお，試行錯誤の場の必要性については，宮内泰介が「環境自治」の観点からも主張している（宮内 2001）。

<参考文献>

Blau, P. M., (1964), *Exchange and Power in Social Life*, John Wiley & Sons, Inc., New York.（＝1974，間場寿一・居安正・塩原勉訳『交換と権力－社会過程の弁証法社会学』新曜社.）

潮来町史編さん委員会，1996,『潮来町史』潮来町.

嘉田由紀子，2000,「身近な環境の自分化－科学知と生活知の対話をめざしたホタルダス」水と文化研究会編『みんなでホタルダス－琵琶湖地域のホタルと身近な水環境調査』新曜社：192-220.

Leach, E., (1976), *Culture and Communication*, Cambridge University Press, Cambridge.（＝1981, 青木保・宮坂敬造訳『文化とコミュニケーション』紀伊国屋書店.）

宮内泰介，2001,「環境自治のしくみづくり－正統性を組みなおす」『環境社会学研究』7：56-71.

中村雄二郎・金子郁容，1999,『弱さ 21世紀へのキーワード－インターネット哲学アゴラ』岩波書店.

夏目漱石，1995,「素人と黒人」夏目金之助著『漱石全集 第16巻』岩波書店：553-563.

西山志保，2003,「『ボランタリズム』概念の検討－『生命圏』の次元からの再考」『現代社会理論研究』13：246-258.

小野奈々，2008,「成長期NGOにおけるエキスパート化とそのジレンマ」『成員の不確定性の側面からみたボランタリー組織の研究－個人のモチベーションに視点を定めて－（学位請求論文）』：60-93.

立野三司，1971,「延方干拓について」潮来町郷土史研究会編『ふるさと潮来 第二輯』潮来町郷土史研究会：69-74.

矢野智司，2003,「『経験』と『体験』の教育人間学的考察─純粋贈与としてのボランティア論」市村尚久・早川操・松浦良充・広石英記編『経験の意味世界をひらく－教育にとって経験とは何か』東信堂：33-54.

本章は筑波大学社会学研究室編『社会学ジャーナル』第30号（2005）所収の論文「参加型環境教育における素人の役割－茨城県潮来市アンコウ川における水質浄化の取り組みを事例として」を基に，その後の調査データを加えて書き改めたものである。

第 8 章

水辺の都市のボランティアとNPO

小野奈々

1 水辺の都市のNPOにみる霞ヶ浦の利用と住民間のパートナーシップ

　本章では流域住民によるNPO活動に分析の焦点をあてて考える。NPOというと一般的には，1998年（平成10年）施行の特定非営利活動促進法で法人格を取得した団体をイメージする。しかしここでは，語義本来の意味である「営利を追求しない組織」という意味で用いることにする。そのため，理事や有給の事務職員などを備えない小規模のボランティア活動を多く含みこむことになる。

　ボランティア活動にたずさわる人たちは，何がしかの問題意識や社会的な課題に気づいた'気づき'をもとに行動しているものである。そのような活動を追えば，霞ヶ浦をめぐる住民間のパートナーシップという視点から，政策の課題の一端を浮かび上がらせることができるのではないか。それが本章の課題である。

　ところで，ボランティア活動にたずさわる人たちの問題意識は，しばしば散漫になりがちだということも事実として考慮しなければならないだろう。社会には，地域の個性に準ずるミクロな課題から地球全体に共通するマクロな課題まで集積しており，一地域をみても住民意識のなかでそれらが重層的に折り重なって沈殿している。そして，ボランティア活動に興味関心をもつ人たちは，社会問題や課題全般に敏感であるがゆえに，往々にしてひとりでいくつもの課題に反応してしまう傾向がある。そのため，ただそれぞれのボランティア活動の展開をつぶさに追ってみても，そこに見えてくるのは，ミクロからマクロにいたる散漫な課題になるだろう。そこで本章では，データの分析視点に少しばかり工夫をしたいと思う。

　1点目は，可能な限り「場所の固有性」に注目した分析をする工夫である。それぞれの場所にはかかわってきた人びとがおり過去の出来事もある。すると，貧困や村争い，飢饉，水争い，祭りといったものから人の死や誕生にいたるまでの全てが「場所の固有性」になるだろうが，ここでその全てを網羅することはできない。

　そこで2点目の工夫として，場所にかかわる人びとのネットワークと過去の

出来事を，環境ボランティア活動の中心メンバーの立場からみていくことにする。事例地としては水とのかかわりが深い茨城県潮来市をとりあげ，市内，より厳密にいえば2001年（平成13年）の合併以前の旧潮来町内部のものを拾いあげていくことにする。それ以上に範囲を広げると，地域の暮らしと離れた広域にわたる課題が強く表れ，「流域住民と霞ヶ浦とのあいだで課題と感じられているものを見よう」という本章の関心から離れていってしまうからである。

さらに3点目の工夫として，基本的には次のような「霞ヶ浦の利用価値」をいいあてる分析概念を用いて，活動場所と霞ヶ浦とのかかわりを把握していく。それは，①飲用，②洗い，③水運，④農工用，⑤漁撈，⑥防災，⑦遊び，⑧景観というものである。これらは，鳥越皓之・荒川康による日本の河川の伝統的水利用形態の分類概念である（鳥越・荒川 2006：11-12）。だがそのほとんどが，霞ヶ浦における水利用形態にもあてはまるものになっていると思われる。

なお，本章が調査した茨城県潮来市は水とかかわりが深い場所であるが，一般的に霞ヶ浦としてなじみ深い西浦ではなく，北浦と外浪逆浦，さらに西浦から流れ込む北利根川（常陸利根川）に接している。このような事情もあり，本章で「霞ヶ浦」というときには，西浦，北浦，外浪逆浦，北利根川（常陸利根川）の全てを含む場所を指している。そして，霞ヶ浦として一般になじみ深い西浦については「西浦」と表記する。また，土手や河川敷までを含めて「霞ヶ浦」と捉えていくことにしたい。

2　鹿島開発と潮来市

2.1　鹿島開発と霞ヶ浦の水資源化

鹿島開発とのかかわりで潮来市の概要を説明していく。なぜ鹿島開発とのかかわりなのかというと，鹿島開発が潮来市の住民と霞ヶ浦とのかかわりを大きく変化させてきたからである。その詳細についてはボランティア活動をとりあげる3節以降で触れることにして，本節ではその理解に不可欠な事柄についてのみ述べておきたい。なお，ここでの説明は，1998年（平成10年）に編纂された『潮来町史』にもとづくものである（潮来町史編さん委員会編 1998）。

戦後間もないあいだ，茨城県では農業生産基盤整備により産業を振興させていた。だが，1959年（昭和34年）に策定された「茨城県総合開発の構想」では，戦後14年を経ても当時の茨城県の経済状況は，「全体として農業を中心とした低次産業構造を特徴としており，（中略）経済力は全国の水準を下廻る」と説明されている（潮来町史編さん委員会編 1998：769）。

　このころから，工業を軸とした産業振興策が具体性を帯びてくる。1950年（昭和25年）の「茨城県総合開発計画」では，産業振興の方策として今後力を入れるべき重要事項は工業開発であると謳われている。1961年（昭和36年）に公表された「茨城県総合振興計画（大綱）」では，「工業の拡大を軸」に「就業機会の改善」，「産業構造の高度化」，「所得格差の解消」の解決が緊急の課題に挙げられている（潮来町史編さん委員会編 1998：770）。そして，鹿島灘臨海工業地帯の造成計画が浮上した。

　当時，茨城県では鹿島灘沿岸が開発からとり残されており，県からみればそこには工業開発の資源となる広大な土地があった。この土地と霞ヶ浦の水資源とを結びつけ4,000haにわたる大工業地帯に整備して，電力，鉄鋼，石油の重化学工業を発展させるというのが，県の計画であった（潮来町史編さん委員会編 1998：770）。

2.2　潮来市の対応と産業構造の変化

　旧潮来町もまた県の工業開発への方針転換を受けて，「農業振興」から「工業振興」へと重心を移していった。

　一戸当たりの水田面積が7反～1.5町，畑面積1.8反前後と小規模な潮来の農家では，二，三男を中心に京浜地方への転出が頻繁にみられていた。この労働力の流出に歯止めをかけようと，1958年（昭和33年）ごろまでは，土地改良により水田裏作を導入し耕地の有効利用を進めること，干拓によって耕作可能な土地の面積を増やすことが，農業振興の二本柱であった。だが，鹿島臨海工業地帯の造成計画の決定後は，そのインパクトで町の農業にも活路が開かれるだろうという楽観的な見方が広がっていった。1964年（昭和39年）の「潮来町建設実施計画書」では，農業ではなく，産業全般の振興と観光施設の充実が，

まちづくりの二大柱になっている（潮来町史編さん委員会編 1998：770-778）。

昭和40年代に入ると，鹿島開発に依拠した振興が計画されるようになった。1968年（昭和43年）の「潮来町振興計画書」では，まちづくりの基本構想において「（鹿島の）拠点開発の関連においてとらえられなければならない」と明示された（潮来町史編さん委員会編 1998：770）。さらに1981年（昭和56年）に刊行された町政要覧では，「鹿島から熱風が吹いてきた」というタイトルで，臨海工業地帯開発後の25年間の町の変化が表8-1の7つのポイントでまとめられている（潮来町史編さん委員会編 1998：774）。この表からも想定されるように，昭和30年代以来，潮来は，臨海工業地帯の後背地として，住宅団地を造成し道路を整備してきた。

この間に人口も増加した。1960年（昭和35年）に17,671人だった人口が，1975年（昭和50年）には20,670人になる（潮来町史編さん委員会編 1998：774）。一方，1世帯人口は減り始め，1955年（昭和30年）の1世帯平均構成員は5.6人だったのが1990年（平成2年）には3.5人となり，わずか35年で激しい変化をみせている（潮来町史編さん委員会編 1998：775）。ひとくちにいえば，1世帯人口の多い農村型から，それの少ない都市型への移行がみられたのである。また，農業従事者が激減している。1965年（昭和40年）に全体の53％を占めていた農業従事者は，1985年（昭和60年）には10％を少し上回る程度にまで減少した（潮来町史編さん委員会編 1998：775-776）。しかし農家数でみれば20％減にとどまっており，実際には農家の減少というよりも，専業農家の兼業農家化が顕著だったと考えられる（潮来町史編さん委員会編 1998：775-776）。

表8-1　鹿島開発と潮来町の7つの主要な変化 [1]

昭和42年	住友金属の住宅団地，延方字大山に決まる
昭和45年	田んぼのまん中に潮来駅広場が出現
昭和45年	潮来に鉄道を通す半世紀の夢が実現
昭和49年	待望水郷有料道路が開通
昭和49年	潮来出島地区県営ほ場が完工
昭和52年	公共下水道スタート。都市なみになったと喜ぶ
昭和54年	日の出ニュータウン土地区画整理事業が完了

表8-2　潮来町の農業就業者総数の遷移

昭和40年	昭和45年	昭和50年	昭和55年	昭和60年
4,543人	3,646人	2,216人	1,691人	1,163人
(53.3)	(37.6)	(22.6)	(15.8)	(10.3)

（　）内は全就業者数に対する構成比を示す。『潮来町史』をもとに筆者が作成。

以上が，鹿島開発とのかかわりにみる潮来市（ここでは合併以前の旧潮来町）の近年の経緯である。

3　潮来市におけるボランティア活動の分布

　次に潮来市におけるボランティア活動の分布をみる。図8-1は，調査当時の市内のボランティア活動の拠点とその分布を図示したものである。全44団体のうち33団体までが津知地区所在の市の社会福祉協議会内のボランティア協議会に所属している。そのほとんどは社会福祉にかかわる団体だが，環境にかかわるものも3団体ある。それらは花植えや町内清掃といった活動であり，うち2団体は北利根川（常陸利根川）河川敷で活動している。

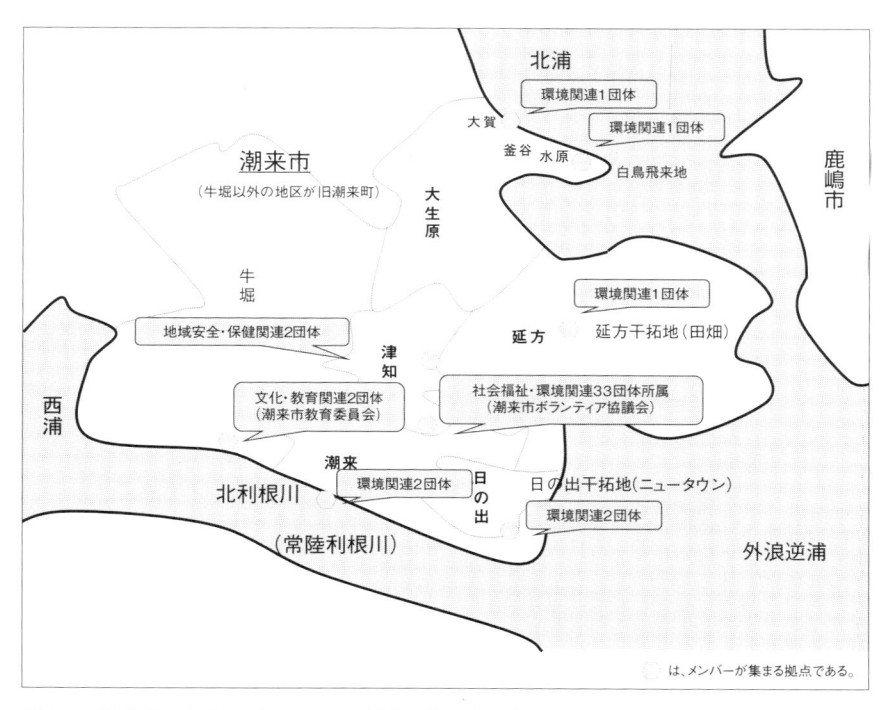

図8-1　潮来市におけるボランティア活動の拠点と分布

さらに，市の教育委員会に所属するものが2団体，市役所内に事務所をもつものが1団体あり，そのほか8団体が各地域に散らばっている。その中で霞ヶ浦にかかわる活動をしている団体はさらに限られる。表8-3にみるように，市には環境にかかわるボランティア団体が，全部で10ある。そのうち霞ヶ浦にかかわるものが8ある。その8団体のメンバーが集まる場所と実際に活動を働きかける場所を示したものが，図8-2である。

　図からも分かるように，8団体中2団体は，活動場所を特定していない。家庭排水対策のような各家庭の

表8-3　潮来市のボランティア団体の分布

所属	社会福祉	環境	その他
ボランティア協議会	30	3	0
教育委員会	0	0	2
市役所企画課	0	0	1
その他	0	7	1

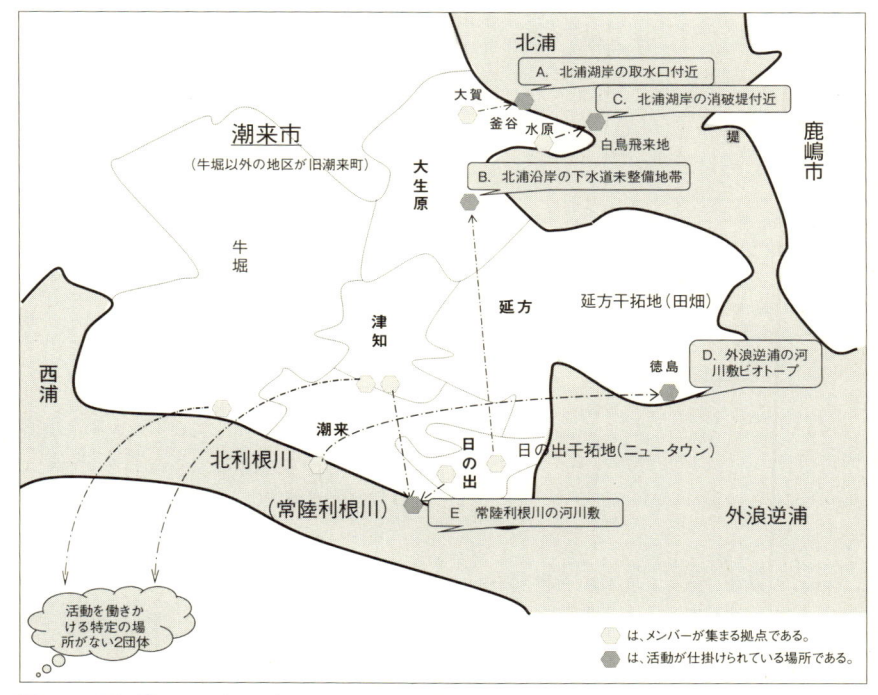

図8-2　霞ヶ浦にかかわるボランティア活動を働きかける場所の分布

台所を対象とする水質改善活動,あるいは自主勉強会の開催,行政業務の補助活動となっている。

その2団体を除いた6団体は,それぞれ霞ヶ浦に接触する特定の活動場所をもっている。図8-2を右上からみていくと,A.北浦湖岸の取水口付近,B.北浦沿岸の下水道未整備地帯,C.北浦湖岸の消波堤付近,D.外浪逆浦の河川敷のビオトープ,E.常陸利根川の河川敷にあたる地点で活動している。

それでは次に,AからE地点で活動しているボランティア団体のリーダー,あるいは中心メンバーの聞き取りをもとに,それぞれの場所が固有にもっている霞ヶ浦の利用価値についてみていくことにしたい。

4 霞ヶ浦にかかわるボランティア活動の場所とこれまでの経過

4.1 北浦湖岸の取水口付近に働きかける活動(5)(図8-2 A地点)

「北浦の自然を守る会」は,北浦湖岸の取水口付近のボランティア活動団体である。同会は2001年(平成13年)5月に結成され,釜谷地区にある釣り堀の事務所を拠点としている。立ち上げに関わり,現在も中心となっているのは,その釣り堀の経営者の方である。

彼は40年前からずっと釣り堀のある北浦湖岸の取水口付近に在住している。彼は当初,排水の「捨て場」として霞ヶ浦を利用してきた。というのは,1963年(昭和38年)から1970年(昭和45年)にかけて,現在の釣り堀に隣接する敷地で養豚をしていたからである。最盛期には400頭を飼っていて,その排水を北浦に流していた。彼がいうには,1955年(昭和30年)ごろから,霞ヶ浦沿岸にはサツマイモを原料とする澱粉工場が各市町村に立地していた。そして,サツマイモのカスや擦ったアクの排水がそこから北浦に大量に流されていたのだそうだ。

彼が養豚をやめたのは,これらの澱粉工場が姿を消したのと同時期であった。彼がいうには,「鹿島開発ができるのでやめた。豚舎の汚れた水を,もう北浦に流し込めなくなるだろうと感じた」からである。霞ヶ浦の利用価値が汚水の「捨て場」から「工業用水」に変わっていくのを敏感に感じ取っていたのである。

そこで彼は、転身を図った。養豚をしていたころ、朝起きるといつも釣り人が彼の家の周辺に群がっていた。そこに魚が自然と寄ってきていたのである。彼はこれに目をつけ今度は釣り宿をはじめた。この時、彼は「レジャー資源」としての霞ヶ浦の利用価値を見出したといえるだろう。

だが、養豚をやめると、今度は魚も寄らなくなった。エサとなる汚水を流し込まなくなったためである。このような経緯があり、彼は1985年（昭和60年）から、釣り堀経営に切り替えたのである。2005年（平成17年）の常陽新聞によれば(6)、北浦湖岸で釣り堀を経営するのは彼だけで人気が高く、県内外から年間5,000人が訪れている。

写真8-1　釣り堀付近に流れてきた白い泡
（釣り堀経営者撮影）

しかし彼は、1999年（平成11年）を前後して、釣り堀の周辺でアオコや白い泡が大量発生し始めたことに気づいた。そこで2001年（平成13年）に地元の住民とともに結成したのが「北浦の自然を守る会」であった。

当初は、釣り堀に隣接する大生原の区長、農業委員会、土地改良区理事、地元漁師の30名が集まった。ここから想定すると、釣り堀付近は、当時、「飲用」「農業用水」「漁撈」の利用価値があったと考えられる。

そして「北浦の自然を守る会」では、北浦湖岸の白鳥観察地から釣り堀付近ま

での水質汚染の原因究明を市環境課や霞ヶ浦工事事務所に訴えかけた。だが，彼が口頭で「水質が悪化している」と幾度訴えても誰も信用しなかったそうである。

結局，自ら30万円の費用をかけて水質検査機器を購入し，釣り堀周辺10か所と北浦の周囲10か所で水質検査を始めた。その結果，釣り堀に近い温泉施設の湯が北浦に排出されており，それが汚染の原因ではないかという見解に達した。とくに注目したのは，湯が塩素処理されているということであった。「塩素処理された水は，水を浄化するバクテリアまで死滅させる。湖をダメにする直接的な原因になる」というのが彼の持論となった。彼はこのデータをもとに，同会をつうじて，国や県，市に，原因究明と改善を呼びかけた。

だが，市や霞ヶ浦工事事務所による返答は，彼の予想からかけ離れたものだった。検査の結果，温泉施設や市のし尿処理施設は良好な管理下にあり問題がない，というのである。彼としてはこの返答に納得がいかなかった。結局のところ，温泉施設が周辺市町村に70〜80名もの雇用を創出していること，そこには業者も絡んでいること，年間1,000万〜1,500万円もの入湯税により市の財政が救われていることが，自分の訴えをかき消してしまったのではないか，と感じるようになった。こうした経験を経て，会は活気を失った。彼は，「自分がオモテに立っていては温泉施設の責任をどうしても追及することになってしまう」と感じ，会長職を退いた。

だが今でも，「北浦の水はどうしようもない，あそこ（温泉施設）がいけない，と誰もが感じているのは事実だ」という。しかし，「市の反対を押し切ってやってもつまらない。市の都合もあるとなれば，誰も一生懸命やらなくなる（＝訴えなくなる）」ともいう。

彼自身も「（温泉施設の集客により雇用や税収が創出できる）'観光優先'っていうのは，やっぱり仕方がないと思う」と考えを変え始めた。2005年（平成17年）には，釣り堀のヘラブナが全滅する被害にあっているが，今では釣り堀で知り合った気のあう都市住民と協力して3，4人で水質調査をつづけ，データを残すことのみに専念するようになった。また，精度の高い家庭用浄水器の販売を始めた。霞ヶ浦の水から塩素を取り除き，飲料水にもシャワーにも適した質の良い水を家庭で使ってもらうためである。

まとめれば彼は，温泉施設の排水の「捨て場」としての霞ヶ浦の利用価値をやむなく認めつつも，「飲用」「浴用」という霞ヶ浦の利用価値については放棄せずに浄水器を通す自己防衛策を講じて，その方法を普及させていったのである。

4.2 北浦沿岸の下水道未整備地帯に働きかける活動[7]（図8-2 B地点）

　北浦沿岸の下水道未整備地帯に働きかけるボランティア活動は，「北浦の水をきれいにする会」によるものである。同会は2003年（平成15年）8月に結成され，潮来市日の出地区にある公民館を活動拠点としている。立ち上げに関わり，現在も中心となっている橋本きくいさんは，80歳になって市議会に初出馬，初当選を果たした現役の女性市議である。

　出身は美浦村である。美浦村に在住していた独身時代は戦争で男性がいなかったので，農業指導員として県下を飛びまわっていた。各地で，銃後に残された女性たちを相手に牛の調教を教えたり田んぼでの牛の使い方を指導していた。

　その後，潮来で農業委員会に所属して農民運動に熱を入れていた男性と結婚した。当時の潮来の田んぼは，橋本さんがいうには水の多い「ドブドブ」したもので，営農資金を得たあとも，かつて小作人だった人たちの生活は楽ではないものだった。買うものをなるべく少なくするために魚を採って食べたり，藻をとって肥料代わりにしていた。堤防がなかったため3年に一度，田んぼは水びたしになった。貧しかったので，農家ではどこも出稼ぎをしなければならず，それは戦後も続いたという。彼女からみてそのころの霞ヶ浦は，「漁撈」「肥料」といった利用価値をもっていたといえそうである。

　潮来ではそのように貧しい「戦後」が終わるまでに，40～50年近くかかった。貧しい「戦後」が終わるきっかけをつくったのは，それは夫なのであると橋本さんはいう。彼女の夫は1971年（昭和46年）に町長選に出馬して当選。町長を辞めた現在も土地改良区の理事長をしており，水郷の名のとおり水路が張り巡らされて「ドブドブ」していた田んぼの土地改良や，米の増反政策のもとの干拓事業，その結果余った田畑の宅地化などに努めてきた。それらはとりわけ，後に鹿島臨海工業地帯に勤務する人たちのベッドタウンとなった日の出地区を出現させる流れとなっていった。ここでは当時の霞ヶ浦が，埋め立てて田んぼ

や宅地になる「未開発の土地」としての利用価値をもっていたことを確認できそうである。

　さらに彼女の夫は，1972年（昭和47年）に公共下水道事業を潮来でスタートさせた。当時の潮来町は鹿島臨海工業地帯のベッドタウンとしての役割を期待されていたので，都市並みの住環境整備をめざし下水道事業を同時並行で推進していく必要があったからである。橋本さん夫婦は，自らの所有地を下水処理の終末処理場の敷地として提供した。「この辺の宅地（の空間）はみんな下水（の流れる場所）。サーッと流れていっちゃうから」と橋本さんは説明する。ここでは汚水の「捨て場」として霞ヶ浦の利用価値が特に意識されているだろう。

　ところが『潮来町史』によると，公共下水道の恩恵に浴することができるのは市街化区域の住民だけで，市街化調整区域の住民には直接関係がなかった。その後，水原，大生，釜谷，大賀，徳島，江寺，貝塚，築地といった市街化区域以外の地区は，公共下水道ではなく農村集落排水整備事業を進めることとなった（潮来町史編さん委員会編 1998：815）。だが，「負担金が大きい」こと，その後の市政が下水道の整備にあまり熱を入れなかったこともあって，北浦沿岸を中心に下水道未整備エリアが残ってしまった。

　下水道未整備エリアが残っていることを彼女が改めて意識しはじめたのは，婦人会関係で県の婦人会館を訪れたときだった。県下から集まってきた人たちが，「北浦がみえるいい眺めのところに住んでいますね」と彼女に声をかけた。これがきっかけとなり，帰り道に改めて北浦を見に湖岸に寄ったところ，近くで見ると北浦はひどく汚かった。そのときにＡ地点の釜谷で活動していた「北浦の自然を守る会」を知った。彼女の夫が町長時代に，上水道の取水口をＡ地点付近に設置した経緯もあり，責任を感じて釣り堀経営者らによる北浦の浄化運動に関わり始めた。この時点では「景観」と「飲用」という霞ヶ浦の利用価値が意識されていたようである。

　だが，温泉施設の件で彼が苦戦を強いられるのを見て，橋本さんは，「行政絡みを逆に利用するのが，得策だ」と考え始めた。「彼（釣り堀経営者）は自分でお金を出し出しやっているが，民間でいくら騒いでも10年経っても何にもならない。彼は彼で一生懸命やっているが，私は私の器量を生かして政治的

に動こうと思った。行政も県も国土交通省も全部動かすようにしてやらなければ，潮来は，いつまでも汚い水を飲んでいくしかなくなると思った」そうである。

　決意をして80歳で市議会に出馬し初当選を遂げた。さらに2003年（平成15年），ゆかりのある人たちを集めて「北浦の水をきれいにする会」を立ち上げた。メンバーは，夫が理事長を務める土地改良区の構成員，橋本さんとつながりの深い婦人会の代表者の面々，市議である彼女自身の後援会のおよそ120名である。土地改良区の構成員は，田んぼに汚れた水が入ると困るという意識から協力するそうである。女性団体は，家庭排水の浄化運動にずっと協力してきた経緯からである。とはいえ，彼女がとくに気にしているのは農家の事情である。農家は，米の売れ行きを気にして自ら水が汚いことを苦情にできない。神栖町（2005年に波崎町と合併し，神栖市となる）のヒ素事件[8]以来，潮来の米も売り上げ面で打撃を受けていた。「だから，わたしたちが陰で騒いでいるんだよ。米の水は，本当はきれいじゃなけりゃおいしくない。それを分かっていて，水が汚い，汚いと言っているんだよ」と，彼女はその活動スタンスを説明する。ここでは，「農業用水」としての霞ヶ浦の利用価値が意識されている。

　2003年（平成15年）の会発足以降，彼女は少ないときでも4,000人余り，多いときでは10,000人以上の署名を集めながら，北浦流域の公共下水道整備を促進するよう市，県，国に訴えてきた。ところが，県は「（那珂川の導水事業が終わる）2010年（平成22年）まで予算がない，それが終わらなければ，予算をつけられない」と返答してくる。「それではもう，自衛策に出るしかない」と橋本さんも最近は考えを改め，取水口を，汚染度の低い鹿嶋市の取水口付近に変更あるいは合体させる案を検討し始めている。

4.3　北浦湖岸の消波堤付近に働きかける活動[9]（図8-2 C 地点）

　北浦湖岸の消波堤付近に働きかけるボランティア活動は，「白鳥を守る会」によるものである。同会は1982年（昭和57年）に結成され，水原地区にある白鳥飛来地を活動拠点としている。当初から活動にかかわり，現在も現場で中心となっているのは谷田川康一さんである。谷田川さんは現在，農業のかたわら建設業を営む兼業農家である。

水原地区はもともと農業と漁業を合わせた半農半漁の地区として知られている。彼も高校までは漁をしており，帆曳き船をもっていた。このことから当時，彼は，「漁撈」という利用価値をもって霞ヶ浦を見ていたと想像できる。
　また彼は，幼いころから鳥が非常に好きで，鳩，金鶏鳥，キジ，孔雀を飼っていた。
　はじめて白鳥が飛来したのは1981年（昭和56年）12月だった。はじめは，2羽で飛来したという。そのことにいちはやく気づいたのは早朝から舟を出す漁師だった。そのころ彼はすでに漁をしなくなっていた。だが同地区に漁師がいたこと，護岸工事がなされる前で堤防のうえを車が走っていたこと，その先がすぐ北浦だったことなどの条件が重なり，白鳥の飛来には気づいていた。また，前年に外浪逆浦に6羽の白鳥が飛来した新聞記事を読んでいたので，それが国で定められた保護鳥であることも知っていた。
　鳥好きが高じて彼は興味で白鳥にエサをやりはじめた。すると翌年，白鳥がふたたび飛来した。しかも数が10羽に増えていた。「これは保護鳥だから，守るか」と考えていた矢先，役場の観光課長に「一緒に保護しよう」と話を持ちかけられた。観光課長は，冬場の観光素材を探していたのである。旧潮来町は，春はあやめ祭や踊りのイベントがあり賑わうものの，それ以外の季節，とりわけ冬は名物がないのが悩みであった。ここには「観光」という霞ヶ浦の利用価値が認められているといえる。
　最初の飛来から2年たった1983年（昭和58年）には，白鳥の数は20〜26羽に増え，それに応じて白鳥を目当てとする観光客がみられるようになった。平成に入るとピーク時には1日1,000人以上の観光客が車で訪れた。
　1990年（平成2年）になり，観光課長が定年退職したのを機に，今度は地元を巻き込んで会を盛り上げようという機運が生まれた。さらに，北浦湖岸に消波堤をつくる案が当時の建設省から提案されていた。消波堤を誘致し陳情する際に，ある程度の人数を揃えることや，建設省と顔をつなぐための組織が必要だった。「白鳥を守る会」を刷新するにあたり，地元の人たちはそうした役割をもつ組織にすることを会に期待したのである。そうした意図があったので，観光課長が引き受けてきた会長職を，その後は水原地区に住む町会議員に任せ

ることになった。会のメンバーには，水原地区と隣接地区の区長，同地区の農家，漁業組合長を含む漁業従事者が名を連ねた。現場で白鳥を保護するのは，谷田川さんともう1人のメンバーの2人だけであったが，建設省や国土交通省によるイベント，勉強会，講演会があるときには声をかけあって会として絶えず出席するようにしている。メンバーが全員集まるのは，年に数回しかない。だが区長会のネットワークと重複しているため，必要なときには地区に伝達が届き，参加が確保されている。

　消波堤誘致の際も，消波堤は漁の邪魔になるが，周辺のヨシ原の保全に役立てる，竹を材料とすることで漁礁にする漁業者からの要望を組み込むことで，反対意見は出なかったという話であった。

　鹿嶋市でワールドカップが開かれたときには，白鳥を見に立ち寄る観戦客を誘導する名目で，それまで各地で分断されていた堤防上の舗装道路をつなげるよう陳情した。その結果，同地区から鹿嶋市へ直行できる車道が生まれた。周辺では米価下落で農業が，また漁獲の減少で漁業が専業として継続できなくなっており，鹿嶋市やさらに向こう側の神栖市に通勤する住民が急増している。そうした住民が通勤を楽にする道路ができることになり，朝夕によく利用されているとのことであった。

　メンバーに漁業者が加わっている理由について彼は「補償の問題がでないように」と説明する。察するにこれは，鹿島開発をきっかけに霞ヶ浦とのかかわりを漁業者個人の補償問題に還元しようとする行政の対応

写真8-2　飛来した白鳥と消波堤

写真8-3　鹿島へつづく堤防の上の道路

第8章　水辺の都市のボランティアとNPO

を受け入れず，あくまでもそれは地区全体に還元されるべき問題であるとする姿勢を崩さないための工夫になっているようである。つまり，鹿島開発をめぐり半農半漁の地区が受けた打撃は，漁業者だけではなく地区全体にとっての打撃であり，それについては地区として合意形成してから今後の行政陳情までマネージしていこう，という意図が見受けられるのである。ここでは，地元の漁業者のあいだで霞ヶ浦が「補償」につながる資源として利用価値を帯びていたことを確認できそうである。

　漁業組合長で「白鳥を守る会」のメンバーでもある小沼政美さんによれば，同地区付近では，近年ワカサギなどの漁獲は「ゼロに等しい量」になることがある。他の種類も漁獲は悪く，採算がとれないため漁期終了前でも出漁を終えることが増えてきている。小沼さんがいうには，北浦で水質が悪化しており比較的水質がよいところに魚が移動してしまうからである。その意味で，逆水門を開ける，あるいは，柔軟に運用するような対策を早く講じて欲しいと感じている。漁獲が望めず，農業も振るわない中で，息子に「(家業の) 跡を継げ」といえないのが悩みである。漁をしてきた他の家も状況は同じなので，後継者が絶える問題が出てくることを危惧しているとのことであった。

4.4　外浪逆浦の河川敷にあるビオトープに働きかける活動 (10)（図 8-2 D 地点）

　外浪逆浦の河川敷にあるビオトープに働きかけるボランティア活動は，「潮来ジャランボプロジェクト」によるものである。同会は1997年（平成9年）に結成され，徳島地区に位置するビオトープ，「水郷トンボ公園」を活動場所にしている。当初から活動にかかわり，現在も現場で中心となっているのは塚本勝さんである。彼は市内に勤めるサラリーマンである。

　「潮来ジャランボプロジェクト」にかかわるメンバーのほとんどは60歳以上で，平均年齢は70歳近くになる。塚本さんがいうには，高齢のメンバーが多いのは「潮来の水辺の暮らし，景観，生き物，そういうものを '良いもの' として受け取っているのは，もうこの世代しか残っていない」からであり，彼らの世代で「ぎりぎり」だからである。彼からみれば，昭和30年代の潮来は生活のうえで非常に不便だった。けれども今,「'郷愁' としてみれば非常にいい」

のである。当時の水辺は，自然が豊かで，魚や鳥の絶好の棲家で子どもたちの遊び場でもあった。そのような霞ヶ浦を体験してきた世代が，「潮来ジャランボプロジェクト」のメンバーなのである。ここでは，昭和30年代に，彼が「景観」「生き物と出会う場所」「遊び場」として霞ヶ浦の利用価値を得ていたこと，また，現在は，「郷愁を感じる場所（原風景）」としての霞ヶ浦の利用価値を認めていることを指摘できるだろう。

　ご自身の事情があり，「潮来ジャランボプロジェクト」を始めるまで塚本さんが霞ヶ浦とどのようなかかわりをもってきたのか伺うことはできなかった。だが，ご本人が最低限のかたちで教えてくださったことと，潮来にかかわる記録資料[11]を合わせて辿ると，かつては水道水の水質改善活動にたずさわっていたようである。その資料が刊行されたのは1991年（平成3年）であり，当時まだ水道水の水質改善活動に関わられておられたことが記されているので，おそらくその頃「飲用」という利用価値で霞ヶ浦を意識されていたであろうことが伺われる。

　それから6年後にあたる1997年（平成9年），元「霞ヶ浦・北浦をよくする市民連絡会議」（現・アサザ基金）事務局長の飯島博さんから，水辺の植生帯を回復する運動を展開しないかと提案されたそうである。具体的には，飯島さんが進めるアサザ増殖事業のためのアサザの栽培地となる場所を潮来エリアにつくらないか，それを一緒にやらないか，という提案だった。

　飯島さんと知り合いだった塚本さんは，身近な知人に声をかけていった。「飯島さんの戦略」と彼は表現するが，事業に周囲を巻き込むその誘い方が，非常に魅力的だったのだそうである。塚本さんの表現を借りればそれは，「どうすればアサザが増えるのか」を「謎かけのように問う」ものである。飯島さんはヒントを与えて，実際にアサザが増えるかどうかを宿題として去っていく。すると，ヒントと合わせて考えを巡らせながら「本当にアサザは増えるだろうか」とわくわくする。そうした魅力を織り交ぜながら「霞ヶ浦をきれいにして，100年後にはトキを飛ばす」という壮大なイメージまで作り上げる。彼がいうには，そのようなところが飯島さんの魅力である。それは，「子どもたちと同じ目線」であり「生き物と同じ目線」，あるいは「地面にはいつくばった目線」

でモノを見るという発見である。また,「ああ！なるほど！」と面白みを感じさせてもらえるという。例えば飯島さんが「ここに山を築き崖をつくると,カワセミが来る」というと,実際にカワセミが飛んでくる。すると「こうすれば,こういう生き物が来る」という試みが'当たるかどうか'を知りたくなる。このような面白みが,住民運動との違いであり,また,行政委託でチラシをまいて「水辺に行って,ゴミを拾いましょう」と呼びかけるだけの活動との違いだと,彼は主張する。ここには「学び」や「遊び」といった霞ヶ浦の利用価値が意識されているといえるだろう。

　それゆえ,市内にアサザを増やすという「潮来ジャランボプロジェクト」は,人のネットワークをつうじて広がった側面と,考え方のおもしろさにより広がった側面とを併せ持っている。人のネットワークは,塚本さん自身の知人と以前所属していた市民団体の一部を核に広がった。これに加えて,面白さを兼ね備えた飯島さんの「考え方」自体が広く受け入れられ,元教師やパイロット,農家,自営業のメンバーが集まった。

　「潮来ジャランボプロジェクト」が水郷トンボ公園をつくった外浪逆浦の河川敷には,もともとは国と県と町が総事業費9千万円をかけて整備した「あやめ園」があった。年間数十万人の来客を見込む観光名所にするための事業だった。だが,予想に反して,植えたあやめが充分に育たず,観光名所にはならなかった。[12]

　その後しばらくの間,同敷地は放置されることとなった。人も訪れず,雑草が生い茂るようになっていた。これを放置するわけにもいかず,地元にあたる徳島地区ではその敷地の「利用審議協議会」を立ち上げたが,「あやめ園」に代わる利用方法の妙案が出ないまま議論は続いていた。

　「あやめ園」が「アサザ基金」(元「霞ヶ浦・北浦をよくする市民連絡会議」)事務局長の飯島さんと塚本さんの目に止まったのは,ちょうどその頃だった。「潮来ジャランボプロジェクト」として飯島さんのアサザ増殖事業を手伝っていた塚本さんは,徳島地区の小学校を訪れ「アサザの植え付け会」を開催した。その植え付け場所に指定されたのが放置状態の「あやめ園」の一角だった。飯島さんは,その敷地を目にして「ビオトープにしたらどうだろうか」という案を彼に持ちかけたそうである。彼は,「それはおもしろいが,大変だ」と感じ

たそうである。ところが、同案を国土交通省に持ちかけたところ、担当者が「それはいい。ぜひやろう」と、話に乗ってきたそうである。

その結果、普通ならば事業着手までに何年もかかる事業が、わずか半年余りで完工することに成功した。予算をとる、あるいは、環境庁や県と協議を交える期間が通常よりも短く済んだことに加えて、現場の設計についても比較的自由に提案することが許された。行政がコンサルタントに声をかけ業者を入れて進めていくのが通常の手続きになるが、元「あやめ園」の敷地に限っては、塚本さんや飯島さんの提案で独自の設計プランを作ることができた。ビオトープでの例をあげれば、コンサルタントが測量・設計して寸分たがわずそれにもとづき工事がなされるところを、飯島さんが地面に直接白線を引いて指示を出し、設計者がそれに合わせて図面を引いた。「だから、あっという間にできた。しかも真っすぐな四角ばかりではなく、カーブなんかもある『活きた設計』が。それが飯島さんのいう、『住民による、市民による、公共工事』ということです」と、彼はこの経緯を評価している。こうして元「あやめ園」の河川敷は、トンボがやってくるビオトープのある場所、「水郷トンボ公園」として生まれ変わった。ここには「手を加えて利用を作り上げていく素地（＝未使用の場所）」としての霞ヶ浦（河川敷）の利用価値が意識されているだろう。

以上のような経緯があり、「潮来ジャランボプロジェクト」が町・市から委託金を受け、この「水郷トンボ公園」の管理を任されてきた。(13)

「水郷トンボ公園」は、子どもたちの遊び場、また、環境学習のビオトープとして広く利用されてきている。塚本さんの自己評価によれば、「水郷トンボ公園」は、近い将来、潮来で心に残る観光名所のひとつになるとのことである。「水郷トンボ公園」には、「景色の良さ」や「水辺のふれあい」があり、四季をつうじて「子どもたちの歓声」を聞くことができる。その結果「外からの訪問者」も

写真8-4　完成した水郷トンボ公園

絶えない場所になっているからである。そうした意味では,オールシーズン型の観光資源になるのではないか,というのである。塚本さんから見て,「水郷トンボ公園」のある霞ヶ浦(=外浪逆浦の河川敷)は,このように「景観」「遊び」「観光資源」という利用価値で意識されている。

　一方,活動としては,難しい局面を迎えているという。メンバーの高齢化が進んできたこともあり,今後は「水郷トンボ公園」を小学校や市を巻き込んだ地域による管理にする必要が出てきている。そこで,国土交通省がすすめている「水辺の楽校」という制度を利用して,市を巻き込んだ協議会を立ち上げ「水郷トンボ公園」の管理を協議会に任せたいと考えるようになった。だが,市は「今さら地域で(『水郷トンボ公園』管理の)協議会を立ち上げても,上手く行かないのでは」と難色を示しているそうである。

4.5　常陸利根川河川敷に働きかける活動(図8-2 E地点)

　常陸利根川の河川敷に働きかけるボランティア活動には,2つのものがある。ひとつは,「萌の会」であり,もうひとつは「エイト」である。ここでは順にとりあげていく。

a. 萌の会 (14)

　「萌の会」は1997年(平成9年)に結成され,常陸利根川河川敷の花壇の手入れをする活動をしている。当初から活動にかかわり,現在も現場で中心となっているのは勝田重子さんで,彼女は,潮来地区在住の主婦である。

　勝田さんは出身も潮来である。夫の勤務の都合で15年ほど東京に在住していたが,その後潮来に戻ってきた。以来ずっと潮来に居を構えている。

　出身地ではあるものの,彼女の中に霞ヶ浦や水辺にたいして特別な思いはない。ただ,幼い頃からとにかく花が好きだったという。

　1985年(昭和60年)から1998年(平成10年)にかけて,彼女は潮来地区で民生委員をしていた。市では,トライアスロン全国大会を受け入れてきており,彼女が民生委員を務めていたあいだも開催された。その際,競技エリアにあたる常陸利根川の河川敷に当時の建設省(現・国土交通省)がトライアスロ

ンの行事に合わせて花壇を作った。ここでは，彼女の中で意識されていたわけではないが，地元ではトライアスロンというスポーツの「遊び場」という利用価値で霞ヶ浦が意識されていることが伺える。

　潮来市ではボランティアを募ってそこに花を植えた。当時民生委員だった彼女にも声がかかったので，花植えに参加したそうである。植えたのは「花手毬」という花だった。この花は直射日光に強いのだが，それでも翌年になると，事業としてそれ以上手入れをしなかったこともあり，「花手毬」はほとんど枯れてしまった。勝田さんともうひとりの民生委員が散歩をしていてそのことに気づき，「かわいそうだ。雑草でも抜いてあげよう」と言いだしたのが活動の始まりだった。当時の民生委員の仲間に声をかけたところ賛同してくれる人があり，メンバーは9名になった。民生委員の仲間に声をかけたのは，ボランティアに関心があり「まとまっていたので，声をかけやすかったからだ」という。土や花が好きな人であれば，誰でも良かったそうである。彼女がいうには，ただ「草でも抜こうか」という軽い気持ちで「大きな思い」などはなかった。ここには，「花を植えることができる未使用の場所」として霞ヶ浦（河川敷）の利用価値が意識されているといえる。

　メンバーは各地区の民生委員だったので，家は市内に散らばっている。花壇を訪れるのに，遠い人は車で15分もかかる。また，メンバーには潮来出身者が多いものの，中には和歌山や千葉や四国の出身者もいる。だが，みな潮来に永住を決意した人である。

　花壇がある河川敷は建設省の管轄になるが，勝田さんたちが活動をはじめた当初は，建設省は彼女たちの活動をなかなか認めなかったそうである。そのため，はじめの頃は，彼女ともうひとりの民生委員が，ポケットマネーで花を購入し植え，常陸利根川からひしゃくでバケツに水を汲んで120個の

写真8-5　市内でしばしばみられるボランティアが手入れする花壇

第8章　水辺の都市のボランティアとNPO…………205

花壇に水を与えていた。常陸利根川の河川敷は10段の階段になっているので，その作業は非常にきついものだった。だが数年経つと，建設省が水汲みポンプや燃料のガソリンを支給するようになり，市役所から花の苗も支給され始めた。その代わり「萌の会」では毎年トライアスロン行事に合わせて花を植えるようにしている。さらに，霞ヶ浦に関連する勉強会を開催するということで，国土交通省から参加の要請があるときは，メンバーのなかでも興味のありそうな人になるべく声をかけるようにしている。メンバーの中には農家の方がいて，米作りとの関係で水に関心があるので，国土交通省が開催する専門性の高い勉強会にも積極的に出席しているそうである。

　花壇の世話をする活動は体力がいるが楽しい，と彼女はいう。なかでも水かけの作業は大変だが，作業後の「お茶」の時間が楽しいのだという。花壇のある常陸利根川の河川敷は土手になっているので，夏場は夕方の水かけをしているうちに西側に大きな太陽が沈み東側から月が上ってくる。それを見ながら，持ち寄ったお茶やかきもちを食べる。作業で集まっても，実際には「水かけ1時間，お茶1時間」になる。夏は日が長いのでおしゃべりが長くなり，最後は「夕飯のおかずは何にしようか。今日はもう，スーパーのできあいでもいいかな」などと語り合いながら，河川敷の花壇を後にするそうである。そうした「楽しさ」があること，また，出来る人が出来るときに無理をせずにしているので，大変な作業であっても続くのかもしれないと，彼女は説明する。ここには，「景観」「遊び場」あるいは「団欒の場」という霞ヶ浦の利用価値が意識されているだろう。

b. エイト[15]

　「エイト」は2003年（平成15年）に結成され，潮来地区内の常陸利根川の河川敷でゴミ拾いをしている。当初から活動にかかわり，現在も現場で中心となっているのは日の出8丁目に住む植田文雄さんである。

　植田さんの出身は潮来である。卒業後，勤務の関係で20年ほど東京に在住していたが，日の出干拓地が宅地化されたと聞いて，「それなら潮来に家を建てたい」と戻ってきた。現在では退職して，落ち着いた日々を過ごされている。

　彼がいうには，若かりし日の潮来は水路が多く水もきれいだった。田んぼへ

出るときも飲料水は準備せず，代わりに一升瓶を持っていった。田んぼの水を詰めて川の底で冷やして飲んだそうである。ここには「飲用」という利用価値がみられる。

だが一方で，西浦エリアについてはそれほどの思い入れがない。西浦はとても広いからである。潮来は2001年（平成13年）に市になってようやく西浦と接点をもったが，以前はむしろ西浦と離れたエリアに位置していた。それが，西浦に関心がもてない理由だという。

そんな植田さんだが，今は常陸利根川の河川敷でゴミ拾いのボランティア活動に率先して取り組んでいる。きっかけは，ロシアのタンカーが若狭湾に座礁して流出した重油をボランティアが清掃した出来事を，旅先の石川県でバスガイドさんから聞いたことだった。それを聞いて，「ああ，ボランティアというのはすごいんだな」と感じた。自分が住む日の出地区でもボランティアを募って何かしたらどうかと思いついたのもこの時だった。

当時，彼は日の出地区8丁目の区長をしていた。そこで回覧板をつうじて「ボランティアをしませんか」という募集をかけたそうである。この時点で，どんな内容のボランティアをするのか，という内容の説明は全くしなかった。内容はまだ何も決まっていなかったからである。

にもかかわらず，回覧板の募集をみて，8丁目では20名以上の住民が集まった。それが2003年（平成15年）のことである。その多くは年配の人たちだった。みな「とりあえず参加してみよう」という姿勢だったので，そこから「どんなことをするか」という活動内容を決めることにした。ボランティア経験者がいなかったので，とりあえず手近にできることからスタートすることになった。出てきた案は，町内のゴミを拾うこと，どこかに花壇をつくること，常陸利根川の河川敷で犬のフンを拾うことだった。意見として一致したのは，「自分たちの住んでいる地域をきれいにする」発想だった。

常陸利根川の河川敷は，彼の住む日の出地区ではなく潮来地区に位置する。厳密にいえば，彼らの居住地ではない。にもかかわらず，そこを活動場所にした理由について聞くと，植田さんや会のメンバーは，「（日の出地区の）すぐそばにあるし，土手になっていて見晴らしがよく，自分たちもよく散歩をしてい

るから」だと説明する。さらに，犬のフンがあるために座ったときに嫌な思いをした観光客がいると噂で聞いたことも関係しているという。犬のフンを放置させない市の条例をつくるよう請願する署名活動もしたそうである。ここでは「景観」と「観光」という霞ヶ浦の利用価値を確認することができる。

犬のフン拾いから発展して，今では，河川敷に花壇をつくることが主な活動内容になっている。ここには，「花を植えることができる未使用の場所」として，霞ヶ浦の河川敷の利用価値が意識されていることが確認できる。

エイトは，社会福祉協議会の中にあるボランティア協議会に所属しているので，声がかかれば別の場所であっても花植え作業を手伝うそうである。補助金は申請しておらず会費制度もない。だが，苗木や肥料にお金がかかるので，運営資金を得るために，地域の古紙を集めてリサイクルすることで，資金を補っている。

4.6 特定の場所に働きかけない活動

働きかける特定の場所をもたない活動が，2つある。ひとつは，「潮来市家庭排水浄化推進協議会」であり，もうひとつは「潮来環境塾」である。これらは霞ヶ浦の「場所の固有性」とのかかわりで分析することができないが，働きかける場所をもつ他の団体の事例と比較するために，ごく簡単ではあるがその主な取り組みについてとりあげておこう。

a. 潮来市家庭排水浄化推進協議会[16]

「潮来市家庭排水浄化推進協議会」がスタートしたのは1993年（平成5年）である。当時からずっと会長を務めている小沼文江さんは，日の出地区の主婦で，潮来市の婦人会（現・地域女性団体）を長期にわたりとりまとめてきている。出身は波崎町で，結婚後しばらくは潮来地区に住んでいた。昭和50年代に入り日の出干拓地がニュータウンになったころ，縁あって日の出地区に移り住んだそうである。当時の日の出地区は，鹿島開発とのかかわりで住友金属の勤務者が多く流入してきていた。そこで彼女は，これらの新住民の女性たちをまとめようと，婦人会を立ち上げた。このような経緯により彼女は，市の婦人

会とのつながりが強く，調査当時会長職を務めていた。

　そのように尽力してきた小沼さんは，潮来市に家庭排水浄化推進協議会が設立された1996年（平成8年）以前から，粉石けんづくりに興味をもつようになった。当時の建設省（現・国土交通省）の支部に粉石けんをつくる釜があると聞き勉強に出かけたこともある。当時の旧潮来町では，川に食用の廃油が浮いているということが悪い意味で話題になっており，世論においても「リサイクル」という考えが広く受け入れられるようになっていた頃だった。湖沼会議を前後して県でも粉石けんづくりの活動を奨励しはじめていた。

　彼女は「婦人会の会長として勉強しなくては」という責任感で各所に顔を出し始めた。土浦にある環境団体を訪れたり，千葉の手賀沼で粉石けんをつくっている工場に足を運んで情報を収集した。そして「どうせやるなら，本格的にしよう」と考えはじめ，旧潮来町役場に粉石けんをつくる釜一式を購入するように働きかけたところ，町が応じた。その頃，県から市町村に廃油のリサイクルに力を入れるよう指示が下りてきていた。町としても，そうした活動に取り組む依頼をするとすれば，水を扱う主婦が集まる婦人会になると考えていたのだろう，と彼女は推察している。

　粉石けんづくりは危険な薬品を扱うばかりでなく，正直なところ「おもしろくはない」という。ただ，リサイクルが叫ばれていた時代だったので，主婦もリサイクルに関心があった。その勢いで「なんとなく，半強制的にここまで引っ張ってきてしまった面もあるかもしれない」と彼女は感じている。彼女としても，今では「全くの官でやっているような仕事」だと理解している。

　粉石けんは年に700kg～1tの量をつくる。公民館や市役所などの公的な施設で販売しているほか，市民運動会の景品にもなっている。日の出ニュータウンにある中央公民館に釜と作業場があり，婦人会7支部が年に3回ずつ交代で粉石

写真8-6　廃油から粉石けんをつくっている

けんをつくっている。同会のメンバーは、婦人会の地区支部長7名、各区の区長66名、区長が任命した水質監視委員19名、公募したボランティアが5名という構成である。主な活動は婦人会が取り組む粉石けんづくりと水質改善運動、水質監視委員による活動である。だが、水質監視委員の話では、水質監視は実施しているものの積極的に取り組んでいる人はほとんどいないということだった。[17]

今の悩みは、2つある。ひとつは、粉石けんの出来にばらつきが出てきていることである。きちんと講習を受けて作り方を学んだ世代が婦人会から引退してしまい、その技術が次世代に伝授されていないことが原因である。もうひとつは、今なお環境に対する意識が向上しないことである。合成洗剤を無制限に使っていた時代と比べれば人びとの意識も改善されてきたが、それでも環境に対する意識がまだまだ低いと感じている。

b. 潮来環境塾[18]

「潮来環境塾」は2002年（平成14年）に結成され、潮来地区に拠点を置いている。当初から会長をつとめてきたのは、同地区の農業資材店に勤める山口倬司さんである。

山口さんは同地区出身である。お父さんは地区の子ども会や老人会、その他さまざまな活動に顔を出すタイプだったが、彼自身は仕事のみで以前はボランティア活動に全く関心がもてなかったそうである。

そんな山口さんがボランティア活動にかかわるようになったきっかけは、市にごみ焼却場ができたことだった。周辺では初めてのケースだったので、町役場・環境課は、廃棄されるゴミの分別処理をどうしたらいいか、また、1日にどれくらい量が出るのかについて調査する必要があり、団地の主婦を対象とした調査の結果をもとに当初の量を算出する作業に取り組んでいた。職業柄、ビニールゴミについて詳しかった山口さんは、町の環境行政への協力を要請される立場にあった。協力とは、具体的には、ゴミの扱いが変わることについて、住民に告知するということだった。また、旧潮来町は公民館主催・環境課協力で「いたこ環境塾」というタイトルで講座を開いた。彼は、町の環境行政に協力したいと考え、その講座へ出席した。

この講座に出席したことが，彼がボランティア活動にかかわる直接的なきっかけとなった。その講座には，彼以外にも，町によるゴミの量の調査でモニターとなった団地の住民が集まってきていた。講座はおよそ半年で終了したが，公民館と市の環境課から「この集まりを解散するのはもったいないので，続けて欲しい」という要請があった。そこで公民館主催の講座だった「いたこ環境塾」を「潮来環境塾」と改めボランティア団体にすることとなった。彼は，なかでも数少ない潮来出身者ということで会長に選ばれた。その際公民館や市役所からは，自立して民間主導で活動するよう要請されたそうである。
　しかしながら，すぐに活動の性格を変えることは容易ではない。現在のところ，県が「県民の森」をつくったときに地元の賛同を得るために開いた審議会への参加，同事業の関連イベントを盛り上げる団体の立ち上げ，県の霞ヶ浦対策室・霞ヶ浦の環境科学センター・国土交通省への協力，市民あやめ園の整備，市内公園での間伐・植栽，これらの要請やイベントの折にメンバーや知人に声をかけることが主な活動になっていた。
　そこで活動の性格を変えていきうる活動として，市内で里山保全の活動を展開することを考えている。
　そんな「潮来環境塾」には，2つの悩みがある。ひとつは，自主的な活動になかなか至らないことである。この悩みを解決するためにも，今後は「潮来環境塾」を正式なNPOにして，営利を目的としないまでも多少の活動資金が得られるような事業への展開を考えている。彼がいうには，人や地域が活性化するには，利益が得られることも非常に大事な要素だからである。しかし，行政関係者にはどうしてもその感覚が伝わらないのが実情だという。もうひとつの悩みは，参加の層が薄いことである。山口さんいわく，市主催のイベントをみても「結局集まる人は，いつも同じ。社会福祉協議会のボランティア協議会に所属しているメンバーと重複している人たちばかり」である。この状況を打開するために，これからは何をするにも小学校と教育委員会を巻き込むしか手立てはない，と彼は考えている。そして霞ヶ浦や河川の浄化をしていくには，やはり小学校や教育委員会を巻き込むか，あるいは消費地である東京圏を巻き込んで無農薬を売りに農家が活性化するような方法を考えるしかないだろう，と

いうのが彼の見解であった。

5　分析の整理

　以上みてきたことを，霞ヶ浦の利用価値という分析視角のもとに整理すると，次の表のようになる。これとデータそのものが示していた意味をすくいあげながら，この章をまとめていこう。
　表8-4の中の太字部分は，本章が分析のために用いた水利用の8つの分類（①飲用，②洗い，③水運，④農工用，⑤漁撈，⑥防災，⑦遊び，⑧景観）のどこにも分類できないもの，つまり，かたちとしては，そこからはみでてしまった霞ヶ浦の利用価値である。
　また，同表中の下線字部分は，本章が霞ヶ浦の利用価値の分析に用いた水利用の8つの分類（①飲用，②洗い，③水運，④農工用，⑤漁撈，⑥防災，⑦遊び，⑧景観）のなかでは，ひとつの分類にくくられているが，それが実際には二分化され別物として意識されていたものが対応している。

6　まとめ—場所の固有性と霞ヶ浦の利用価値，行政との関係

　5節で整理した表をもとに明らかになったことを，羅列的ではあるがまとめてこの章をしめくくりたい。明らかになった，あるいは，仮説的に明らかになったと思われることは以下のとおりである。
　第一に，3節で確認したように，潮来市におけるボランティア活動の全体像を把握した結果からみると，ボランティア団体が全部で44団体あるなかで霞ヶ浦にかかわる団体は8団体であった。その8団体のなかでも，行政が関心を共有しうるような霞ヶ浦の水質改善に直接的に役立つ活動をしているのはわずか3団体（「北浦の自然を守る会」「北浦の水をきれいにする市民の会」「潮来市家庭排水浄化推進協議会」）であった。この数字を多いとみるか，少ないとみるかは，他の市町村との比較のうえで判断しなければならないだろう。だが，その3団体のうち2団体が市，県，国のいずれかにたいして，水質改善のため

表8-4 霞ヶ浦の利用価値でみるそれぞれの場所の固有性

活動を働きかける場所	活動内容	霞ヶ浦の利用価値		場所と関係なく出てきた霞ヶ浦の利用価値	
		（鹿島開発前）	（鹿島開発後）	（鹿島開発前）	（鹿島開発後）
北浦湖岸の取水口付近	水質保全	汚水の捨て場 漁撈	汚水の捨て場 漁撈 農業用水 レジャー資源 飲用		工業用水
下水道未整備地帯	水質保全		汚水の捨て場 景観 農業用水 飲用	漁撈 肥料の採取場 未開発の土地 （＝干拓地）	
北浦湖岸の消波堤付近	鳥類保護	漁撈	補償 補助金 観光		
外浪逆浦の河川敷にあるビオトープ	植生保全	未開発の土地 （＝干拓地）	学び場 遊び場 未使用の官有地 景観 観光	景観 生き物と出会う場 遊び場	郷愁を感じる場 （＝原風景） 飲用
常陸利根川の河川敷	花植え ゴミ拾い		遊び場 未使用の官有地 景観 団欒の場	飲用	

の陳情をしてきたものの，行政側が予算の都合あるいは陳情そのものの信憑性を逆に問い直すなどの対応に出ており，実質的にこの2団体は活動が停滞気味である。そうした事情を考慮すると，実際に水質改善に向かって行政の助力を得ながら活動しつづけているのは，「潮来市家庭排水浄化推進協議会」の1団体のみといえる。それも，協議会の会長が自ら述べているように「全くの官でやっているような仕事」になっているようである。このように考えると，水にかこまれた潮来市であるが，水質そのものに強く関心を寄せる住民の数は非常に少ないのではないかと思われる。しかしながら，陳情を寄せている団体が活動を働きかけている場所は，たとえば潮来市民の上水道の取水口がある場所であり，周囲の住民たちの関心も高い。ここでいえるのは，霞ヶ浦の水質について，実際に声をあげるほどに関心を強くもつ可能性があるのは，霞ヶ浦の水辺に住む人たちだということである。しかしながら，今の状況でみれば，そうした声

が行政によって十分にすくい上げられていないようである。そのために，勇気を出して声をあげた住民のあいだでは，「訴えても無駄」というあきらめムードが少なからずあるようである。そしてここからは印象論であるが，そうした行政の対応が，先の2団体（「北浦の自然を守る会」と「北浦の水をきれいにする会」）のリーダーのたどり着いた結論，すなわち「自己防衛」にはしること，に直接結びついていったのではないだろうか。

　第二に，「潮来市家庭排水浄化推進協議会」や「潮来環境塾」のように，活動を働きかける場所をもっていなかった2団体には，活動を働きかける特定の場所をもっている特定の他の6団体と比較して，行政との連携が強く，悪く言えば「下請け的な活動」になる傾向が見られた。ただしこれはサンプル数が少ないので，あくまで潮来市のデータの中にはそのような傾向がみられる，という指摘ができるにすぎない。

　第三に，河川敷は「遊び場」としての利用価値を帯びる傾向が強くみられた。仮説的にその理由を考えると，ひとつに河川敷が国の管理下にあるために，結果的にその多くが誰からも利用されないまま放置されていることがあげられるだろう。つまり，見る人が見ればそれは，「活用する余地が残されている，未使用の敷地」として魅力的に映るということである。例えば本章の事例では，河川敷をビオトープにしたり，花壇をつくって花植えを楽しんだりする場所として価値が見出され，利用されていた。もう一つの理由として，これは聞き取りから推測して，見晴らしの良い土手を備えた河川敷は，観光客が自然と寄っていったり，また，地元の人たちがいわば公園的な感覚で遊んだり，散歩したり，学んだりするのに利用されることが多い。何かそうした地形的な要因もあるのかもしれない。いずれにせよ，見晴らしの良い河川敷は，「遊び場」や「学び場」という利用価値で，人を引き寄せる傾向が見られた。行政による厳しい管理のために，一般に河川敷は住民が主体となって活用することが難しい条件下にあるものの，「潮来ジャランボプロジェクト」や「萌の会」のように，住民側からの働きかけを続けることで，その関係性にも変化がみられるように思われた。

　第四に，これは小さなことであるが，本章が分析に用いた水利用にみる8つの分類（①飲用，②洗い，③水運，④農工用，⑤漁撈，⑥防災，⑦遊び，⑧景

観)のうち，④の農工用(＝農業，工業用)という水利用は，事例地で聞くかぎりでは明確に，農業用水と工業用水に区別されて認識されていた。霞ヶ浦の水利用においては，農業用水としての利用と工業用水としての利用は，もはやひとくくりにはできないほど，互いのイメージがかけ離れてしまったものと考えられる。

　第五に，本章が霞ヶ浦の利用価値の分析に用いた水利用の8つの分類(①飲用，②洗い，③水運，④農工用，⑤漁撈，⑥防災，⑦遊び，⑧景観)から，はみでるような，水利用に限らない霞ヶ浦の利用価値をいくつか拾い出すことができた。5節の**表8-4**の太字部分である。あらためて記すと，「汚水の捨て場」「レジャー資源」「肥料の採取場」「未開発の土地(＝干拓可能な場)」「補償」「未使用の敷地(＝官有地である河川敷)」「生き物と出会う場」「郷愁を感じる場(＝原風景)」「団欒の場」である。このうちのいくつかは，鹿島開発前の利用価値だが，なかには鹿島開発後に出てきたものもある。これらは，現段階では精密さに欠けるため，概念化や分類として提示するには程遠いものであるが，一応のところ霞ヶ浦の利用をイメージとして知る上でこのようなものが出てきた，という指摘ができるだろう。

　第六に，これは第五の指摘とやや重なるところだが，霞ヶ浦にはこれほどさまざまな利用価値があり，また**表8-4**で確認したように，その価値の分布はそれぞれの場所でずいぶん違っているというのが現状である。たとえば，**図8-2**のA地点，B地点，C地点は，隣接しており，住民の生活もかなり似通った点が見受けられるが，それぞれの場所に付加されている価値の傾向にはひとくくりにできない多様さがみられる。これが第六点目である。

　そして，ボランティアの活動内容も，こうした場所がもつ固有性(その場所に付加されている利用価値のこと)とある程度連動していた。たとえば，A地点の取水口付近とB地点の下水道未整備地区では「取水口」であることや「下水道」がないことといった場所の利用価値(あるいは利用価値の欠如)との連動が強くみられた。また，D地点，E地点では，河川敷そのものが想起させる独特の利用価値(＝未使用の官有地，景観＝見晴らしの良さ，遊び場など)が活かされた活動になっている。事例からこれを仮説的に説明すると，人には一

旦ある場所にかかわりはじめると，場所の個性を活かしたくなったり，その場所で問題と感じられる点を解決したくなる性向があるのではないだろうか。ボランティアの分布と活動内容をみていくと，少なくともボランティア活動に携わろうとする意欲的な人たちの中には，そのような傾向がみられるようである。これが第七点目である。

　そうすると，ボランティアたちが霞ヶ浦にたいして得意とする活動は，水質改善に活動を集中して霞ヶ浦全体を一律に良くすること，あるいは小学校を巻き込み環境保全を啓蒙するなどの一般的な官民協働による環境ボランティア活動のイメージと一致するものだけではないだろう。ボランティアたちはむしろ，それぞれに思い入れがある場所に向かい，その場所の良い点を個性として活かしたり，その場所の問題点を解決していくような活動を得意とする面があるように思う。それは霞ヶ浦にかかわる活動においてもあてはまるだろう。また，潮来市では，2節でみてきたように，鹿島開発による経済波及効果で地域の振興を捉えるようになったことにより，農漁業の衰退や新住民流入による社会変化など，この30年間で見えない各所で生活にほころびが出てきていることだろう。それにたいして，各場所の固有性にこだわることを得意とするようなボランティア活動は，今後そのほころびを市内の部分部分で繕っていく役割を果たしていくのではないだろうか。

【注】

1)　『潮来町史』に記載されているデータをもとに，筆者が作成したものである。データの出典は『潮来町史』(潮来町史編さん委員会編 1998) の774頁である。

2)　旧潮来町は2001年に隣接する牛堀町と合併し潮来市になった。調査当時の事例地のボランティア活動は，旧潮来町・旧牛堀町の頃のまとまりにもとづく傾向が強く感じられたので，ここでは旧牛堀町エリアのものを基本的に除外し旧潮来町エリアにおけるボランティア活動を中心的に話を進めることにした。

3)　ただし当然のことながら，この44団体が潮来市におけるボランティア団体のすべてではない。とりわけ潮来市では，各地区の公民館がさまざまなサークル活動の拠点となっており，その中にはボランティア活動にあたる内容をあわせて行って

いる団体も存在するようである。しかしそのなかに霞ヶ浦にかかわる活動に携わっている団体が見受けられなかったこと，環境問題にかかわる活動をしている団体そのものが少なく，ほとんどが老人福祉分野のボランティア活動だという印象を受けたので，ここでは除外する。

4）潮来市ボランティア協議会は潮来市社会福祉協議会の指導のもとに，1998年（平成10年）以降に立ち上げられている。

5）ここでとりあげるデータは基本的に，2006年12月4日に筆者が釜谷地区の釣り堀経営者に行った聞き取りにもとづいている。

6）常陽新聞 2005年7月28日朝刊1面「潮来でヘラブナ大量死 北浦湖畔 直前にアオコと白い泡」。

7）ここでとりあげるデータは，2006年12月8日に筆者が橋本きくいさんに行った聞き取りにもとづいている。

8）2003年に有機ヒ素化合物で汚染した井戸水により住民がヒ素中毒を起こした事件のことである。

9）ここでとりあげるデータは，2006年11月12日に筆者が谷田川康一さんに，また2006年11月8日に同会事務局長の広引芳夫さんに，さらに2006年12月13日に潮来市漁業協同組合長の小沼政美さんに行った聞き取りにもとづいている。

10）ここでとりあげるデータは，2006年11月19日に筆者が塚本勝さんに行った聞き取りにもとづいている。

11）『はだしのドクター —真理をたずねて—』（大久保清倫追悼集刊行委員会編 1991年 ユック舎）による。この資料が刊行された1991年（平成3年）当時，塚本さんは「潮来町の水道水を考える会」に所属していたと記されている（大久保清倫追悼集刊行委員会編 1991：124）。

12）あやめは水を嫌うというのが塚本さんの見解である。水気の多い場所に無理をして植えたのであやめが枯れてしまったのではないかというお話であった。

13）形式上は，国土交通省・潮来市・潮来ジャランボプロジェクトの3者で管理協定を結んでいる。実際は委託金を介して潮来ジャランボプロジェクトが管理を全面的に任されている。塚本勝さんへの聞き取りによる。

14）ここでとりあげるデータは，2006年6月13日に筆者が勝田重子さんに行った聞き取りにもとづいている。

15）ここでとりあげるデータは，2006年9月17日に筆者が植田文雄さんに行った聞き取りと，その場に同席した同会の会員20名の説明にもとづいている。

16）ここでとりあげるデータは，2006年3月14日に筆者が小沼文江さんに行った聞き取りと，その場に同席した潮来市役所環境課職員の説明にもとづいている。

17) 2006年12月4日に筆者が水質監視委員のひとりに行った聞き取りにもとづいている。
18) ここでとりあげるデータは，2006年11月15日に筆者が山口倬司さんに行った聞き取りにもとづいている。

<参考文献>

荒川康・鳥越皓之，2006,「里川の意味と可能性　利用する者の立場から」鳥越皓之編『里川の可能性　利水・治水・守水を共有する』新曜社：8-35.
潮来町史編さん委員会編，1998,『潮来町史』潮来市教育委員会.
大久保清倫追悼集刊行委員会編，1991,『はだしのドクター－真理をたずねて－』ユック舎.

第 9 章

霞ヶ浦の湖畔住民の環境意識

鳥越皓之

1　三つの課題

　住民は霞ヶ浦についてどう考えているのであろうか。霞ヶ浦に対しての県の施策として，茨城県知事は2005年（平成17年）の「年頭あいさつ」で，「水環境に関する最新の調査研究のみならず，住民と一体となった水質浄化運動や環境学習・環境保全活動の拠点づくりを進めてまいります」という言い方をしている。けれども，「住民と一体となった」という場合の，そもそも当該の住民がどのように考えているのかという点について，必ずしもその考えを関係者が明確に把握しているわけではない。施策を立ち上げようとする場合，とりわけ日々，霞ヶ浦を目にすることが多い湖の周辺に居住している人たちの考え方を理解することは不可欠である。彼らは，霞ヶ浦をどうすればよいと考えているのであろうか。

　第1に，彼ら住民は，「本当に水質の改善を望んでいるのだろうか」という素朴だけれども大切な問いが生じる。たとえ望んでいるとしても，それはどのくらいの割合なのだろうか。霞ヶ浦から歩いて5分以内程度の身近な場所にいる住民と，霞ヶ浦が日々の関心から遠くて，歩いて30分も離れている住民とは関心が異なるのだろうか。また世代によって意見が異なるのだろうか。

　第2に，霞ヶ浦のさまざまな環境問題に対して，「行政依存型なのか，それとも自分たちが責任の一端を担う覚悟があるのだろうか」。このような住民の関わる姿勢の問題がある。

　第3に，水問題だけでなく，たとえば霞ヶ浦の景観について，住民はどのような評価をしているのか，景観と関わりがある事業としての観光開発に好意的なのだろうか。また，霞ヶ浦の利用として，水道用水，工業用水，農業用水，子どもたちの水辺遊びなど「多様な用途に対してどのような評価をしているのだろうか」。このような多様な利用の課題があるのである。

　このような問いがたちどころに想起される。しかしながら，このような問いに対する答えを私たちはほとんど知らないのである。現状では，それを知るためのデータがないと言ってよい。この章は，上記のような問いに答えることを

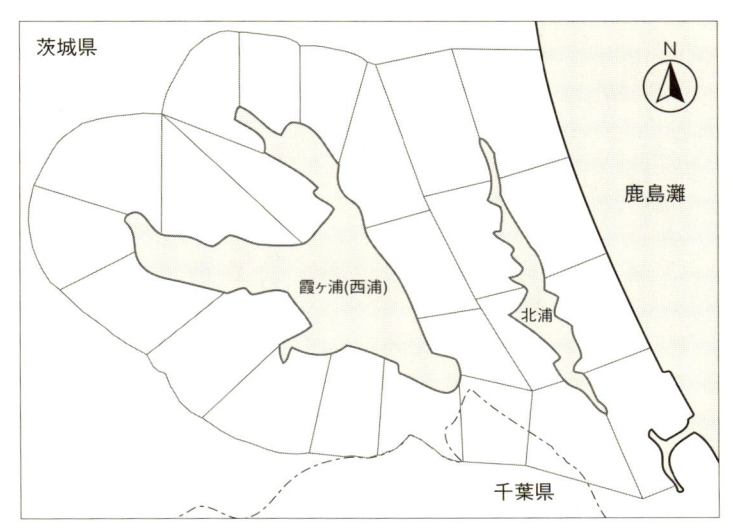

図9-1　霞ヶ浦全図および調査にあたっての調査地単位の区分図

目的としたものである。

　ところで，その意見を聞く対象である住民であるが，住民といった場合，一般的な言い方をすれば，住民の意見が実効性をもつのは，その意見が組織化されて「ひとつの声」になったときである。霞ヶ浦には顕著な活動でよく知られているNPOが複数存在する。また，霞ヶ浦周辺には，集落や，小学校区組織，自治会など多様な既存住民団体が存在する。これら既存住民団体が構成する組織は地域性が高いから，ここでは便宜的にコミュニティとよんでおこう。しばしば住民の意見はNPOやコミュニティに吸い上げられて，それが住民の意見として顕現することが少なくない。しかしここでは，組織的なパワーとなって顕現する以前の，住民一個一個の意見を掬い取ることが課題である。すなわち，「地元住民の意見」を明らかにするということである。

　私たちは，霞ヶ浦の周辺，すなわち水辺からおよそ5km以内の住民を対象（母集団）にして，24の地域ブロックに分けてアンケート調査を行った（図9-1）。本章は，そのデータの分析である。霞ヶ浦（西浦および北浦）の周辺住民に対し，2,106票の調査票を配布し，1,310票を回収した。回収率は62.20%である[1]。

2 霞ヶ浦周辺住民の霞ヶ浦に対する見方

身近さの内容

まず基本的な理解として，霞ヶ浦周辺住民は霞ヶ浦にどの程度の身近さ（愛着）をもっているのであろうか，という点を知る必要があろう．表9-1は「身近さの程度」を聞いたものである．50％の人たちが「たいへん身近」に感じており，「まあ身近に感じる」を含めるとそれは78％であり，霞ヶ浦に対する身近度というか愛着はたいへん強い．

しかしながら，これは霞ヶ浦のすぐ周辺に住んでいる人の意見なので，離れると関心が弱くなるのではないか，という常識的反論がすぐに想定されよう．表9-2は距離とのクロスをとったものである．表に示されているようにこの常識は半面で当たっていて，半面で当たっていない．このふたつの変数（問い）の間の関係の強さをみると正の相関がみられる（Spearmanの相関係数は.368，p＜.001）．ただ，歩いて5分以内という湖がすぐそこにある人たちが「たいへん身近に感じる」割合が例外的に高いのであって，1時間以上離れた人たちが，この「5分以内」を除いた人たちよりも身近度において低いわけではない事実を表は示しており，そこは注目してもよい．すなわち，湖から5分以上離れると，身近度は距離と関係なく，

表9-1 霞ヶ浦に対する「身近さ」の程度
(n = 1302)

身近さの程度	％
たいへん身近に感じる	50.5
まあ身近に感じる	27.6
ふつう	12.8
あまり身近に感じない	7.4
まったく身近に感じない	1.8

表9-2 身近さと水辺からの距離とのクロス集計 (n = 1284)

霞ヶ浦への距離	たいへん身近に感じる	まあ身近に感じる	ふつう	あまり身近に感じない	まったく身近に感じない	全体 (n)
5分以内	78.2	13.2	5.6	2.1	0.9	100%（340）
5～10分以内	60.6	26.8	9.0	2.8	0.0	100%（142）
10～30分以内	42.5	35.5	15.0	5.2	1.7	100%（287）
30分～1時間以内	41.9	35.6	14.7	7.9	0.0	100%（191）
1時間以上	30.6	31.5	18.2	16.4	3.4	100%（324）

＊単位はパーセント（％）．ただし，nは実数である．

すなわちさほどの変化なく，かなりの程度身近に感じているのである。たとえば，1時間以上離れている人で，「たいへん身近に感じる」が31%，「まったく身近に感じない」が3%なのである。

では，住民に湖に関心をもってもらうために大切なこの身近度という感覚はどのような要因から影響を受けて形づくられるのであろうか。この身近度を目的変数とし，重回帰分析をおこなってみた。

説明変数は，目的変数に影響を与えていると予想される「霞ヶ浦の水のきれいさの程度」「霞ヶ浦の景色のきれいさの程度」「居住地域の自然の豊かさの満足度」「霞ヶ浦の水質の汚れは住民にも責任がある」という考え，「川，池，湖，海などの水辺一般での遊び経験」「子どものころに霞ヶ浦やその水辺で遊んだ経験」「年齢」「職業」「居住年数」「霞ヶ浦からの居住距離」を候補とした。この候補の変数の中で名義尺度のものを変換し，さらに，多重共線性を考慮した上で，強制投入法により分析を試みた結果が表9-3である。

霞ヶ浦への身近さの程度に大きく影響を与えている要因は，まず，「子どもの頃に霞ヶ浦で遊んだ経験」が多いこと，「霞ヶ浦からの居住距離」が近いこと，それと「年齢」が高いこと，「霞ヶ浦の景色」をきれいと評価していることであった。他方，「霞ヶ浦の水」の評価はさほど影響がなさそうである（表9-3のβ値より）。つまり，霞ヶ浦の水をきれい・汚いと思う程度と身近に感じるという意識とは大きな関連性はみられない。

表9-3　霞ヶ浦に対する身近さの程度を規定する要因　　　（n=1177）

重回帰分析における説明変数	標準偏回帰係数β
霞ヶ浦の水のきれいさの程度	－.052*
霞ヶ浦の景色のきれいさの程度	.117***
霞ヶ浦やその水辺で子ども時代に遊んだ経験	.274***
霞ヶ浦の水質の汚れは住民にも責任がある	.052*
居住地域の自然の豊かさの満足度	.029
年齢	－.183***
霞ヶ浦からの居住距離	.223***
職業	－.021

＊調整済みのR^2　.276***。
＊$p<.001$は***，$p<.01$は**，$p<.05$は*で表記している。

この表から改めて、霞ヶ浦への身近度を形づくる要因として子ども時代の水辺での遊び経験が大きいことを思い知らされる。

遊びの経験

では、子ども時代の遊びの経験の実態はどのようなものであろうか。**表9-4**は遊んだ経験のあるなしを聞いたものである。ある者が43%、ない者が31%となっている。これは年齢によって異なるであろう。年齢とのクロスを示しているのが**表9-5**のグラフである。50歳代以上の遊び経験が多い。分かれ目は30歳代と40歳代のところである。ということは1970年から80年代の頃が区切りの時代であったのであろう。それはほぼ実質上の湖岸堤の建設の時期と重なっている(5)。その遊びの内容は**表9-6**にみるとおりである。水泳と魚とりが多い。子どもの頃の水泳自慢と魚のとり方についてのいろいろな工夫の話は現在の高齢者へのインタビューの中に必ず出てくる話題でもある。30～40歳代より若い世代の人たちは、霞ヶ浦での遊びの自慢話

表9-4 霞ヶ浦やその水辺で子どもの頃に遊んだ経験
(n = 1275)

遊んだ経験	%
よくあった	43.1
少しあった	25.6
まったくない	31.4

表9-5 年齢別の霞ヶ浦での子ども時代の遊び経験 (n = 1267)

年齢層	よくあった	少しだけあった	まったくない	全体（n）
19歳以下	9.1	22.7	68.2	100%　（22）
20～24歳	6.7	40.0	53.3	100%　（15）
25～29歳	14.7	35.3	50.0	100%　（34）
30～34歳	26.8	26.8	46.4	100%　（56）
35～39歳	16.9	28.2	54.9	100%　（71）
40～44歳	22.6	46.4	31.0	100%　（84）
45～49歳	39.5	27.9	32.6	100%　（129）
50～54歳	41.7	33.1	25.2	100%　（151）
55～59歳	50.3	28.4	21.3	100%　（155）
60～64歳	57.1	17.4	25.5	100%　（161）
65～69歳	52.0	17.9	30.1	100%　（123）
70～74歳	54.3	23.3	22.5	100%　（129）
75歳以上	52.6	13.1	34.3	100%　（137）

＊単位はパーセント（%）。ただし、nは実数である。

をもっていないということだ。

霞ヶ浦の評価

霞ヶ浦を考えるときに大切な水の汚濁の評価はどういうものであろうか。周知のように，霞ヶ浦は〝泳げる湖〟としての1960年代の透明度から遙かに遠い状態であるし，また水質を知る基準のひとつとしてのCOD値も改善傾向にはない。そういうなかでの住民の意見はどのようなものであろうか。表9-7に示されているように78％の人が悪い評価をしている（「きたない」と「ややきたない」の合計）。一方，霞ヶ浦の景色に対する評価は水質とちょうど逆の傾向を示していて，かなりの評価がある。ただ，湖や山はそれだけで風景として「きれい」と答える傾向が一般に見られるので手放しに喜べない。むしろ「ふつう」だと答えた人の数が少なくない事実に注目した方がよいかもしれない（表9-8）。また，将来展望を含めた評価はどうなっているであろうか。「霞ヶ浦の水は少しぐらい汚れても，長い目でみれば問題はない」と考えるか，という質問に対して，否定的な意見が多く（表9-9），住民は楽観していない。また景観についての傾向も同様である（表9-10）。

霞ヶ浦の過去の歴史として，どれがもっとも印象に残っているかという質問に対して，「漁業活動」につづいて「水辺遊び」「水のきれいさ」という順となっている。「水のきれいさ」が印象に残っているという事実は考えさせられる（表9-11）。

表9-6　霞ヶ浦やその水辺での遊びの種類
(n = 815)

遊びの種類	%
魚とり	32.5
舟遊び	6.6
水泳	55.3
植物採集	2.7
昆虫採集	1.0
その他	1.8

表9-7　霞ヶ浦の水のきれいさの評価
(n = 1285)

水の評価	%
きれい	1.2
ややきれい	5.6
ふつう	14.9
ややきたない	38.4
きたない	39.9

表9-8　霞ヶ浦の景色のきれいさの評価
(n = 1282)

景色の評価	%
きれい	36.9
ややきれい	25.0
ふつう	27.3
ややきたない	7.9
きたない	2.9

表9-9 将来的な霞ヶ浦の水質汚染に対する問題意識　(n=1255)

霞ヶ浦の水は少しぐらい汚れても長い目でみれば問題はない	%
そう思う（問題ない）	4.6
まあそうだ	3.7
どちらともいえない	13.5
まあそうとは思わない	24.6
思わない（問題だと思う）	53.5

表9-10 将来的な霞ヶ浦の自然景観に対する問題意識　(n=1257)

霞ヶ浦の自然景観は長い目でみれば問題はない	%
そう思う	12.3
まあそうだ	10.3
どちらともいえない	23.2
まあそうとは思わない	25.1
思わない	29.0

表9-11 過去の霞ヶ浦のイメージ　(n=1255)

霞ヶ浦の過去の歴史として印象に残っているもの	%
水害	6.2
景色のよさ	12.9
漁業活動	21.9
水辺遊び	20.2
総合開発	1.4
水のきれいさ	15.1
船の水運	8.7
その他	2.5
とくにない	11.2

表9-12 現在の霞ヶ浦の値打ち（複数回答）

いまの霞ヶ浦のなにに値打ちがあると考えるか	%
景色のよさ	61.6
釣りや舟遊び散策などのレジャー	50.8
漁業活動	26.2
農業用水	45.6
工業用水	9.5
水道用水	29.8
子どもの水辺遊び	11.9
なにもない	6.1

＊有効回答者数1280，有効回答数3090

　それでは現在の霞ヶ浦を総合的にみて，なにに住民は値打ちをみいだしているのであろうか。それは表9-12にみるとおりで，「景色のよさ」や「遊び・レジャー」に値打ちを見いだしている。それに次いで，「農業用水」や「水道用水」，「漁業活動」というような生産などに関わる要因がつづく。もっともこれは会社員などを含めた住民一般の話であるので，農漁業などの生産活動をさほど重視していないとは軽々に判断できない。このような意見は職業と関わりがあるだろう。職業とクロスをしてみると（表9-13），農業・漁業者が「農業用水」をもっとも大切とみなしていた。また，商工業者，主婦，公務員などが「景色のよさ」を第一においている。それに対し，会社員と学生などが「釣りや舟

表9-13 職業別にみた霞ヶ浦の値打ち（複数回答）

職　業	景色の よさ	釣りや舟遊び散策などのレジャー	漁業活動	農業用水 として	工業用水 として	水道用水 として	子供の 水辺遊び	なにも ない	n
農業・漁業	57.7	36.7	26.0	66.3	10.7	33.2	8.2	4.6	196
商業・工業	71.8	57.7	26.8	36.6	11.3	23.9	12.7	7.0	71
専業主婦	61.5	50.6	28.2	42.3	7.1	26.9	9.6	6.4	156
公務員	63.0	58.9	28.8	43.8	12.3	28.8	19.2	2.7	73
会社員	60.3	62.8	20.5	39.7	9.4	23.5	13.7	6.8	234
専門・自由業	69.0	51.2	34.5	38.1	9.5	32.1	20.2	6.0	84
パートタイム	60.8	68.0	26.8	37.1	4.1	26.8	9.3	6.2	97
学生	40.0	56.0	24.0	28.0	0.0	12.0	20.0	20.0	25
無職	62.3	38.5	29.6	49.8	13.2	38.9	8.6	4.3	257
その他	62.7	52.0	16.0	41.3	5.3	28.0	17.3	9.3	75

＊nは回答者数
＊有効回答者数1268，有効回答数3063
＊単位はパーセント（％）。ただし，複数回答のため合計は100%にはならない。

遊び散策などのレジャー」を第一においている。想定通りともいえるが，政策という面からは考えさせられる課題である。

霞ヶ浦への取り組みと将来への展望

　住民は霞ヶ浦をどのようにしていけばよいと考えているのであろうか。図9-2が示すように，「美しい自然を保つようにすべきだ」という景観保全の意見が圧倒的に多くて(60%)，それに次いで，「水辺で遊べるような場をつくるべきだ」という意見が多い点に注目すべきだろう。大きな方向として現在，茨城県がおこなっている政策とさほど大きなズレはない。あえていえば水辺の遊び場ということを県の施策としてもう少し積極的に考えてもよいかもしれない。

　霞ヶ浦の環境という課題を行政と住民とのどちらが責任をもつべきか，という点については，住民は明確な判断をしている。それは表9-14，表9-15，表

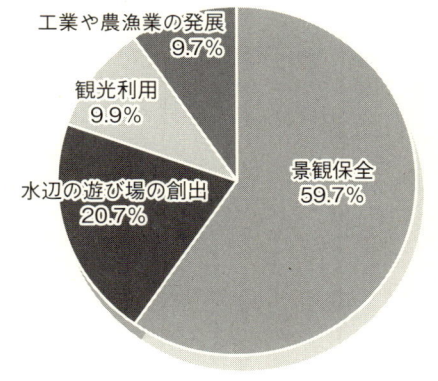

図9-2　霞ヶ浦を将来どうすればよいと思うか　（n＝1266）

表9-14 霞ヶ浦の自然環境は行政にまかせれば大丈夫だ (n = 1266)

霞ヶ浦の自然環境は行政にまかせれば大丈夫だ	%
そう思う	6.1
まあそうだ	5.0
どちらともいえない	21.4
まあそうとは思わない	30.5
思わない	37.0

表9-15 水が汚れたのは住民にも責任がある (n = 1273)

水が汚れたのは住民にも責任がある	%
そう思う	61.7
まあそうだ	25.0
どちらともいえない	10.1
まあそうとは思わない	1.9
思わない	1.3

表9-16 水の汚れは自分一人でも注意をすれば大きな力になる (n = 1272)

水の汚れは自分一人でも注意をすれば大きな力になる	%
そう思う	50.8
まあそうだ	24.2
どちらともいえない	12.6
まあそうとは思わない	6.4
思わない	6.1

表9-17 行政施策としてどちらを支持するか (n = 1274)

行政施策としてどちらを支持するか	%
水質改善に集中すべき	83.0
実用的な用途に集中すべき	17.0

9-16に明確に現れている。住民責任論である。参画と協働という県の施策は，住民の主体性に期待するものであるから，参画と協働の施策はこの霞ヶ浦の環境分野にも適応できる住民側の下地があるといえる。

　さて住民ではなく，行政がおこなう施策として，「水質の改善」とそれと対立する考えともいえる「農漁業やレジャーなどの実用的な用途に集中」するのとどちらがよいのかという問いに対しては，表9-17にみるように圧倒的に「水質の改善」である。この変数ともっとも強く逆相関しているのは，「霞ヶ浦の水は少しぐらい汚れても，長い目でみれば問題はない」（Spearmanの相関係数は −.185，p＜.001）という意見に対してである。すなわち，長期的にみても問題があるからこそ，行政に水質の改善施策を強く望んでいるのであろう。

　では，このふたつの相反する行政へ期待する施策，すなわち，「水質改善」と「実用的な用途」（水質改善ではない）のいずれかを住民に選ばせている要因はなんだろうか。二項ロジスティック回帰分析を行った結果が表9-18である。変数を多く投入しているわりにはR^2（寄与率）がさほど高くないので参考程度と

理解してほしいが，以下のようなことが言えそうである。[6] ひとつが，このような意識を形成する要因としては，湖からの居住距離や，飲料水として井戸を使っているかどうか，居住年数，性別というような属性的な要因は影響を与えていないということである。ふたつめに，他方，霞ヶ浦を身近に思っている人，水を汚いと思っている人，水の汚れは住民にも責任があると考えている人，職業では会社員などが「水質改善」を志向し，逆の考えの人（湖が身近でなく，水がきれいと思っている人，農業など地元に密着した職業の人たち）が「実用的な用途」を志向していることが分かる。

表9-18 「行政施策として水質の改善かそれとも実用的用途か」を目的変数としたロジスティック回帰分析の結果　　　　　　　　　　　　　　　　　（n = 1117）

説明変数	標準偏回帰係数
霞ヶ浦に対する身近さの程度	−.218*
霞ヶ浦の水のきれいさの程度	.282**
霞ヶ浦やその水辺で子ども時代に遊んだ経験	−.045
霞ヶ浦の水質の汚れは住民にも責任がある	−.199*
飲み水は井戸か水道か	.100
霞ヶ浦の将来像	−.678***
性別	.088
年齢	.206
職業	.166*
霞ヶ浦からの居住距離	.091
居住年数	−.045

* NagelkerkeR^2 .174
* $p<.001$は***，$p<.01$は**，$p<.05$は*で表記している。
* 目的変数は行政施策の方向性として「水質改善」を1，「実用的な用途（水質改善ではない）」を0とした。
* 説明変数の「飲み水は井戸か水道か」「性別」「職業」は，ダミー変数あるいは順位尺度に変換して分析をおこなった。具体的には本文の注記（7）に示しているとおりである。
* 「年齢」と「居住年数」は相関が高い（Spearmanの相関係数.442，$p<.001$）ため，どちらかを外した方がよいにもかかわらず，あえて両方の変数を投入している。また，強制投入法を用いたのは，説得的なモデルをつくることよりも，どういった要因が目的変数と関連がありそうなのかについて，まずもって知っておく必要があると考えたためである。

しかしあえていえばそうであっても，なによりも，たいへん多くの住民が「水質改善」派であることは明記されてよい。

3　結論

この調査結果から，霞ヶ浦の施策の方向性を示すいくつかの大切な事実があきらかになった。現代の地域施策としてのパートナーシップ性を強調する「参

画と協働」を考慮に入れれば，なんといっても，住民に霞ヶ浦に対して，愛着や身近な感覚をもってもらう必要がある。重回帰分析によると，このような気持ちを強める要因は，属性的なもの以外に2つあって，ひとつは「子ども時代の遊び経験」である。これが現在の30歳代～40歳代より若い世代はほぼなくなっている。子どもたちに霞ヶ浦で遊んでもらうという施策が必要である。事実，住民の将来への意向としても，図9-2をもう一度みてもらえばよいが，「水辺で遊べるような場をつくるべきだ」という意見が多い（21％）。

　もうひとつは，「よい景色の形成」である。現在の景色の評価は水質ほどには悪くないことがデータで示されていた。けれども，本来，湖や山はよい景色と言われることが多いのに，この霞ヶ浦はその評価が「ふつう」（27％）という人が少なくない事実（表9-8）には注目する必要がある。施策として霞ヶ浦の景観の保全と形成の必要性が感じられる。それは，観光のためや地域の資源としての意味もあろうが，なんといっても霞ヶ浦に住民自身に愛着をもってもらう必要があり，そのために寄与することが大であることが分析から明らかになった。

　水に対しての評価であるが，78％の人が「きたない」と判断している事実はすでに示した（表9-7）。それは「過去の霞ヶ浦」の印象として残っている「水のきれいさ」と関連があるだろう。この水質に対しては，茨城県はすでに短期的・長期的双方の視点から点源対策，面源対策を行っていることは周知のことである。その施策を住民の側から支持するデータが以下のものである。すなわち，行政がおこなう施策を二者択一とした場合，表9-17で見たように「水質の改善」を支持する者が83％である。このような選択をさせる要因はロジステック回帰分析で示したとおりであるが，ロジステック回帰分析は，個別の要因の相関を示すというよりも，セットとしての複数要因が目的変数にどういう影響を与えるかという分析ができることに特徴があり，その特徴をふまえた言い方をすると，日頃，霞ヶ浦を身近に感じつつも，湖の汚れを意識し，その責任の一端は自分たち住民にもあり，将来なんとか霞ヶ浦の美しい自然を保ちたいものだ，と考える住民が，行政の施策として「水質改善」を望んでいる。その場合，住民の年齢や居住年数や湖からの距離などは関係がないということである。

最後に，住民たちはこの霞ヶ浦の環境について，「住民責任論」（自分たちにも責任がある）の立場に立っている事実を改めて認識しておく必要があろう。このことは住民自身も行動する用意があることを示しており，県の行政施策としての参画と協働路線とこの霞ヶ浦の環境の課題とをキチンと結びつけるチャンネル，すなわちパートナーシップ関係を形成する必要があろう。

　また，他の地域と比較して，霞ヶ浦周辺住民が，霞ヶ浦の環境について関心が薄いという経験的な言い方がされることがあるし，その点は5章でもふれた。しかし，琵琶湖など他の湖周辺住民との比較のデータをここでは示していないが，霞ヶ浦周辺住民の環境〝意識〟そのものは，今回のデータでみるかぎり決して劣っているとは言えない。経験的な言い方と今回のデータのズレは，結局のところ，意識は高いものの，それを顕現させていく地域組織の弱さであろうと想定される。気持ちを行動に移せるためのコミュニティづくりの大切さを改めて指摘しておきたい。

【注】

1）配布にあたって，最初に湖の水辺から5kmまで離れる陸地を対象として，等面積の地域空間を形成する方法を選んだ。西浦と北浦とを合わせて24区分にした。模式図的にいえば，一辺を霞ヶ浦の水辺において24の長方形の空間をつくった。5kmとは湖までおよそ徒歩で1時間30分の距離である。ただ，これは原則であって，実際は水辺は直線はあり得なくて入り組んでいるし，地域空間は文字通り山あり谷あり海ありで，また奥まった湾もあり，さらに北浦と西浦はかなり接近している場所もあるし，この調査は茨城県からの委託ということもあって千葉県境で切っている。そのため個々の4辺形ごとに個別の修正を行わざるを得ず，原則どおりには実行でき得ていない。図9-1の地図に示すとおりである。また交通の不便な場所にかなりの人数の調査員を配置するために道路の分布も4辺形の変形要因となった。そのため代表性は十全に確保できなかったといってよいが，できるだけ任意性を排除するようには努めた。ただ，基本的な発想は，選挙人名簿のように人を基準において調査者を選定したのではなくて，地域空間を基準において選定していることである。水辺から5km以内という空間規定をしたためである。その結果，選挙人名簿などでは，任意的に行政単位の操作をしなければ土浦市など人口の稠

密地帯の人たちが回答する比重が高くなるが，この地域空間の方法では，逆に人口のまばらな北浦の北の方の住民は選定される確率が高くなる。また，発想方法が純粋の地域空間であって，市町村の行政単位で分けていない。それはこの調査の意図と関連していて，霞ヶ浦周辺全体のそれぞれの地域の住民の意見を平等に拾い出したいためである。調査者が各調査対象者を戸別訪問し，その場で記入してもらう方法（訪問面接法）と，意図をできるだけ口頭で説明し後で郵送してもらうというふたつの方法を併用した。戸別訪問をして対応された人を回答者として選んだ。戸別訪問日は，2006年5月27〜29日（土，日，月）である。

2）それでは，もっと遠くのたとえば茨城県の北部の人たちは，霞ヶ浦への身近度は変わらないのだろうか，という疑問が生じよう。この調査は霞ヶ浦から5km以内という限定での調査であり，その限りにおいて，岸辺に住んでいる人以外は距離と関係がないと言えるのであって，霞ヶ浦から徒歩で10時間以上も離れている人の身近度についてはなんとも言えない。

3）候補の変数の中で名義尺度のものは「職業」のみである。この変数は，地域への密着度を基準にしてあえて次のように順位尺度へ変換した。具体的には，農業・漁業を1，商業・工業を2，中立という意味で主婦，パート，無職，その他を3，公務員を4，会社員，学生，専門・自由業を5にした。

4）「子どもの頃に霞ヶ浦で遊んだ経験」と「川，池，湖，海などの水辺一般での遊び経験」，および「年齢」と「居住年数」とがそれぞれに相関が高い（前者のSpearmanの相関係数は.519, $p<.001$，後者のSpearmanの相関係数は.442, $p<.001$）ので，それぞれの後者の変数を外した。また，表9-3の重回帰分析は，変数の選択基準として則るべきこの分野の先行研究がないことと，もともと質問数が限られているため，十分に変数を絞れていない限界をもっている。そのため，不安定性はまぬがれない。

5）厳密には湖岸堤の建設は1967年（昭和42年）から1996年（平成8年）までつづけられた。

6）ロジスティック回帰分析は，本来は判別分析に使うものであるが，その応用として要因分析が可能である。ここでは要因分析を行ったのであるが，その場合，説明変数同士が十分に独立であるかどうかに注意をする必要がある。本章では，一応の確認はしているが，もともと変数が限られていることもあって十分ではない。

7）「飲み水は井戸か水道か」は，井戸＝0，水道＝1，「性別」は男性＝0，女性＝1というようにダミー変数へと変換した。また，「職業」は，重回帰分析の時と同様に，地域への密着度を基準にして順位尺度へ変換した。

第 10 章

パートナーシップ的発展論の可能性

鳥越皓之

1 パートナーシップ的発展論の位置づけ

　私たちがとりあげた3つの開発・発展論はよくよく考えるとそれぞれ長い歴史をもっている。1番目の公共事業型開発論は近代的な開発論にみえるが、幕府や藩による公共事業は存在した。それは利根川に対する「天保の水行直し」をひとつの例とするような河川改修や浚渫が主なものであったが、治水というものは政治・経済にとって不可欠なものであった。それ以外に森林の整備についても各藩は熱心であった。

　さらに城下町の整備、宿場の整備など、たいへん多様な分野で公共事業をしてきた。霞ヶ浦に関わることでいえば、江戸表に至るまでの〝川の駅〟にあたる河岸の整備もそのひとつである。

　また、2番目の「持続的発展」ともいわれる環境に配慮した開発というものは、江戸時代の記録をひもとくと、結果的に環境に配慮した開発をしていたことが分かる。それを結果的というのは、近代的な意味での土木技術があまり高度でなかったからであろうか、「川のことは川に訊き、山のことは山に訊く」という姿勢がみられた。つまり、その川の特性、その山の特性を利用して開発をせざるを得なかったので、結果的にその川や山の自然のクセを利用するという形で開発がされたのである。ダム建設に批判的な人たちが評価する山梨県甲斐市の信玄堤（霞堤）などが、典型的にその特性が示されている例である。また、霞ヶ浦は現在、コンクリートの

写真10-1　江戸時代の土手の護岸堤（茨城県鉾田市）

234

護岸堤であるが，その陸側に江戸時代のものと想定される土手が残っている箇所が少なくない。その土手は護岸堤よりもはるかに曲がりくねっている。それはその場所の自然の特性に依存しているからである。

　また，3番目のパートナーシップ型の発展論も本書の事例が示すように長い歴史をもっている。

　これら3つは，それぞれがそれなりの歴史をもっていて，それぞれの時代，それぞれの場所で意味をもっていた。ただ，時代や場所によって，そのどれかが大きく前に出てきたことがあるといえよう。

　これら3つを類型とよんで，あえて図に落とすと図10-1のようになる。開発にあたって元の特性（自然）を生かすのと，元の形を否定して大きく改変するのとは程度の差として示せるから，それをX軸におく。元の形の否定とは，公共事業を典型とする開発をさす。Y軸には，開発・発展の目的をおいた。「快適で合理的」と「生活の充実」という表現を使った。前者がハードな環境整備的で後者が「生活の充実」という人びとの内面をも含んだ概念を使用した。Y軸は目的，X軸はその手段という言い方もできよう。

　この図の中心軸は持続的発展論である。この「持続的発展論」は「まえがき」でもふれたように，1987年（昭和62年）に「環境と開発に関する世界委員会」（ブルントラント委員会）によって明確に定義づけられたものである。この委員会は国連の決議によって設置されたものであり，そのためもあって，世界の多様な立場の国々への配慮が入っている。そこでいう

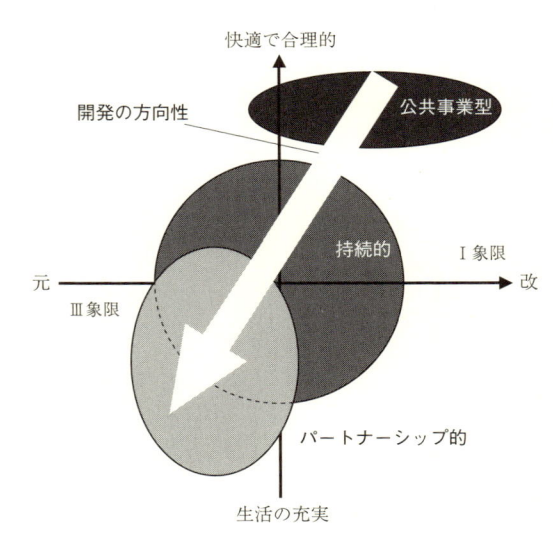

図10-1　3つの開発・発展論の位置づけ

持続的発展とは「将来の世代の欲求を充たしつつ，現代の世代の欲求も満足させる開発」(World Commission on Environment and Development. 1987：43)のことである。それを一言でいえば，自然環境に対する配慮と開発に対する配慮の両方に等しく配慮されたものである。逆な表現をとると，自然環境の大切さを重視するいわゆる先進国と，開発を急務とする途上国との綱引きの妥協物ともいえる。しかしながら，図に見るように，公共事業型開発に比べると，自然をやみくもに改変するよりも一層，元の特性（自然）を大切にし，快適で合理的な開発ということで，直線に近い道路やコンクリートの護岸をつくることに対しての反省も少なからず含まれている。環境を考える者にとっては比較的長所と評価できるものである。また，現代社会の価値観に照らし合わせても説得的な開発論であるといえよう。霞ヶ浦においても，行政（とくに企画部局）や住民の間ではこの開発論がもっとも人気のある開発論であると推察される。ともあれ，それぞれに配慮した結果，当然ともいえるがこの図の中央の位置（その核は数字として0）にこの持続的発展論を置くことができる。

　それに対して，「公共事業型開発論」は，積極的な面では新田開発など経済的効率に見合うように，また受け身の面では水害などの災害を防ぐように考えられた開発論である。これは霞ヶ浦でいうと水と土にかなり大胆に手を加えるという手法である。イメージでいえば，ショベルカー型の開発だ。霞ヶ浦では，新田開発，河川改修，湖岸堤など枚挙にいとまがない。とりあえず自然環境は無視され，経済的成長に焦点が絞られた。また，しばしば災害のためという表の目的をもちつつ，隠れた目的としてはその地方の経済振興への貢献や失業対策と解釈できる計画も珍しくなくみられた。この種の開発は国家が大きな方向性を決め，その後，県がかなりの主導権を発揮し，それに市町村という基礎的自治体が対応するという形がありふれたパターンである。どちらかというと地元の普通の市民の意見が入り込む余地は少ない。そのため専門家を中心とした開発とも言われる。

　そのことに対する近年の批判をうけて，国土交通省を中心として修正の動きがある。たとえば，1997年（平成9年）に河川法が改正され，関係市民の意見を入れるようになった。法律は社会的要望に応える形になりつつある。ただ，

その魁として注目され，住民参加型のモデルといわれた淀川水系流域委員会がその活動の半ばである2006年（平成18年）に休止の決定をみたことがこの種の試みの難しさを端的に示している。当時の新聞記事では，この委員会がダムの開発に積極的でなかったことが原因であると推定している。そのような問題を含みつつも，国民や地元のかなりの人たちがこの公共事業型開発に期待をしていることは事実であるし，現代社会の常識として，この種の開発が不可欠である部分をもっていることも否定できない。

　それらに対して3番目の「パートナーシップ的発展論」は耳新しい用語かも知れない。だが，冒頭に述べたように現実にはかなりの歴史をもって作動している開発論でもある。ただ，この図の左下，第Ⅲ象限に位置づけられる開発論であり，図の右上から左下にかけて，白の矢印が示すように，きれいに前二者の延長線上にある意味からして，将来的に期待される開発論であるといえる。言葉を換えれば，前二者の延長線上に「ある開発・発展論」を想定したときに，その開発論はどのような開発論かといえば，元の形である自然をもっと重視し，たんに快適で合理的であるよりも，人びとの生活の充実を視野に入れた満足感を得るような開発である。そしてその命名はどのような命名でもよいが，わが国において，その特徴をみたときに伝統的にもパートナーシップが重視されてきたので，このような命名になったというものである。そしてその方向性をさらに極端に進めていけば，かならずディープ・エコロジーや生命地域主義，また後でふれる〈脱〉開発が視野に入ってくる。ただ，これらには開発や発展という考え方が希薄になってくる。したがって，ここで検討しているパートナーシップ的発展論の先の開発論は理想像としても存在していない。ただ，あえて探せばシューマッハの「スモール・イズ・ビューティフル」という考え方が関わってくるかも知れない。彼は「健全な開発」というものを想定して，「開発が健全だといえるのは，それによって人々が能力一杯まで向上し，環境も可能なかぎり良くなる場合にかぎる」（Schumacher, E. 1977 : 120）という言い方をしている。ただ，すぐ後の節で詳しく述べるが，上記の海外の動向ではなくて，日本発の開発論としては内発的発展論があり，それがここでいうパートナーシップ的発展論と大きく重なっている。というより，このパートナーシッ

プ的発展論は内発的発展論を下敷きとしている。その意味で，パートナーシップ的発展論はまったく独創的なものでもないが，言葉を換えれば，日本の開発論の研究史をふまえたものであるともいえる。内発的発展論を一層の現実化させたもの，あるいはそれを一歩踏み出したもの，とみなせばよいだろう。

　ともあれ，パートナーシップ的発展論は，自分や自分たちの組織が活動しつつも，それには限界があることを自覚することによって成立する開発論である。すなわち，異質な人間や組織をパートナーとすることによって，目的を達成しようとするものである。言葉を換えると，自分たちの組織の中にそれらを囲い込むのではなくて，それらの異質性を異質と相互に認め合うことで，相手も自分も発展するという考え方で成立する開発論である。典型例は，現在進行している「参画と協働」という施策だ。これは市民同士の協働も含まれるが，基本的には，行政と市民との協働を想定し，また市民に「参加」だけではなくて，計画権のニュアンスをもった「参画」にも参加してもらおうという施策である。とりわけこの施策は，基礎的自治体では当たり前になりつつある。これは行政と市民という地域では相互にまったく異質な組織（個人）が，ともに同じ目的のために同等の権限をもって汗をかこうという施策である。それが市民にとっても行政にとっても益があるという考え方だといえよう。

　この開発論は相互にその存在を認めなければならないから，やや高度な精神的な成熟が必要とされる。近代においては市民社会についての十分な自覚が要求されるのである。相互に市民社会的な意味での自立した市民や行政機構の必要性を認知する必要があるのだ。ただ，これは一般的な言い方で，精神的成熟は，その国，その民族の文化と深く関わっており，その地域文化の固有性を当然のことながら前提とする。

　それではわが国の場合は，市民社会成立以前においてはどのような形の精神的成熟で，このパートナーシップ的発展をしたのだろうか。農村社会学の研究成果に従うと，それはひとつの解釈だが，親方―子方関係として現れたようである。漁師に対する網元は，相互にその存在を認知していたし，その異質性は明らかであるが，かつては相互の社会的地位，力関係において差が強かった。そのような環境においては，網元である親方は親方としての精神的成熟が要求

された。通常，親方家においては，その息子に対して厳しい親方教育が行われた。村の組織がしっかりしているところでは，数軒の有力家の息子（将来，庄屋，組頭になる）に対して，村が親方教育をした。しっかりした親方でないと，村が成り立たなかったからである。漁師と網元との関係は，いわゆる有賀理論にもとづくと，庇護―奉仕関係をも内包するものであった。親方教育の要諦は「責任」の取り方についての教育であった。この責任という発想は，わが国の近代教育では薄れるので，精神的成熟の内容は，民族によってだけでなく時代によって異なるといえる。

ところで，このパートナーシップ的発展論は図に示す位置に置かれているものの，X軸の位置においては不安定なところがある。どういうことかというと，パートナーを結ぶ主体の任意性がかなり高いので，元の特性（自然）を大切にするというよりも，元の特性を改変する方に（Xの数値のプラスの方に）容易に移行できるのである。江戸時代などの過去では技術的にそうできなかったし，近代に入っても，たまたま現在までのパートナーシップ的発展論がそうしなかっただけであるともいえる。

すなわち，この開発論の開発主体に対する信頼は，鶴見和子などが論理形成をした内発的発展論ときわめて類似した特徴をもっている。節を改めて内発的発展論を検討することで，このパートナーシップ的発展論の可能性と限界について考えることにしよう。

2　内発的発展論の位置づけ

オルタナティブ開発論としての内発的発展論

　内発的発展論は持続的発展論ほどには世界的に知られていないし，注目度は低い。いわゆるオルタナティブ開発論のひとつである。このオルタナティブ開発論とは公共事業型の開発論などの主要な開発論に対して，別の開発論として提示されているいくつかの開発論を指してこのようによぶ。どちらかというとそれらは環境にやさしい開発論が多い。この内発的発展論は主要には日本で理論的に発達した開発論ともいえる。そういう意味で，日本の現状に適合した開

発論である利点をもっている。

　パートナーシップ的発展論は哲学的なレベルにおいては基盤をかなりの程度までこの内発的発展論と共有しているように思う。その意味で、これは内発的発展論の下位概念だといってもよいのだが、組織論レベルでは大きく異なるため、異なった開発論と考えた方がよいかもしれない。内発の「内」という社会空間ではなくて、パートナーシップという社会関係にポイントをおいているからである。そこでこの節ではパートナーシップ的発展論を考慮しながら、内発的発展論を丁寧にまとめ直そうと思う。内発的発展論から学ぶところが多いからである。

内発的発展論とは

　「内発的発展」を英語で表現すれば、Endogenous Developmentである。それにたいし、Exogenous Developmentを「外来型開発」と日本語で訳す場合が多い。英語では両者は対として理解しやすいが、日本語では、「内発的発展」と「外来型開発」なので用語からみてやや対的に理解しにくい印象をもつかもしれない。

　つまり言いたいことは、内発的発展とは、その逆の外来型開発という考えと対になっているということである。よって、一番素朴に「内発的発展」を定義づければ、「内発的発展」とは、当該地域内部の諸力による開発のことである。それに対し、「外来型開発」とは、当該地域外部の諸力の援助による開発のことである。一例として、宮本憲一の「外来型開発」の定義を紹介すれば「外来の資本、技術や理論に依存して開発する方法」（宮本1989：285）となる（宮本の「内発的発展」の定義はあとで紹介する）。もちろん、内発的発展論を検討している研究者の定義は私が述べたものだけではなく、研究者によりかなりの差異がある。けれども基本的には、この簡素な定義が便利であろう。

　だが、この定義に当たるものを、もし「内発的発展」論とよべば、このような考え方は私の専門の社会学からみてもさほど珍しいものではないので、たいへん多くの「内発的発展」論的立場の論文をたちどころに集積できる。事実、「内発的発展」論の起源を探る論文を書いた経済学史家の西川潤は19世紀ドイツ、

フランス，アメリカでみられた自由主義に対抗するいくつかの内生的，内発的流れや，20世紀のインドの民族独立運動などを内発的思想の第一の波，第二の波とよんでいる（西川 1989：5-6）。

しかしここでは，西川潤が第三の波とよんでいる1970年代に関心を集中させようと思う。西川によると，「内発的発展」という用語そのものは比較的最近のもので，その使い始めは2点に整理できるという。1点は，1970年代の中頃にスウェーデンのダグ・ハマーショルド財団が国連経済特別総会の際につくった報告書に「自力更生」とならんで「内発的」という用語を使ったことがはじめだという。その報告書での使用方法を西川はまとめて次のようにいう。

「内発的発展は，集団のレベルと個人のレベルとを結ぶ概念である，と述べている。このように考えるならば，内発的発展とは，社会発展のあり方を決めるような個々の人間とこれらの人間がつくり出す社会，経済，世界秩序との関連にかかわっている，ということができよう。その意味で，内発的発展とは，たんに経済発展の概念を示すのではなく，文化的・社会的な発展概念と関連している」（西川 1989：4）。

もう1点の使い始めは同じ頃に，鶴見和子が「タルコット・パーソンズにおける近代化社会の内発発展型と外発発展型との類型化を，後発社会に適用し，後発社会にとって先進社会の模倣にとどまらない，自己の社会の伝統の上に立ちながら外来のモデルを自己の社会の条件に適合するように創りかえてゆく発展のあり方を内発・自成の発展論とよんだ」（西川 1989：4）という。

これらの考え方，およびそれ以降の研究をふまえて，西川は次の4点に「内発的発展」の特徴をまとめている。①内発的発展は経済学のパラダイム転換を必要とし，経済人に代え，人間の全人的発展を究極の目的として想定している。②内発的発展は他律的・支配的発展を否定し，分かち合い，人間解放など共生の社会づくりを指向する。③内発的発展の組織形態は参加，協同主義，自主管理等と関連している。④内発的発展は地域分権と生態系重視に基づき，自立生と定常性を特徴としている（西川 1989：17）。

このまとめあたりが内発的発展の無難なまとめかと思われるが，同様に内発的発展論を研究史的にまとめた新保博彦は，「内発的発展論の特徴はその包括

性にある」とし，より具体的には次のような2点の提起をしていると指摘している。すなわち「第一の特徴は，生態系の保護や途上国における貧困の解消などのグローバルな諸問題の解決を発展の最も中心的な目標にすえていることである。第二は，その解決のために，人々の日常的な生活の場である地域を基盤にしながら，経済，政治，社会などのあらゆる領域における試みをつみ重ねていこうとするところにある。それはまたその構想の具体化を推進する人間とその能動的役割を重視するという特徴をももっている。こうして内発的発展論は従来の社会システムの諸形態とそれらを支えてきた諸理論に対する全般的なオールタナティブを提出しているといえるだろう」(新保 1990：106-108)。

また，宮本憲一はやや特徴のある形で内発的発展論をとらえている。宮本は内発的発展を次のように定義する。「地域の企業・組合などの団体や個人が自発的な学習により計画をたて，自主的な技術開発をもとにして，地域の環境を保全しつつ資源を合理的に利用し，その地域に根ざした経済発展をしながら，地方自治体の手で住民福祉を向上させていくような地域開発」(宮本 1989：294)。ここでは他の内発的発展の定義に比べて，企業，組合，地方自治体という制度体が具体的に示されている点に特徴を見いだせる。

このように内発的発展論は多様な偏差を含む概念であるが，内発的発展論の発想には程度の差はあれ，次に述べるように，「地域主義的主張」と「近代化の一般理論に対置する考え」が含められている。そのうち，鶴見和子はその2点をとくに明瞭に提示している印象をもつ。鶴見は言う。「内発的発展論という表現を，わたしは，近代化論に対する対置概念として使っている。近代化論は，イギリス，アメリカ等の西欧先発先進国の経験に基づいて，アメリカやイギリスの学者を中心として形成された社会変動の理論である。その理論によれば，西欧の先進国は，自前で近代化のモデルを，時間をかけて創り出したという意味で，内発的発展者である。これに対して，非西欧の後発国は，先進国から手本をもらいうけて近代化したか，又はしつつある。したがってこれらの国々は，外発的発展者であるとみなされる」。別の側面から指摘すると「近代化論は，地球上すべての社会に適用することのできる一般理論として構築された。これに対して，内発的発展論は，それぞれ多様な個性をもつ複数の小地域の事例を

記述し，比較することをとおして，一般化の度合の低い仮説あるいは類型を作っていく試みである」（鶴見 1991：80-81）。

このように内発的発展論の特色を指摘しつつ，鶴見は内発型の発展は次のようだと説明している。すなわち「地域の自然生態系に適合し，社会構造，精神構造の伝統に基づいて，地域の住民の創意工夫によって，新しい生産や流通の組織や，衣・食・住の暮しの流儀を創造する」発展であると（鶴見 1991：81）。

ただこのような考え方は，1970年代からとりわけ注目されるようになってきた玉野井芳郎，清成忠男などの地域主義の主張と変わらない。それは鶴見の内発的発展論がかれら地域主義者の論理の検討の上で（鶴見 1989：50-53）成り立っているからであろう。たとえば玉野井芳郎は地域主義について次のようにいっている。「一定地域の住民が，その地域の風土的個性を背景に，その地域の共同体に対して一体感をもち，地域の行政的・経済的自立性と文化的独立性とを追求することをいう」（玉野井 1977：7）。また清成忠男は次のようにいう。「ここでいう地域主義とは，地域を単位として全体社会を再組織化しようという主張である。地域は人間の生存の場であり，また，生態系そのものである。こうした地域の論理で産業を制御しようというのが地域主義の考え方である。したがって，地域主義は産業を全面的に否定するものではなく，産業の優位を排し，産業を地域に〝埋め戻す〟ことを意図している」（清成 1981：4）。これら地域主義者といわれた者の主張が鶴見のそれと，かなりの重なりを示していることに気づかれよう。

すなわち，内発的発展論は突然出てきた理論というよりも，先進国で発達した近代化論に対置される民族主義的な流れ，産業主義に対置される地域主義的な流れなどの前史をもっているといえよう[3]。

ところで，最後にパートナーシップ的発展論をまとめる前に，視野を広げて，いま地球規模でどのような開発・発展論が理論的・政策的に注目されているのかをごく簡単に示しておく必要があろう。それから，パートナーシップ的発展論の位置づけをしたい。

地球規模での最近の開発・発展論

　地球規模で議論をすれば，それは産業化された国と途上国といういわゆる南北問題につきあたる。そこでの共通に理解されている事実は，現代社会は「世界システム」に繰り込まれており，この世界システム傘下の国々は，平等なひとつひとつの構成要素としてシステムを構成しているわけではないという苦い認識である。大きくは産業化された国々，いわゆる先進国が強い経済的・政治的影響力をもっており，その影響力は他の国々に不利益（搾取）として作動していることがしばしばであるとする。周知のように，恵まれている国々とそうでない国々の間の格差を一層助長し，途上国は累積債務に苦しみ，結果的に経済的のみならず政治的従属をもたらしてもいる。また，無意識な側面もあるが文化的な従属も極めてしばしばみられる。研究者によって命名はさまざまであるが，その事実の分かりやすい命名はガルトゥング，J. の「構造的暴力」という言い方であろう。ガルトゥングは次のようにいう。「一人の夫が妻を殴った場合には，それはあきらかに個人的暴力の例である。しかし，百万人の夫が自分たちの妻を無知の状態に置いておくとすれば，それは構造的暴力である」（ガルトゥング 1991 : 13）。

　そのような実態に対して，どのような対抗軸があるだろうか。この対抗軸には多様な差異があることは否めないが，しかし大同小異ともいえる。この種の立場から検討される場合，しばしば，引用されるのがイリイチ，I. のサブシステンス論である。イリイチは「開発とは，元来，サブシステンス（民衆が自分たちに特有の文化を維持していくのに必要な最低限の物質的・精神的基盤）志向型だったそれぞれの文化が変容し，一つの経済システムに統合されることを意味する」（イリイチ 1982 : 15）と位置づけている。したがって，議論は暴力的開発ではなくて，サブシステンス志向の社会へということになる。[4]

　それはすなわち，図10-1の第Ⅲ象限の議論となる。このサブシステンス論と同じ第Ⅲ象限の議論が現在，「脱開発」とか「参加型開発」とか，さまざまに表現されているものがある。じつはこのパートナーシップ的開発もこの多様な表現のひとつにすぎない。「脱開発」とは，いろいろ言っても結局は開発的発想になっているので，既存の開発パラダイムを否定し，たとえばイリイチの

いうサブシステンスを保証するような社会を目指すというものである。それに対し,「参加型開発」は基本的に類似の発想をもっているが,この開発論は途上国の実情から出てきたもので,開発者（主として先進国や国際機関の人びと）が中心ではなくて,地元の人たちにも開発計画に参加してもらって,地元の実情にあったものにしていこうとするものであり,これもその内容としては第Ⅲ象限的である。

　斎藤文彦が脱開発と参加型開発との関係をうまくまとめているので,それを引用しよう。「外国では開発研究とならんで〈脱〉開発研究（post-development studies）という表現が使われるようになった。今までのようなしばしば外から発案された押しつけの開発ではなく,地域社会の人々の意思や能力を尊重しようという考え方である。そこでは同じような問題を抱える多くの途上国に対して共通な解決法を提示するのではなく,草の根の視点に立ったその地域独自の解決策を重視している。普遍的ではなく個別的というこの〈脱〉開発の特徴は,参加型開発ともかなり重なっていると見ることができる。端的に言えば,〈参加〉は狭く開発の領域だけではなく,人間の生き方と社会全体の関係性といったもっとより根本的問題を提起しているのである」(斎藤 2002：Ⅴ)。

　すなわち,ここで位置づけておきたい事柄は,パートナーシップ的発展論も,これらと類似の図10-1でいう第Ⅲ象限の中での発想であるということである。つまり,最近の開発論は,開発途上国の開発の矛盾を克服して新しい〝開発〟の有り様を模索しているのであるが,先進国である日本で考えても,これと同じ第Ⅲ象限の議論になっているということである。

3　パートナーシップ的発展論の特徴

　前節でみたように,内発的発展論は,明確に近代化論に対して否定的である。内発的発展論,とりわけ鶴見和子の考え方は小地域（コミュニティ）の重視で,そこに自主管理的側面が強調されている。分かりやすい言い方をすれば,自分たちが共有している価値観にもとづき,自分たち自身で判断した目標を設定し,それを自分たちが責任をもって実行していくという,そのような考え方である。

これは途上国に対する開発援助のありかたについての最近の議論と大きく重なっている。

　それでは，内発的発展論とパートナーシップ的発展論との異同はどのあたりにあるのだろうか。まず，基本的な考え方としての地域主義，とりわけ「そこに住んでいる人たちを基本におく」という点，地域の文化や生態系の強調では一致している。しかしながら，当然のことながら，パートナーシップ的発展論においては，異質ないわば外部のパートナーと関係性をもつことが強調される。そのことによって，当事者が目的とする本来の発展が実現されるという考え方である。内部に止まらず外部との関係性にポイントが置かれている。そして自己の発展とともに外部の他者の発展をも期待するものである。相互に発展する予感があるからこそ，相互のパートナーシップがとれるという考え方である。こういう意味において，これを内発的発展論といえば，おそらく鶴見和子は，「それは内発的発展論を拡大解釈しすぎだ」というだろう。内発的発展論にかなり依拠しているものの，やはり異なった発展論であるという方が適切であろう。このパートナーシップ的発展論は，パートナーを結ぶという意味において，異質性の存在を前提とし，さらに，内部か外部かに関心なくパートナーの存在を前提としている（異質性を前提としているため，高い割合で外部となる）。

　ただ「異質性」というと，鶴見和子が中国の内発的発展論者として位置づけて共同研究もした費孝通の模式の考え方に言及しておく必要がある。彼のいわゆる「模式論」は，さまざまな異質なモデルがあり，その異質性を強調しようと言う考え方であるからである。ただそれは，Ａモデル，Ｂモデル，Ｃモデルの個別の発展を大切にすべきで，「大寨に学ぶ」という形で，みんなが同じものを学ぶという文革時代の否定という中国の現代史をふまえての発言となっている[5]。そのため同じ異質を見るといっても，パートナーシップ的発展論はその異質同士が手を結び合うことに強調点があるので，やはり費孝通のそれとは異なっていると指摘しておきたい。

　また，途上国を中心にして模索されている発展論と比較した場合，パートナーシップ的発展論は，やや楽観的発展論という印象をもたれると思う。なぜなら，「構造的暴力」あるいは組織や人間相互の「支配と従属」の問題が配慮

されていないからである。これは日本の地域政策の現状としては，政策的にこの要因をあえて入れる必要はないと判断しているからだ。併行して発展論以外の施策のところで，これが作動していると判断しているからである。ともあれ，このように比較することで，パートナーシップ的発展論とはどのようなものかが次第に明らかにされてきたと思う。

　すでに述べたようにパートナーシップの大切さはいつの時代にも自覚され，それは実行されてきたが，現在，意図的にパートナーシップ的発展論を唱えるときには，そこにいわば現在性があるわけである。それはなにだろうか。異質な者たちが手を組むことで地域社会がよくなるという「他者の評価」があたりまえになる時代になってきたのである。市民社会の成熟といえよう。いろいろなハンディのある人たちや組織にも目を向けようという意識が地域社会では拡がりつつある。霞ヶ浦周辺も含めて，過去ではハンディのある人（家）に目を向ける場合，主要には「貧困」だけであったが，現在ではそうではない。個人的属性だけをとりあげても，民族性（外国人），身体的ハンディ，男女，高齢者や子どもなど，多様な属性に目を向けるようになっている。そのことのもつ意味は大きい。

　現在の開発・発展論は，個としての人間に目が向けられている。そのことは言うまでもなく大切なことであるが，パートナーシップ的発展は，既存の組織に向けた開発論でも，個に目を向けた発展論でもなく，関係性に目を向けた発展論であるところが特徴である。そしてすでに述べたように，これは歴史的に蓄積されてきた開発論である。日本文化研究者が日本文化の特徴として「関係性」を指摘したことがあるが[6]，あるいは，現場で関係性的な発展論が作動しているのがしばしば観察される事実は，この日本文化の特質と関わっているからかもしれない。

【注】

1）その後の経緯については古谷桂信（2009）が分かりやすい。
2）有賀喜左衛門『日本家族制度と小作制度』（1943）などにこの考え方が説明され

ている。
3）内発的発展論のもっている課題として一般に指摘されているのは，その当該地域は閉鎖的システムではないので，当該地域内での内発的諸活動は，外部からの影響をしばしば決定的に受けてしまうのではないかという点にある。玉野井芳郎などが地域での自立した市場の形成などの案を提出しているが，たとえば，日本一国を取り上げて考えてみても，ある地域（例えばある村）での内発的活動が，より広い行政域からの，そして日本経済の動向からの，強力な影響下にあることは自明の事実である。また，内発的発展論は発展途上国寄りの考え方をもつ傾向が強いので，国家間レベルで考えてみても，これらの国々は通常は多国籍企業の支配する経済秩序下にあり，その決定は自己の内発的選好よりも外国資本の選択によって決まる場合が少なくない。つまり現実は，当該地域が閉鎖的システムであることを許さないのである。その意味からパートナーシップ的発展論の方が現実的であるという言い方もできる。しかしながら，そのような事実を認めながらも，「近代化論が"価値中立性"を標榜するのに対して，内発的発展論は，価値明示的である」（鶴見 1989：43）という主張に肯定的な立場から注意を喚起しておきたい。内発的発展論は客観的諸条件の困難な環境下においてさえも，自分たちの価値観を示しながら，開発のあり様を模索する活動と言えよう。
4）この種の議論で入手しやすい本としては郭洋春他編『環境平和学——サブシステンスの危機にどう立ち向かうか』がある。
5）この「農業は大寨に学ぶ」運動は1964年に始まり，1970年代前半期に高揚を迎えた一種の農村変革運動である。その当時の熱気を伝えるものの一つとして，大島清の『大寨に学ぶもの』があるが，そこでいう。「私は都市・農村のいたるところで"工業は大慶に学ぼう，農業は大寨に学ぼう"。のスローガンを眼にした。大寨を知ることは今日の中国農村を知ると同時に，明日の中国を知ることである。あの劣悪苛酷な自然条件をもつ山奥の一寒村で何が起こっているのだろうか」（大島 1974：3）。高揚期には大寨に1日2万人の見学者がつめかけたというが，費孝通が指摘しているように，全ての農村が大寨に学ばなければならない雰囲気が出来てしまって，そのために全国一律の発想が全面にでてきたことは否定できない。運動がほぼ終焉した1980年に入って阪本楠彦がさめた眼で，大寨の虚像と実像を記述している。
6）中根千枝「タテ社会」（1967）や濱口恵俊「間人論」（1982）などがそうである。

<参考文献>

有賀喜左衛門，1943，『日本家族制度と小作制度』（復刻，『有賀喜左衛門著作集』Ⅰ巻，Ⅱ巻所収，『日本家族制度と小作制度』上，下　1966，未来社）．
イリイチ．Ｉ，1982，「暴力としての開発」坂本義和編『暴力と平和』朝日新聞社：4-27．
大島　清，1974，『大寨に学ぶもの』御茶の水書房．
郭洋春他編，2005，『環境平和学――サブシステンスの危機にどう立ち向かうか』法律文化社．
ガルトゥング．J，1991，『構造的暴力と平和』（高柳先男他訳）中央大学出版部．
清成忠男，1981，『地域自立への挑戦』東洋経済新報社．
斎藤文彦編，2002，『参加型開発』日本評論社．
阪本楠彦，1980，『現代中国の農業』東京大学出版会．
新保博彦，1990，「内発的発展論の新たな展開」『経済評論』39（4）：105-115．
Schumacher, E. 1977, *This I Believe and Other Essays*, Green Books Ltd. （E.F.シューマッハ，2000，『スモール　イズ　ビューティフル再論』〈酒井懋訳〉講談社学術文庫）．
玉野井芳郎，1977，『地域分権の思想』東洋経済新報社．
鶴見和子，1991，「内発的発展論の原型」宇野重昭他編『農村地域の近代化と内発的発展論―日中「小城鎮」の共同研究―』国際書院：75-150．
鶴見和子，1989，「内発的発展論の系譜」鶴見和子他編『内発的発展論』東京大学出版会：43-64．
中根千枝，1967，『タテ社会の人間関係』，講談社．
西川　潤，1989，「内発的発展論の起源と今日的意義」鶴見和子他編『内発的発展論』東京大学出版会：3-41．
濱口恵俊，1982，『間人主義の社会日本』東洋経済新報社．
費　孝通，1991，「都市・農村関係の新認識」宇野重昭他編『農村地域の近代化と内発的発展論――日中「小城鎮」の共同研究』国際書院：19-74．
古谷桂信，2009，『どうしてもダムなんですか？―淀川流域委員会奮闘記』岩波書店．
宮本憲一，1989，『環境経済学』岩波書店．
World Commission on Environment and Development, 1987, *Our Common Future*, Oxford University Press. （大来佐武郎監修，1987，『地球の未来を守るために』福武書店．）

あ と が き

　本書では，パートナーシップ的開発という発展論を歴史的な方向性として示した。このパートナーシップの単位は多様であるものの，その基本はコミュニティ（村）である場合が少なくない。本書の執筆者たちの多くが依拠する「生活環境主義」（地域の人たちの生活を守ることをもっとも大切とみなす環境保全のモデル）も，コミュニティの大切さを標榜している。コミュニティというのは歴史的な幅で，また社会科学理論との関わりで表現し直せば，「共同体」とも言い換えられるものである。

　本書で示せなかったし，また差し障りがあるため具体例を出しにくいのだが，この共同体（コミュニティ）とはどのようなものと私が見なしているかということをここで少しだけ述べることを許していただこう。共同体（コミュニティ）は人間の共同・協力を大切にしているという意味で，美しい言葉，プラスの価値的ニュアンスをもって語られる。

　しかしながら，私どもは近世にまでさかのぼりつつ現代にいたるまでの共同体を見てきて，次のような3つの事実をつねに念頭においておく必要があるように思っている。すなわち，第1に，共同体とは，相互が協力をするという理解で終わらせるのではなくて，協力せざるを得ない弱体さを構成員がもっているという事実を理解しておく必要がある。経済的にも社会的にも弱いから共同・協力しているのである。第2に，共同体は完結しているのではなくて，その上に，つねに国家や藩などの権力機構が存在し，その権力の影響下の共同体であるということである。そのような上位権力が共同体の隅々に浸透していながら，そこで自分たちの共同体をつくっているという事実である。そしてその二つをふまえて，ここがもっとも言いたいところだが，第3に，共同体構成員は共同体として権力機構に対峙することにエネルギーを注いできたというよりも，どちらかというと，共同体の構成員のうち，弱い自分たちよりも，さらに弱い構成員（家）を差別することの方にエネルギーを注いだ側面がある。それは自分たちの弱さの鬱憤を，上位権力に向けるのではなくて，自分たちに身近なもっと

弱い者に向けられたということである。それに加えて，共同体は自らの内なる構成員を差別するだけではなくて，近隣の弱小の共同体をも差別する傾向があった事実も否定できない。

　もっとも急いで付け加えなければならないが，私は別の機会にも述べたが，共同体には弱者を救済する仕組みがあったことは事実である。そのことは事実ではあるが，私たちはその救済の仕組みのみに目をとどめたり，権力と対峙した事例のみを見て共同体の礼賛に走ってはならないと思う。「共同体は差別機構でもある」という苦い事実は無視できない。本書でも，また本書に先行する私どもの本でも，共同体（コミュニティ）の大切さを繰り返し指摘している。ただ，このような苦い事実を念頭においた上で、〝それでも〟環境保全のためには共同体に信をおかざるを得ないというそのような立場が本書にもある。

　いまの時代だから，次のような事実ぐらいは言ってもご迷惑にならないだろう。ややぼかした言い方で恐縮だが，一般的に言って，この霞ヶ浦など，淡水漁業を生業とする人たちは，湖から遠い〝純粋の〟農村から差別されつづけてきた場合が少なくない。所持（所有）する農地が少なかったことも一因である。湖の周辺に住む人たちが，公共事業などでひどい目にあいつづけた理由の背後に，このような差別の気持ちがまったくなかったわけではないかもしれない。環境の破壊は「弱い人たちが住んでいるところ」で行われつづけるという事実は，社会的公理ではないかと，私などは静かな憤りの気持ちをともなって思うことがある。

　湖や河川の汚染がたいへんな勢いで進行してきたが，時代が変わり，霞ヶ浦をも含めた日本の淡水の河川の今後のあり方について，真剣に考え始める人たちが少しずつ増えてきたように思う。淡水は飲料水にとどまらず，さまざまな生活上，また農漁業・工業などの生産上にも不可欠なものである。湧き水からはじまって，霞ヶ浦など海に流入する手前の湖沼に至るまでの流水システムについて，さまざまな分野から，また専門家も市民の人たちも，知識を蓄え，知恵をだす必要がある。本書もそのささやかなこころみのひとつである。

　　　　　　　　　　　　　　　　　　2009年9月1日　　鳥越皓之

SUMMARY

This book discusses a lake called Kasumigaura from a sociological point of view. Kasumigaura is the second largest lake in Japan, and it is located near Tokyo, the biggest metropolitan city in Japan. As with other lakes in Japan, the problem of water pollution in Kasumigaura is getting aggravated with the rapid modernization of Japan. Although the lake used to be a place where children enjoyed swimming, today, it is impossible to swim in it. The degree of pollution can be gauged not only by experiencing or observing this change, but also by examining the numerical value of the COD(Chemical Oxygen Demand). It was marked at 7.3 ppm in 2002. The increase in pollution led to the depletion of fishery, and the deterioration of the landscape surrounding the lake has now made fewer people depend on it.

The lake has been abandoned by the locals and has nearly been reduced to a contaminated puddle. How is it possible to recover the lake with which people shared a close affinity? This book is an attempt toward arriving at a solution to this problem. It is based on the field research conducted by a group of sociologists. The life-environmentalism analytical model of environmental sociology was used to conduct research. That is, we focused on the people who live around Kasumigaura and analyzed their relationship with the lake from their perspective.

The results of the analysis suggested that "partnership development" is necessary in order to solve the problem. We pointed out that cooperation by the local organizations or individuals helped make this area environmentally friendly. Although people who live in the vicinity of Kasumigaura do not strongly oppose modernization, there is a subtle difference what the local people essentially hope for and what the government regards as modernization. In fact, the locals have actually acquired the knowledge of how the lake should be kept clean. Without learning the accumulation of the local knowledge, the public works towards the lake were done, and it was wrong. Administrative authorities proceeded to treat the lake without taking into account the efforts made by the local people. The construction of estuary barrages and concrete shore banks that were built to allow freshwater for industrial production and as a preventive measure against floods is acceptable. However, in order to realize these objectives, the natural characteristic settings of each area should have been considered and some inputs in this regard should have been adopted from the locals. The concept of partnership development suggested in this book is a type of developmental theory involving local knowledge, and it enables us to address the new approaches to development.

In order to understand the real nature of local knowledge and rules, it was essential to conduct a historical analysis even though this book is based on a sociological point of view. Therefore, this book includes an historical analysis extending over the past 200 years. The reason Kasumigaura was able to reserve fresh water for a long period of time was because local organizations and individuals shared a strong and cooperative partnership. However, in recent years, this partnership has weakened leading to loss of the locals' power in decision making and neglect of their views. With the help of these inferences we illustrated the importance of the community with respect to the success of partnership development.

This book comprises the following chapters: Type of developmental theory and positioning of partnership development, A local rule, The historical transition in water usage in the area, The history of fishery technology, The function of Water spirit (Mizu-gami), The environmental awareness of shore inhabitants, and Volunteers and NGOs.

語句索引

あ
アオコ 25, 122, 195
アサザ 36, 37, 62, 201, 202
アサザの植え付け会 202
アサザプロジェクト 5, 36, 58, 61
網代 92, 103, 105
あそう温泉・白帆の湯 26
アンコウ川親水公園 177, 178

い
イサザ 94
イサザゴロ曳き網 93～95
潮来環境塾 208, 210, 211, 214
潮来市家庭排水浄化推進協議会 208, 209, 212～214
潮来ジャランボプロジェクト 200～203, 217
潮来町建設実施計画書 188
潮来町振興計画書 189
イタチ 69
茨城県総合開発計画 188
茨城県総合開発の構想 20, 188
茨城県総合振興計画 188

う
ウナギ 47, 48, 69, 71, 73～75, 84, 94, 101, 121
ウナギナワ 74
馬出し祭り 17, 30, 34
ウミタ 119

え
エイト 204, 206, 208
NPO法人アサザ基金 27, 36, 164, 180, 201, 202
エビ 17, 69, 74, 75, 84, 86, 88, 94, 97, 104
エンマ(淵間) 45, 120

お
大型張網 84, 86～88, 91, 103
オカダ 119
オダ(定置漁法) 74, 84, 86～89, 91, 93～97, 101, 103, 104
オダカキ 97
お浜降り 30～32, 34
親方教育 239
親方一子方関係 238

か
鹿島灘沿岸地域総合開発構想 20
鹿島臨海コンビナート 19
鹿島臨海都市 21
カスミ網 49～51, 54, 55
霞ヶ浦環境科学センター 211
霞ヶ浦・北浦をよくする市民連絡会議 36, 201, 202
霞ヶ浦四十八津 146
霞ヶ浦総合開発計画 16, 20, 22, 119, 126
霞ヶ浦水ガメ化反対期成同盟 22
霞ヶ浦流域等生活排水路浄化対策推進事業 177
ガマ(カバ) 67～69, 72
カモ 69
カワドジョウ 69
環境護岸 25, 26, 31, 33
環境自治 183
環境社会学 82
環境と開発に関する世界委員会 235
環境保全型開発 25, 29, 33～35
環境保全活動 164, 165, 170, 220
環境ボランティア 164～166, 180～182, 187, 216
観光開発 18, 25, 220
観光帆曳船 26
干拓事業 167, 195
官僚制的組織 181

き
北浦四十四ヶ津 146
北浦の自然を守る会 192, 193, 212, 214
北浦の水をきれいにする会 195, 197, 212, 214
教育委員会 191, 211

共同井戸 …………………… 117, 118, 123, 125
共有地の悲劇 ………………………………… 82
漁業 ………………………………………… 147
漁業技術 ………………………… 4, 82, 83, 103
近代化論 ……………………… 242, 243, 245, 248

け
減反政策 ………………………………… 43, 59

こ
コイ ……… 69, 74, 84, 90, 94, 96, 97, 121, 122, 149, 150
コイ筌 ………………………………… 84, 86, 90, 91
公共事業型開発 …… 6, 19, 25, 28, 33 〜 35, 234, 236, 237
公共事業型観光開発 ………………………… 31
公共性 ………………………………… 32, 35, 37
合成洗剤 ………………………………… 210
小型張網 ……………………… 84, 86, 87, 90, 91, 103
湖岸工事 ……………………………………… 29
湖岸植生 ……………………… 27, 28, 36, 38, 41, 58
湖岸堤建設 ……………………… 22, 23 〜 25, 27
湖岸堤工事 ………………………………… 24
湖岸の植生復元 ……………………… 27, 40, 41
国際空港建設反対運動 ……………………… 22
子供組 ………………………… 52, 53, 60, 61
子ども仲間 …………………… 52, 53, 55, 60, 61
粉石けんづくり …………………… 209, 210
五人組 ……………………………………… 114
コボチ ………………………………… 49, 54, 55
コモンズ …………………………………… 82
ゴロ ………………………………… 84, 86, 94, 95

さ
サギ(セイ) ………………………………… 121
ササビタシ ……… 59, 84, 86, 88, 91, 93, 94 〜 97, 101, 104
刺網 ……… 59, 84, 86, 89, 90, 91, 93 〜 95
サブシステンス論 ………………………… 244
参加型環境教育 …………………………… 183
参画と協働 …………… 5, 228, 229, 231, 238

し
COD値 …………………………… 123, 125, 225
シジミ ……………… 17, 22, 25, 69, 73, 75, 121

自然管理 ………………………………… 41, 83
自然再生事業 ……………………… 16, 58, 61
持続的発展論 …………………………… 5, 235
支配組 …………………………………… 114
社団法人霞ヶ浦市民協会 ……………… 164
自由漁場 ………………………………… 84
自由主義 ………………………………… 241
宗門人別帳 ……………………………… 112
常磐線 ……………………………… 18, 140
ショウブ ………………………………… 69
昭和16年の洪水 ………………………… 19
シラウオ ……………………… 84, 89, 91, 94, 95
白帆荘 ……………………………… 18, 25, 26
新田開発 ……………………… 15, 167, 263

す
水郷筑波国定公園 ……………………… 18, 167
水郷トンボ公園 …………………… 200, 202 〜 204
水質監視委員 ………………………… 210, 218
水神 ……………………………… 120, 130 〜 160
水神宮 ……………… 30, 43, 130, 132, 136 〜 159
水神講 ……………………………… 140, 147
水神信仰 …… 130, 132 〜 134, 140, 142, 143, 150, 153, 154, 156, 157, 159, 161
水洗化率 ………………………………… 183
ズーケ ……………………… 70, 71, 74, 76
住友金属 ……………………………… 189, 208

せ
生活改善運動 …………………………… 152, 153
生活環境主義 …………………………… 250
生命地域主義 …………………………… 237
全窒素 …………………………………… 183
全リン …………………………………… 183

そ
ソウギョ ……………………………… 121, 128

た
第二種共同漁場 ……………… 84, 86, 103, 104
高瀬舟 ………………………………… 128, 139
高浜入干拓補償協定 ……………………… 22
竹筒(タカッポ) ……… 47 〜 49, 84, 88, 89, 91
タニシ ……………………………… 69, 71, 121
田舟 ……………………………………… 120

語句索引 ……… 255

タラの芽 ･････････････････････････････････････ 121
タンカイ ･････ 17, 69, 72 〜 75, 84, 86, 89, 91, 121
淡水化 ･･･････････････････････････････････････ 22

ち
地域主義 ･･････････････････････････････ 243, 246

つ
ツクシ ････････････････････････ 48 〜 51, 54, 73

て
ディープ・エコロジー ･･････････････････････ 237
天神講 ････････････････････････････ 52, 53, 60, 61
天王崎公園 ････････････････････････ 25, 26, 31, 34
天王崎湖水浴場 ･･･････････････････････････････ 25
天王崎総合開発基本計画 ･････････････････････ 25

と
特定非営利活動促進法 ･･･････････････････････ 186
ドジョウ ･････････････････ 69 〜 74, 76, 121
ドジョウぶち ･･････････････････････････ 70, 72, 74
ドジョウ掘り ･････････････････････ 70 〜 72, 74
土地改良区 ･･･････････････････ 160, 193, 195, 197
土地改良事業 ････････････････････ 144, 145, 154

な
内水氾濫 ･････････････････････････････････････ 24
内発的発展論 ･･････ 237 〜 239, 240, 241 〜 243, 245, 246, 248
ナマズ ･･･････････････････････････････････ 48, 69
成田鉄道 ･････････････････････････････････････ 18
南北問題 ････････････････････････････････････ 244

に
日本水産資源保護協会 ････････････････････････ 22

の
農業委員会 ････････････････････････････ 193, 195
ノゼリ ･･････････････････････････････････････ 120
ノベナワ ･･･････････････････････････････････ 59

は
パートナーシップ ･････････････････････ 5 〜 7
パートナーシップ型開発 ････････ 29, 34, 35, 40

パートナーシップ型の発展 ･･･････････ 235, 238
パートナーシップ的発展論 ･･････････････ 5, 234, 237 〜 240, 243, 245, 246 〜 248
ハエナワ ･･････････････････････ 93 〜 95, 97, 101
白鳥を守る会 ･･････････････････ 197, 198, 200
旗本相給村落 ････････････････････････ 112, 127
ハネツクシ ･･････････････････････････ 48, 50, 54

ひ
ビオトープ ･････････････････ 192, 200, 202, 203, 214
ヒシ ･････････････････････････････････ 69, 72, 75
常陸川水門(逆水門) ････ 5, 20, 21, 22, 27, 126, 148, 200
常陸国風土記 ････････････････ 14, 15, 30, 35, 38, 110
ヒル ･･･ 69

ふ
婦人会 ････････････････････････ 196, 197, 208 〜 210
フナ ･････････････････････ 69, 72, 74, 84, 90, 94, 121
フナ筌 ･･･････････････････････････････ 84, 86, 90, 91
舟溜り ････････ 125, 132, 137, 144 〜 146, 155, 156
ブルントラント委員会 ･･････････････････ 5, 235

ほ
ホイホイ小屋 ････････････････････････････････ 53
圃場整備 ･･･････････････････････････････････ 122
帆曳き網 ･･････････････････････ 59, 93 〜 105

ま
マイナーサブシステンス ･････ 65 〜 68, 70, 75 〜 79
秣場 ･･･ 113
マコモ ････････ 41, 44, 59, 67 〜 69, 72, 73, 75, 86, 90
マングワ ･･･････････････････････････････････ 74

み
水腐れ ･････････････････････････････････････ 126
水資源開発公団 ･･･････････ 22, 23, 25, 37, 149
水資源開発公団法 ････････････････････････････ 21
水資源開発促進法 ････････････････････････････ 21
民生委員 ･･････････････････････････････ 204, 205

も
萌の会 ･････････････････････････････････････ 204

モク ……………………………… 69, 74, 75

や
ヤツ・ヤチ（谷津・谷地）……… 115, 116, 118, 119, 122
ヤナギ …………………………… 69, 72, 77, 120
ヤハラ（谷原・野原・埜原）……… 44〜52, 54, 55, 59〜61, 113
ヤワラゼリ ……………………………………… 69

よ
ヨシ ……………… 41〜46, 48〜52, 54, 55, 57, 59〜62, 67〜69, 72, 73, 86, 90, 91, 113, 118, 199
ヨシの入札制度 ……………………………… 42, 44
ヨモギ ……………………………………… 121

ら
ライギョ …………………………………… 121

れ
レンコン栽培 …………………………… 43, 59

ろ
ローカル・ルール ………………… 4, 42, 57, 83

わ
ワカサギ ………… 17, 84, 86, 87, 94, 100, 102, 200
ワラビ ……………………………………… 121

人名索引

あ
秋道智彌 ………………………… 82, 83, 105
秋山悟 ………………………………… 127, 128
網野善彦 ……………………… 15, 16, 146, 160
荒川康 ………………………………… 187, 218
有賀喜左衛門 …………………… 239, 247, 249

い
飯島博 ………………… 37, 40, 61, 62, 201〜203
飯島吉晴 ………………………………… 52, 62
池上廣正 ……………………………… 131, 160
井坂教 ………………………………… 158, 160
イリイチ ……………………………… 244, 249

う
内山節 ………………………………… 159, 161

え
榎本正三 …………………………… 132, 139, 160

お
大島清 ………………………………… 248, 249
大槻恵美 …………………………… 68, 70, 80
大沼信夫 ……………………………… 113, 114
小野重朗 …………………………… 131, 159, 161
小野奈々 ……………………………… 182, 184

か
郭洋春 ………………………………… 248, 249
嘉田由紀子 ……………… 59, 62, 82, 105, 183, 184
金子郁容 ……………………………… 165, 181
ガルトゥング ………………………… 244, 249
川村優 ………………………………… 127, 128

き
清成忠男 ……………………………… 243, 249

く
熊倉文子 …………………………………… 65, 79

さ
斎藤文彦 　245, 249
佐賀泉 　157, 161
坂本清 　62
阪本楠彦 　248, 249

し
篠原徹 　83, 105
新保博彦 　241, 242, 249

す
菅豊 　79, 80

せ
関礼子 　79, 80

た
竹内利美 　60, 62
立野三司 　167, 184
玉野和志 　28, 29
玉野井芳郎 　243, 248, 249

つ
鶴見和子 　239, 241〜243, 245, 246, 248, 249

と
徳富蘆花 　17, 18
鳥越皓之 　44, 62, 79, 80, 105, 159〜161, 187, 218

な
直江広治 　133, 161
仲田安夫 　158, 160
中根千枝 　248, 249
中村雄二郎 　165, 181, 184

に
西川潤 　7, 240, 241, 249
西山志保 　164, 184

の
野本寛一 　131〜133, 161

は
ハーディン 　82
濱口恵俊 　248, 249

ひ
費孝通 　246, 248, 249
平輪一郎 　17, 19, 31
平輪憲治 　36

ふ
福田アジオ 　61
藤島一郎 　158, 160
ブラウ(Blau) 　176, 184
古谷桂信 　247, 249

ほ
保立俊一 　159, 160

ま
松井健 　65, 80, 83, 105
松村正治 　65, 66, 80

み
宮内泰介 　82, 105, 183, 184
宮田登 　60〜62, 131, 132, 160
宮本憲一 　240, 242, 249
宮本常一 　131, 160

や
安井幸次 　16
家中茂 　66, 67, 80
柳利佳子 　133, 161
矢野智司 　184
藪敏晴 　130, 161

り
リーチ(Leach) 　171, 184

わ
鷲谷いづみ 　37, 40, 62

地名索引

あ
麻生 ……………………………… 22, 25, 36
藍見崎（歩崎）………………………………… 18
アンコウ川 …… 169, 171 〜 174, 177, 178, 180, 181, 183
安中 …………………………………………… 104

い
井関 …………………………………………… 136
潮来 …… 18, 20, 141, 157, 158, 166 〜 168, 177, 187 〜 191, 195 〜 197, 200, 201, 203 〜 214, 216, 217
今宿 …………………………………………… 136

う
浮島 …………………………………… 26, 45
牛堀 …………………………………… 20, 216
牛渡 …………………………………………… 104

え
江寺 …………………………………………… 196

お
大生 …………………………………………… 196
大賀 …………………………………………… 196
大須賀津 ……… 84 〜 86, 89, 91, 92, 104, 137
大坪 …………………………………………… 137
大室 …………………………………………… 137
大山 …………………………………………… 137
沖宿町 ………………………………………… 136
沖州 …………………………………………… 136
押掘 …………………………………………… 137
小野川 ………………………………………… 141

か
貝塚 …………………………………………… 196
掛崎 …………………………………………… 148
梶内 …………………………………………… 136
鹿島 ……… 5, 16, 17, 21, 22, 36, 110, 152, 167,
187, 189, 190, 192, 195, 196, 199, 200, 208, 215, 216
鹿嶋市 ………………………………… 197, 199
梶山 …………………………………………… 115
蒲縄 …………………………………………… 137
釜谷 ……………………………………… 192, 196
神栖市 ………………………………… 197, 199, 217
上之島 ………………………………………… 137
川口町 ………………………………………… 136

き
木原 ………………………………… 91, 101, 102

こ
恋瀬川 ……………………… 137, 141, 155, 158
高賀津 ………………………………………… 136
五町田 ……………………… 88, 97, 101, 136
小津 …………………………………………… 136

さ
西連寺 ………………………………………… 136
坂井戸 ………………………………………… 136
崎浜 ……… 41 〜 46, 52, 53, 55, 59 〜 61, 136

し
志戸崎 ………………………………………… 136
島津 …………………………………………… 137
島並 …………………… 98, 99, 104, 105, 137
下宿 …………………………………………… 137
下高崎 ………………………………………… 136
下利根川 ……………………………………… 59
下舟子 ………………………………………… 137
城之内 ………………………………………… 136
白浜 ……………………… 137, 146 〜 153, 155
新田（天王崎） …… 17 〜 19, 25, 27, 30, 31

す
水神 …………………………………………… 137

そ
外浪逆浦 …… 166, 187, 192, 198, 200, 202, 204, 213

た
高須 …………………………………………… 136

高田 ································ 67〜73, 75〜77, 87
高友 ·· 137
高浜 ·· 136
田宿 ·· 137

つ
築地 ·· 196
津知 ·· 190

て
手賀 ·· 136
出島半島 ·· 43
手野町 ·· 136
天王 ·· 137
天王崎 ········ 14, 17, 18, 22, 25, 26, 31〜35, 38

と
徳島 ···································· 196, 200, 202
利根川 ········ 19〜21, 110, 113, 130, 132, 133, 167, 234
巴川 ·· 67, 110

な
那珂川 ·· 197
長野江川 ································ 67, 68, 73
長堀 ·· 137
永山 ······································ 91, 92, 137

に
二ノ宮 ·· 136

ね
根火 ·· 137

の
野中 ·· 137

は
橋門 ·· 136, 137
浜 ·· 136, 137

ひ
常陸利根川（北利根川） ······· 20, 166, 187, 190, 192, 204〜207
日の出 ································ 195, 206〜209

火の橋 ·· 136
平山 ·· 136

ふ
札 ·· 115
二重作 ········ 110〜113, 115, 116, 119〜121, 123, 124, 126, 127
古宿（天王崎） ······· 17〜19, 22〜24, 26, 27, 29〜31, 93, 94, 96〜100, 104, 137

ま
前川 ···················· 166〜169, 174, 177, 183
馬掛 ·· 137

み
水原 ·· 196〜199

む
虫掛 ·· 136

や
八木蒔 ·· 136
柳梅 ·· 136

【編著者】
鳥越皓之（とりごえ　ひろゆき／1944 年生まれ）
早稲田大学人間科学学術院教授
- 『トカラ列島社会の研究』（御茶の水書房，1982 年）
- 『沖縄ハワイ移民一世の記録』（中央公論社，1988 年）
- 『地域自治会の研究』（ミネルヴァ書房，1992 年）
- 『環境社会学の理論と実践』（有斐閣，1997 年）
- 『柳田民俗学のフィロソフィー』（東京大学出版会，2002 年）
- 『花をたずねて吉野山』（集英社，2003 年）
- 『環境社会学』（東京大学出版会，2005 年）
- 『サザエさん的コミュニティの法則』（日本放送出版協会，2008 年）

【著者】
荒川　康（あらかわ　やすし／1967 年生まれ）
大正大学人間学部准教授
- 『コモンズをささえるしくみ―レジティマシーの環境社会学』（共著，新曜社，2006 年）
- 『里川の可能性―利水・治水・守水を共有する』（共著，新曜社，2006 年）

五十川飛暁（いそがわ　たかあき／1973 年生まれ）
早稲田大学人間科学学術院助教
- 「歴史的環境保全における歴史イメージの形成―滋賀県近江八幡市の町並み保全を事例として」（『年報社会学論集』18，2005 年）
- 「琵琶湖漁民の生活史からみた自然環境との持続的関係」（『生活文化史』56，2009 年）

小野奈々（おの　なな／1975 年生まれ）
滋賀県立大学環境科学部助教
- 「ブラジル自然資源保有地域の環境保全と住民の対応―ミナスジェライス州ゴウベイア市 B 集落における『NGO の予備要員化』」（信州大学経済学部『Staff　Paper Series '09-04』，2009 年）
- 「福祉コミュニティ事業におけるボランティア動員と下請け化―茨城県潮来市の社会福祉協議会を事例として―」（『年報社会学論集』22，2009 年）

川田美紀（かわた　みき／1975 年生まれ）
早稲田大学人間科学学術院助手
- 「震災地における歴史的環境の保全対象」（『環境社会学研究』11，2005 年）
- 「共同利用空間における自然保護のあり方」（『環境社会学研究』12，2006 年）

平井勇介（ひらい　ゆうすけ／1979 年生まれ）
早稲田大学大学院人間科学研究科博士課程／日本学術振興会特別研究員 DC
- 「ムラのヨシ場利用からみた空間管理―茨城県かすみがうら市崎浜集落を事例にして―」（『村落社会研究』28，2008 年）

宮﨑拓郎（みやざき　たくろう／1982 年生まれ）
早稲田大学大学院人間科学研究科修士課程修了，現在，帝人株式会社勤務
- 「霞ヶ浦近代漁業技術史」（早稲田大学人間科学研究科修士論文，2007 年）

早稲田大学学術叢書 6

霞ヶ浦の環境と水辺の暮らし
―パートナーシップ的発展論の可能性―

2010年4月16日　初版第1刷発行

編著者	鳥越皓之
発行者	堀口健治
発行所	早稲田大学出版部

169-0051 東京都新宿区西早稲田 1-9-12-402
電話 03-3203-1551　http://www.waseda-up.co.jp/

装丁…………………笠井亞子
印刷…………………理想社
製本…………………ブロケード

ⒸHiroyuki Torigoe, 2010 Printed in Japan　ISBN978-4-657-10210-2
無断転載を禁じます。落丁・乱丁本はお取替えいたします。

刊行のことば

　早稲田大学は、2007年、創立125周年を迎えた。創立者である大隈重信が唱えた「人生125歳」の節目に当たるこの年をもって、早稲田大学は「早稲田第2世紀」、すなわち次の125年に向けて新たなスタートを切ったのである。それは、研究・教育いずれの面においても、日本の「早稲田」から世界の「WASEDA」への強い志向を持つものである。特に「研究の早稲田」を発信するために、出版活動の重要性に改めて注目することとなった。

　出版とは人間の叡智と情操の結実を世界に広め、また後世に残す事業である。大学は、研究活動とその教授を通して社会に寄与することを使命としてきた。したがって、大学の行う出版事業とは大学の存在意義の表出であるといっても過言ではない。そこで早稲田大学では、「早稲田大学モノグラフ」、「早稲田大学学術叢書」の２種類の学術研究書シリーズを刊行し、研究の成果を広く世に問うこととした。

　このうち、「早稲田大学学術叢書」は、研究成果の公開を目的としながらも、学術研究書としての質の高さを担保するために厳しい審査を行い、採択されたもののみを刊行するものである。

　近年の学問の進歩はその速度を速め、専門領域が狭く囲い込まれる傾向にある。専門性の深化に意義があることは言うまでもないが、一方で、時代を画するような研究成果が出現するのは、複数の学問領域の研究成果や手法が横断的にかつ有機的に手を組んだときであろう。こうした意味においても質の高い学術研究書を世に送り出すことは、総合大学である早稲田大学に課せられた大きな使命である。

　「早稲田大学学術叢書」が、わが国のみならず、世界においても学問の発展に大きく貢献するものとなることを願ってやまない。

2008年10月

早稲田大学